高等学校计算机专业系列教材

"十二五"普通高等教育本科国家级规划教材

浙江省普通本科高校"十四五"重点教材

浙江省普通高校"十三五"新形态教材

C语言程序设计与实践

第3版

谢满德 凌云 陈志贤 刘文强 张国萍 编著

The C Language Programming and Practice

Third Edition

机械工业出版社
CHINA MACHINE PRESS

本书以程序设计为主线，在详细阐述程序设计基本概念、原理和方法的基础上，结合实践教学和学科竞赛的实际情况，通过经典实例讲解和实训，使学生掌握利用C语言进行结构化程序设计的技术和方法。本书注重培养学生良好的编程习惯，帮助他们掌握常见的算法思路，真正提高他们运用C语言编程解决实际问题的综合能力，为后续课程实践环节的教学打下良好基础。

本书可作为计算机类专业本科或专科教材，也可作为信息类或其他相关专业的选修教材或辅助读物。

图书在版编目（CIP）数据

C语言程序设计与实践 / 谢满德等编著．—3版．—北京：机械工业出版社，2023.10

高等学校计算机专业系列教材

ISBN 978-7-111-74066-7

I. ① C…　II. ①谢…　III. ① C语言 – 程序设计 – 高等学校 – 教学参考资料　IV. ① TP312.8

中国国家版本馆CIP数据核字（2023）第198596号

机械工业出版社（北京市百万庄大街22号　邮政编码100037）

策划编辑：朱　劼　　　　责任编辑：朱　劼　陈佳媛

责任校对：王乐廷　许婉萍　责任印制：李　昂

河北宝昌佳彩印刷有限公司印刷

2024年1月第3版第1次印刷

185mm × 260mm · 22.25印张 · 565千字

标准书号：ISBN 978-7-111-74066-7

定价：69.00元

电话服务

客服电话：010-88361066

010-88379833

010-68326294

网络服务

机　工　官　网：www.cmpbook.com

机　工　官　博：weibo.com/cmp1952

金　　书　　网：www.golden-book.com

机工教育服务网：www.cmpedu.com

前　　言

C 语言程序设计是一门理论与工程实践密切相关的专业基础课程，在计算机学科教学中具有十分重要的作用。大力加强该课程的建设，提高该课程的教学质量，有利于教学改革和教育创新，有利于创新人才的培养。通过本课程的学习，学生应学会使用良好的编程风格，掌握常见的算法思路，真正提高运用 C 语言编写程序解决实际问题的综合能力，为后续课程的实践环节打好基础。

目前国内关于 C 语言的教材较多，有些教材细致地介绍语法知识，适合作为非专业的等级考试类教学用书，有些教材起点较高，内容深奥，不适合初学者。为了帮助广大学生更好地掌握 C 语言编程技术，我们组织 C 语言程序设计课程组的教师进行了深入的讨论和研究，并针对学生学科竞赛和课时压缩的背景，将该课程的建设与其他信息类专业的课程体系改革相结合，发挥我们在计算机和电子商务、信息管理等专业上的办学优势，编写了《C 语言程序设计与实践》一书。本书以程序设计为主线，采用渐进式的体系结构，在详细阐述程序设计基本概念、原理和方法的基础上，结合实践教学和学科竞赛的实际情况，通过大量经典实例讲解和实训，帮助学生掌握利用 C 语言进行结构化程序设计的技术和方法，提高他们的实践动手能力，培养他们的创新协作精神。

相对第 2 版而言，第 3 版主要做了以下修改：

1）根据用书单位的反馈，对一些章节的安排和组织进行了调整。

2）根据课程组近几年实施开放视频课程的经验，引入了以一个实例贯穿整个课程的授课策略。实例由简单到复杂，循序渐进地演化，通过实际应用场景的不断变化和实例功能的不断扩展，依次引入 C 语言的各个语法元素，从工程的角度阐述各个 C 语言概念。每个语法的引入，都通过实例的实际环境无缝连接，并采用对比等教学手段，加强学生对知识点的理解和运用，特别是加深学生对各个知识点使用场合的理解。课程学完后，一个完整的程序也完成了。这种有一定代码量的实例，能规避通常教学中由小例子导致的“只见树木不见森林”“一叶障目不见泰山”的缺陷，有利于培养学生的工程实践能力。

3）更新了许多教学示例，优化了第 12 章，重写了第 13 章。在第 12 章中，引入了一些有趣的游戏实例和加解密、权限管理等工程概念，以培养学生的工程实践能力。

4）在我们的 PPT 等教辅资料中引入了课程思政元素，让教师能在 C 语言教学中有效进行课程思政教学，这也是课程组深入课程思政教学多年后，将经验向同行抛砖引玉的一个举措。

本书从逻辑上分为两部分。第一部分（第 1～11 章）主要介绍 C 语言的基础语法知识，这部分内容按 C 语言的知识点循序渐进地介绍，同时针对 C 语言中的重点和难点，例如指针部分，精心设计了丰富的实例，用大量的篇幅从不同方面对其进行讲解，旨在帮助读者理解并掌握这些重点和难点。第二部分（第 12 章和第 13 章）为项目实训和常用算法指导，通过项目开发全过程的全方位指导，从需求分析、算法设计到程序编写和过程调试，以项目实训的形式引导和帮助学生解决实际问题，提高学生解决具体问题的能力，并对程序设计竞赛中常见的算法及算法应用进行了介绍。在教学过程中，教师应注重融入良好编程风格和程序调试相关知识的介绍。

C 语言程序设计是一门强调实践练习的课程，因此教师对本书的教学组织可依据两条主脉络进行：一条是从字、词、数据、表达式、语句到函数、数组、指针，这也是语法范畴构成的基本脉络；另一条则以程序功能（即以组织数据和组织程序）为基本脉络。安排课程内容时应注意以下几点：①介绍程序设计语言语法时要突出重点。C 语言语法比较庞杂，有些语句可以相互替代，有些语法不常使用。课程中要重点介绍基本的、常用的语法，不要面面俱到。②注重程序设计语言的共性。计算机的发展日新月异，大学期间不可能介绍所有的计算机语言，所以在本课程的学习过程中，教师应该介绍计算机程序设计语言共性的东西，使学生具有自学其他程序设计语言的能力。③由于课时的限制，课程不能安排太多的时间专门讲授程序设计理论。在教学过程中，教师应以程序设计为主线，结合教材中的实例分析，将程序设计的一般方法和技术传授给学生。

本书由浅入深地介绍了程序设计的技术与技巧，内容全面、自成一体，对提高读者的程序设计能力很有裨益，适合不同层次的读者学习。本书可作为计算机类专业的本科或专科教材，也可以作为信息类或其他相关专业的选修教材，还可以作为其他一些课程的辅助读物，如数据结构、编译器设计、操作系统、计算机图形学、嵌入式系统及其他要用 C 语言进行项目设计的课程。

本书的作者均为浙江工商大学承担程序设计、数据结构等课程的骨干教师。谢满德负责全书的策划、组织和指导工作，并负责编写第 11、12、13 章，以及对全书进行统稿和校对；凌云负责编写第 1、2 章，参与全书的策划和指导；陈志贤负责编写第 7、8、9 章；刘文强负责编写第 3、4、5 章；张国萍负责编写第 6、10 章。

本书及其配套实验用书《 C 语言程序设计与实践实验指导》已经入选“十二五”普通高等教育本科国家级规划教材、浙江省首批新形态教材和浙江省“十四五”首批四新重点建设教材，也是浙江省线上一流课程“高级语言程序设计”的教学用书。本书教辅资料完整、丰富，读者只需要扫描对应的二维码就可以访问制作精良的 MOOC 教学视频、PPT 等学习素材。我们也专门为教师提供了习题答案、教材源码等教辅资料。

在本书的编写过程中，我们参考了部分图书资料和网站资料，在此向文献的原作者表示衷心的感谢。由于作者水平有限，书中恐有不足之处，恳请业界同人及读者朋友提出宝贵意见和真诚的批评。

作　者
2023 年 5 月

教学建议

教学内容	学习要点及教学要求	课时安排 / 学时	
		计算机专业	非计算机专业
第 1 章 C 语言与程序设计概述	了解指令与程序的概念，了解程序设计的过程，了解 C 语言的历史、特点及其程序结构	2	2
第 2 章 示例驱动的 C 语言语法元素	了解 C 语言的基本语法元素，包括变量与常量、算术运算、控制流、函数、数组、基本输入 / 输出等，让学生对 C 语言有一个整体的感性认识，能模仿编写简单的小程序	2	2
第 3 章 基本数据类型和表达式	了解 C 语言的各种数据类型，掌握整型常量、浮点常量、字符常量的表示法，掌握各种运算符和表达式	4	4
第 4 章 输入 / 输出语句	掌握数据输出（printf、putchar）函数和数据输入（scanf、getchar）函数，熟练使用输入 / 输出语句中常用的格式说明、控制字符串	2	2
第 5 章 C 语言程序结构	了解语句的分类、结构化程序设计的基本概念，掌握循环、分支等控制语句的语法，并能熟练使用这些流程控制语句编写小的程序	6	6
第 6 章 数组	了解数组在内存中的表示方法，掌握数组（一维、二维、字符数组）的定义、引用和应用，掌握数组的典型应用示例，能利用数组编程解决实际问题	6	6
第 7 章 函数	了解基于函数的 C 语言程序组织方式，掌握函数的定义、函数的调用、函数参数的传递规则、内部函数和外部函数、变量的 4 种存储类别声明以及变量的作用域和生存期。本章的重点与难点在于基于函数参数的传递，嵌套函数和递归函数及其应用，变量的作用域、生存期与应用	6~8	6（选讲）
第 8 章 编译预处理	了解编译预处理的 3 种方式，掌握文件包含和宏定义的使用方法	2	2
第 9 章 指针	了解地址的基本概念及地址在 C 语言中的表示方法，掌握变量和函数的地址在 C 语言中的表示方法、指针变量的定义和引用、指针作为函数参数、指针与数组的关系、指针的运算、字符指针、字符串处理函数、指针数组、指向指针的指针、指向函数的指针以及命令行参数的传递	6~10	6（选讲）
第 10 章 结构与联合	掌握结构类型的定义、结构变量的定义和引用、结构数组的定义和引用、结构变量的参数传递规则、指向结构变量的指针、结构指针，以及链表的建立和链表元素的插入、删除、查找等内容。掌握联合和枚举类型的定义及变量的定义和引用。本章的难点在于链表的基本操作	6~10	6~8（选讲）

（续）

教学内容	学习要点及教学要求	课时安排 / 学时	
		计算机专业	非计算机专业
第 11 章 文件操作	了解文件的概念、文本文件和二进制文件的概念以及非缓冲文件的概念。掌握缓冲文件指针的定义、缓冲文件的打开和关闭以及缓冲文件读和写（文本文件方式、二进制文件方式）	2	2
第 12 章 综合实训	通过项目开发过程的全方位指导，将所学的知识点串起来。本章详细分析了几个实际项目的开发全过程，从需求分析、算法设计到程序编写、过程调试，通过实例指导，引导和帮助学生解决实际问题，提高学生解决具体问题的能力	2～4	2～6（选讲）
第 13 章 初涉 ACM/ICPC	本章结合程序设计大赛将常见算法分门别类加以介绍，包括这些算法的应用实例	2～6（选讲）	2（选讲）
教学总学时建议		48～64	48～54

说明：

1）本书作为计算机专业本科学生的 C 语言程序设计教学用书时，建议课堂授课学时为 48～64（包含习题课、课堂讨论等必要的课堂教学环节，实验另行安排学时）。不同学校可以根据各自的教学要求和计划学时数酌情对教学内容进行取舍。其中，第 12 章实训部分可以选取其中一个例子详细讲解，其他例子让学生自学完成。第 13 章的内容可在开放实验教学中体现，并在整个课程教学过程中贯穿编程风格与程序调试的介绍。

2）非计算机专业的师生在使用本书时应适当降低教学要求。第 12、13 章可以不介绍。若授课学时数少于 48，则建议适当简化第 7 章中的递归和第 10 章中的链表部分的内容。

课堂教学建议：

1）本书的基础部分是第 5～11 章，这一部分从字、词、数据、表达式、语句到函数、数组、指针等，是语法范畴构成的基本脉络。建议教师在程序示例中融入语法元素，而不要单纯讲语法，以避免学生产生厌倦情绪。

2）C 语言程序设计是一门强调实践练习的课程，对本书的教学组织应以程序设计为主线，介绍程序设计语言语法时要突出重点，不要面面俱到。可以尝试对一个例子不断进行扩充，逐渐引入新的语法元素，产生新的程序设计效果。

3）注重程序设计语言的共性。计算机的发展日新月异，大学期间不可能介绍所有的计算机程序设计语言。所以在本课程的学习过程中，教师应该介绍计算机程序设计语言共性的知识，使学生具有自学其他程序设计语言的能力。

4）如果课时有限，第 13 章可以略去不讲。

实验教学建议：

本书有配套实验用书《C 语言程序设计与实践实验指导》，实验内容与本书各章节具有严格的对应关系，实验教材也通过二维码的方式提供了一些实验示例讲解。教师或读者可以根据授课或学习进度安排实验。

网络资源使用：

课程组已经在中国大学 MOOC 平台上建立了一门高级语言程序设计 MOOC 课程，并将所有的课程资源（包括视频、课件、客观题测试、OJ 作业、实验手册、实验讲解视频）放到了该平台上，各位读者可以通过链接 https://www.icourse163.org/course/HZIC-1205905819 或扫描以下二维码，直接登录该网站进行在线学习，充分利用本教材的丰富电子资源。

对于任课教师，可以在本教材配套的 MOOC 课程基础上，进行 SPOC 教学，以满足对该课程的教学改革需要。课程视频中嵌入了一些客观题，学生在观看视频的时候需要回答相应问题后才能继续学习，从而保障学生认真地学习过视频，为后续的翻转课堂提供课程视频支持。

目 录

第 1 章　C 语言与程序设计概述

1.1　初见 C 语言程序

第 01 讲

第 02 讲

通过一个例子来直观地了解下 C 语言程序。马克思手稿中有一道趣味数学问题，题目大意是：有 30 个人，其中有男人、女人和小孩，这些人在一家饭馆吃饭共花了 50 先令。每个男人花费 3 先令，每个女人花费 2 先令，每个小孩花费 1 先令。问男人、女人和小孩各有几人。对于这个问题，很多读者在小学或初中的竞赛中可能都见到过，而且通常都采用不定方程求解。现在我们用 C 语言解决该问题。通过例 1-1 所示的程序，初学者一方面可以对 C 语言有一个感性的认识，另一方面可以初步领略计算机高效和强大的解决问题的能力。

例 1-1　用 C 语言程序解决“马克思手稿中的数学题”。

```
#include <stdio.h>                          /* 包含标准库的信息 */
int main( )                                 /* 定义名为 main 的函数，它不接受参数值 */
{
    int x,y,z;                              /* 声明 x,y,z 为整型变量 */
    printf(" Men  Women  Children\n");      /* 输出表头信息 */
    for(x=1;x<=9;x++)                       /* 控制循环次数，x 由 1 变到 9，共循环 9 次 */
    {
        y=20-2*x;                           /* 针对一个可能的 x，计算出相应的 y */
        z=30-x-y;                           /* 针对一组可能的 x 和 y，计算出相应的 z */
        if(3*x+2*y+z==50)                   /* 判断当前这组 x,y,z 是否满足条件 */
            printf("%5d%7d%10d\n",x,y,z);   /* 输出一组可行解 */
    }
    return 0;
}
```

运行程序，得到图 1-1 所示的结果。

Men	Women	Children
1	18	11
2	16	12
3	14	13
4	12	14
5	10	15
6	8	16
7	6	17
8	4	18
9	2	19

图 1-1　例 1-1 的运行结果

例 1-1 显示了一个完整的 C 语言程序，虽然规模很小，功能很简单，但能解决一个实际的问题。从程序中可以看出，在该问题的求解过程中，我们采用穷举法对所有可能的组合逐一进行检测，将符合要求的筛选出来。假设用 x、y 和 z 分别代表男人、女人和小孩的数目，根据题意，可得如下方程：① $x+y+z=30$，② $3x+2y+z=50$，用方程②减方程①可得方程③ $2x+y=20$。从方程③可看出，由于 x 和 y 均为正整数，所以 x 最大只能取到 9，即 x 的变化范围是 1～9。那么我们可以让 x 从 1 到 9 变化，然后根据方程③找出相应的 y 值，最后再根据方程①找出相应的

z 值。对于每一组 x、y 和 z 的组合，如果满足方程②，则 x、y、z 就是满足条件的解。事实上，穷举法是计算机求解问题时常用的一种方法。

例 1-1 所示的程序称为 C 语言的源程序，在 C 语言源程序的描述中，要注意以下几点：

1）C 语言源程序的扩展名必须为 .c 或 .cpp。

2）C 语言是大小写敏感的，也就是说，在 C 语言的源程序中，大小写是有区别的。

3）如果源程序中出现的逗号、分号、单引号和双引号等符号不是出现在双引号的内部，则均应该在英文半角状态下输入，比如分号不能写成中文分号，而应写成英文半角分号。

4）花括号、小括号、用作界定符的单引号和双引号等都必须成对出现。

例 1-1 是一个用 C 语言编写的解决实际问题的程序示例。读者可以思考一下，生活中碰到的哪些问题可以用类似的方法让计算机帮助我们解决。

1.2　计算机与程序设计

计算机的功能非常强大，能完成非常复杂、人脑难以胜任的许多工作。然而，从电子市场买回 CPU、主板、内存、硬盘等硬件并组装好一台计算机后，你却发现这台计算机什么也做不了。究其原因，就是该计算机上还没有安装任何计算机程序，即软件。硬件是计算机拥有强大功能的前提条件，但是如果没有“大脑”（也就是计算机程序）去指挥它，它将什么也做不了，所以计算机程序的存在是计算机能够工作、能够按指定要求工作的必要条件。因此，计算机程序（program，通常简称“程序”）可以简单理解为人们为解决某种问题而用计算机可以识别的代码所编排的一系列加工步骤。计算机能严格按照这些步骤去执行任务。计算机只是一个机器，只能按照既定的规则工作，这个规则是为了实现某个目标而人为制定的，因此制定的规则必须能够让计算机“理解”，才能使其按要求去工作，人们按照计算机能够理解的“语言”来制定这些规则的过程，就是程序设计的过程。

1.2.1　指令与程序

第 03 讲

计算机的功能强大，但是没有智能，而且每次只能完成非常简单的任务。计算机必须通过一系列简单任务的有序组合才能完成复杂任务。因此，人只能以一个简单任务接一个简单任务的方式来对计算机发出指令。这个简单任务称为计算机的指令。一条指令本身只能完成一个最基本的功能，如实现一次加法运算或一次大小的判别。不同的指令能完成不同的简单任务。但是通过对多条指令的有序组织，就能完成非常复杂的工作，这一系列计算机指令（也可理解为人的命令）的有序组合就构成了程序，对这些指令的组织过程就是编程的过程，组织规则就是编程的语法规则。

例 1-2　假设计算机能识别的指令有以下四条：

`Input X`：输入数据到存储单元 X 中。

`Add X Y Z`：将 X、Y 相加并将结果存到 Z 中。

`Inv X`：将 X 求反后存回 X。

`Output X`：输出 X 的内容。

请编写一段由上述指令组成的虚拟程序，实现以下功能：输入 3 个数 A、B 和 C，求 `A + B - C` 的结果。

程序如下：

```
Input A;            输入第 1 个数据到存储单元 A 中
Input B;            输入第 2 个数据到存储单元 B 中
Input C;            输入第 3 个数据到存储单元 C 中
Add A B D;          将 A、B 相加并将结果存在 D 中
Inv C;
Add C D D;          将 C、D 相加并将结果存在 D 中
Output D;           输出 D 的内容
```

由例 1-2 可以看出，通过指令的有序组合，能完成单条指令无法完成的工作。上述程序中的指令是假设的，事实上，不同 CPU 支持的指令集也不同（由 CPU 硬件生产商决定提供哪些指令）。有点硬件常识的读者都知道，计算机的 CPU 和内存等都是集成电路，其能存储和处理的对象只能是 0、1 组成的数字序列。因此这些指令也必须以 0、1 序列表示，最终程序在计算机中也是以 0、1 组成的指令码（用 0、1 序列编码表示的计算机指令）来表示的，这个序列能够被计算机 CPU 所识别。程序与数据均存储在存储器中。运行程序时，将准备运行的指令从内存调入 CPU 中，由 CPU 处理这条指令。CPU 依次处理内存中的所有指令，这就是程序的运行过程。

1.2.2　程序与程序设计

第 03 讲

计算机程序是人们为解决某种问题用计算机可以识别的代码编排的一系列数据处理步骤，是计算机能识别的一系列指令的集合。计算机能严格按照这些步骤和指令去操作。**程序设计**就是针对实际问题，根据计算机的特点，编排能解决这些问题的步骤。程序是结果和目标，程序设计是过程。

1.2.3　程序设计和程序设计语言

第 03 讲

程序设计是按指定要求编排计算机能识别的特定指令组合的过程，而**程序设计语言**是为方便人进行程序设计而提供的一种手段，是人与计算机交流的语言。程序设计语言随着计算机技术的发展而不断发展。

计算机能直接识别的是由“0”和“1”组成的二进制数——二进制是计算机语言的基础。一开始，人们只能用计算机能直接理解的语言去命令计算机工作，即写出一串串由“0”和“1”组成的指令序列交给计算机执行，这种语言称为**机器语言**。如图 1-2a 所示，由“0”和“1”组成的一行数字序列对应一条机器语言指令。用机器语言编写的程序非常难以阅读，使用机器语言编写程序是一项十分痛苦的工作，特别是在程序有错需要查找、修改时更是如此。而且，由于每台计算机的指令系统往往各不相同，因此在一台计算机上执行的程序，要想在另一台计算机上执行，必须重新修改程序，这就造成了重复工作。所以，现在很少有人用机器语言直接写程序。

为了减轻使用机器语言编程的痛苦，人们进行了一种有益的改进：用一些简洁的英文字母、有一定含义的符号串来替代一个特定指令的二进制串，比如，用“ADD”代表加法，用“SUB”代表减法，用“MOV”代表数据传递等，这样一来，人们很容易读懂并理解程序在干什么，从而使得纠错及维护都变得方便了，这种程序设计语言称为**汇编语言**，即第二代计算机语言。图 1-2a 给出的八条机器语言指令可用图 1-2b 所示的八条汇编语言指令来对应，它们实现相同的功能。然而对于计算机而言，它只认识“0”和“1”组成的指令，并不认识

这些符号，这就需要一个专门的程序来将这些符号翻译成计算机能直接识别和理解的二进制数的机器语言，完成这种工作的程序被称为**汇编程序**，它充当的就是翻译者的角色。汇编语言同样十分依赖于机器硬件，其移植性不好，但效率很高。现代的桌面计算机，其功能已经非常强大，效率已经不是首要关注目标。所以，通常只有在资源受限的嵌入式环境或与硬件相关的程序设计（如驱动程序）过程中，汇编语言才会作为一种首选的软件开发语言。

```
10001011 01000101 11111100
00000011 01000101 11111000
10001001 01000101 11110100
10001011 01001101 11111000
00001111 10101111 01001101 11110100
10001001 01001101 11111100
10001011 01010101 11110100
10001001 01010101 11111000
```

a）机器语言程序片段

```
mov  eax,dword ptr  [ebp-4]
add  eax,dword ptr  [ebp-8]
mov  dword ptr  [ebp-0Ch],eax
mov  ecx,dword ptr  [ebp-8]
imul ecx,dword ptr  [ebp-0Ch]
mov  dword ptr [ebp-4],ecx
mov  edx,dword ptr  [ebp-0Ch]
mov  dword ptr  [ebp-8],edx
```

b）汇编语言程序片段

```
t = x+y;

x = y*t;

y = t;
```

c）C语言程序片段

图 1-2　三种语言程序片段

虽然机器语言发展到汇编语言已经有了很大的进步，但是由于每条指令完成的工作非常有限，因此编程过程仍然很烦琐，语义表达仍然比较费力。于是，人们期望有更加方便、功能更加强大的高级编程语言。这种高级语言应该接近于数学语言或人的自然语言，同时又不依赖于计算机硬件，编出的程序能在所有机器上通用。C 语言就是一种能满足这种要求的语言，它既有高级语言的通用性又有底层语言的高效性，展示出了强大的生命力，几十年来一直被广泛应用。如图 1-2c 所示，一条 C 语言语句可以对应多条汇编或机器语言指令。许多高校也将 C 语言作为计算机专业和相关专业的重要必修课，作为高校在校学生接触的第一门编程语言。同样，计算机本身并不“认识”C 语言程序，因此需要将 C 语言程序先翻译成汇编程序，再将汇编程序翻译成机器语言，这个过程往往由编译程序来完成。

为了使程序设计更加接近自然语言的表达，方便用户实现功能，包括 C 语言在内的所有程序设计语言必须具有数据表达和数据处理（称为控制）这两方面的能力。

1. 数据表达

为了充分有效地表达各种各样的数据，人们通常会对常见数据进行归纳总结，确定其共性，最终尽可能地将所有数据抽象为若干种类型。数据类型（data type）就是对某些具有共同特点的数据集合的总称。如常说的整数、实数就是数据类型的例子。

在程序设计语言中，一般都事先定义几种基本的数据类型供程序员直接使用，如 C 语言中的整型、浮点型、字符型等。这些基本数据类型在程序中的具体对象主要有两种形式：常量（constant）和变量（variable）。常量在程序中是不变的，例如，987 是一个整型常量。对于变量，则可对其做一些相关的操作，例如，改变它的值。

同时，为了使程序员能更充分地表达各种复杂的数据，C 语言等程序设计语言还提供了丰富的构造新数据类型的手段，如数组（array）、结构（struct）、联合（union）、文件（file）和指针（pointer）等。

2. 数据处理的流程控制

高级程序设计语言除了能有效地表达各种各样的数据外，还必须能对数据进行有效的处理，提供一种手段来表达数据处理的过程，即程序的控制过程。

一种比较典型的程序设计方法是：将复杂程序划分为若干个相互独立的模块，使每个模块的工作变得单一而明确，在设计一个模块时不受其他模块的影响。同时，通过现有模块积木式地扩展又可以形成复杂的、更大的程序模块或程序。这种程序设计方法就是结构化程序设计方法，C 语言就是典型的采用这种设计方法的语言。按照结构化程序设计的观点，任何程序都可以将模块通过三种基本的控制结构（顺序、选择和循环）的组合来实现。

当要处理的问题比较复杂时，为了增强程序的可读性和可维护性，常常将程序分为若干个相对独立的子模块，在 C 语言中，子模块的实现通过函数完成。

1.2.4　程序设计过程

采用高级程序设计语言，指挥计算机完成特定功能，解决实际问题的程序设计过程通常包括以下几个步骤：

1）明确功能需求。程序员通过交流和资料归纳，总结和明确系统的具体功能要求，并用自然语言描述出来。

2）系统分析。根据功能要求，分析解决问题的基本思路和方法，也就是常说的算法设计。

3）编写程序。程序员根据系统分析和程序结构编写程序。这一过程称为编程，最后将所编写的程序存入一个或多个文件，这些文件称为源文件。一般把按照 C 语言的语法规则编写的未经编译的字符序列称为源程序（source code，又称源代码）。

4）编译程序。通过编译工具，将编写好的源文件编译成计算机可以识别的指令集合，最后形成可执行的程序。这一过程包括编译和链接。计算机硬件能理解的只有计算机的指令，也就是 0、1 组成的指令码，用程序设计语言编写的程序不能被计算机直接接受，这就需要一个软件将相应的程序“翻译”成计算机能直接理解的指令序列。对 C 语言等许多高级程序设计语言来说，这种软件就是编译器（compiler），编译器精通两种语言：机器语言和高级程序设计语言。编译器首先要对源程序进行词法分析，然后进行语法与语义分析，最后生成可执行的代码。

5）程序调试。运行程序，检查其有没有按要求完成指定的工作，如果没有，则回到第 3 步和第 4 步，修改源程序，形成可执行程序，再检查，直到获得正确的结果。

为了使程序编辑（Edit）、编译（Compile）、调试（Debug）等过程简单，方便操作，许多程序设计语言都有相应的编程环境（称为集成开发环境，IDE）。程序员可以直接在该环境中完成程序编辑、代码编译，如果程序出错还可以提供错误提示、可视化的快捷有效的调试工具等。所以，在 IDE 下，程序员可以专注于程序设计本身，而不用关心编辑、编译的操作方法。

在 Windows 操作系统下，C 语言的集成开发环境主要有：

- Borland 公司的 Turbo C 环境
- Bloodshed 公司的 Dev C++ 环境
- The Code::Blocks Team 公司的 Code::Blocks 环境
- Microsoft 公司的 Visual C++ 环境

在 Linux 操作系统下，C 语言的集成开发环境主要有：

- Eclipse
- Code::Blocks
- GCC、g++ 等开源工具

本书所有程序示例均在 Dev C++ 环境下进行。

1.3 C 语言学习与自然语言学习类比

第 04 讲

C 语言相对来说是一门比较难的语言，很多初学者学了很久还一头雾水，不知道到底要学些什么、怎么学。本书拟通过对 C 语言学习过程与自然语言学习过程进行对照，使初学者能从熟悉的自然语言学习中理解 C 语言学习的方法和内容。

学习任何一门新的自然语言，都是先学一个个字或单词，掌握它们的含义和用法；然后学习词语或短语，理解其构词方法和含义；再学习句法，包括句子结构、句型、造句语法、使用场合；最后学习文章写法，包括根据题目进行分析、段落组织、逻辑语义划分、句型组织等。这些都是学习自然语言的基本内容。但是如果只学好这些，只能说会一种语言，离灵活运用、精通一门语言还有很大的差距。运用一门语言最重要、最直接的途径就是写文章，一篇合格的文章必须没有语法错误，且必须紧扣题意。没有语法错误是写文章的基本要求，但是没有语法错误并不能说明该文章就是一篇合格的文章。如果下笔千言，但是离题万里，这样的文章还是不合格。所以在保证无语法错误的前提下，文章必须紧扣题意，满足题目要求。要写出一篇优秀的文章，还要求论述充分、观点独到、行文流畅等。

C 语言也是一门语言，是一门用于与计算机交流的语言，因此其学习方法和过程与学习通常的自然语言基本相似。也就是说，首先要学习 C 语言中的所有“单词”，即关键字的含义和用法，然后学习通过这些“单词”组成的词语与短语的含义，以及通过“单词”组成短语的方法；再学习 C 语言语句的基本句型、语法特点、使用场合和使用方法；最后学习写文章，即程序的写法，包括根据题目进行分析，段落组织（函数、模块划分），句型应用等。这些都是学习 C 语言的基本内容，但是只学好这些，离灵活运用、精通 C 语言还有很大的差距。运用 C 语言最重要、最直接的途径就是按照要求编写合格的 C 语言程序，一个合格的 C 语言程序必须能够在没有语法错误的情况下解决指定的问题。遵守 C 语言语法规则，没有语法错误是编写程序的基本要求，但是没有语法错误并不能说明该程序就是一个正确的程序。如果程序编写得很“唯美”，但是没有解决指定的问题，这样的程序还是不合格的。所以在保证无语法错误的前提下，程序必须解决指定的问题，获得期望的结果。而一个优秀的程序，还应具备书写风格良好、解决问题的方法独到、具有较高的效率等特征。

通过上述对比可以发现，学习 C 语言与学习任何一门自然语言具有相似的步骤，只是这个“文章”必须通过程序语言进行书写。

1.4 C 语言的发展历史、现状与特点

1.4.1 C 语言的发展历史和现状

C 语言的发展历史可以追溯到 1961 年的 ALGOL 60，它是 C 语言的祖先。ALGOL 60 是一种面向问题的高级语言，与计算机硬件的距离比较远，不适合用来编写系统软件。1963

年，英国剑桥大学推出了CPL（Combined Programming Language）。CPL对ALGOL 60进行了改造，在ALGOL 60基础上接近硬件一些，但是规模较大，难以实现。1967年，剑桥大学的Martin Richards对CPL进行了简化，在保持CPL的基本优点的基础上推出了BCPL（Basic Combined Programming Language）。1970～1971年，美国AT&T公司贝尔实验室的Ken Thompson对BCPL进行进一步简化，设计出了非常简单而且很接近硬件的B语言（取BCPL的第一个字母），并用B语言改写了UNIX操作系统。但B语言过于简单，且功能有限。1972～1973年，贝尔实验室的Dennis M. Ritchie在B语言的基础上设计出了C语言（取BCPL的第二个字母）。C语言既保持了BCPL和B语言的优点（精练、接近硬件），又克服了它们的缺点（过于简单、无数据类型等）。最初的C语言只是作为描述和实现UNIX操作系统的一种工作语言而设计的。1973年，Ken Thompson和Dennis M. Ritchie两人合作把UNIX中90%以上的代码用C语言改写，即UNIX第5版（最初的UNIX操作系统全部采用PDP-7汇编语言编写）。

后来，C语言历经多次改进，但主要还是在贝尔实验室内部使用。直到1975年，UNIX第6版公布以后，C语言的突出优点才引起人们的普遍关注。1975年，不依赖于具体机器的C语言编译文本（可移植C语言编译程序）出现了，使C语言移植到其他机器时所需做的工作大大简化，这也推动了UNIX操作系统迅速在各种机器上实现。随着UNIX的广泛使用，C语言也迅速得到推广。C语言和UNIX可以说是一对孪生兄弟，在发展过程中相辅相成。1978年以后，C语言已先后移植到大、中、小和微型计算机上，已独立于UNIX和PDP计算机了。

现在，C语言已风靡全世界，成为世界上应用最广泛的几种计算机语言之一。许多系统软件和实用的软件包，如Microsoft Windows等，都是用C语言编写的。图1-3展示了C语言的“家谱”。

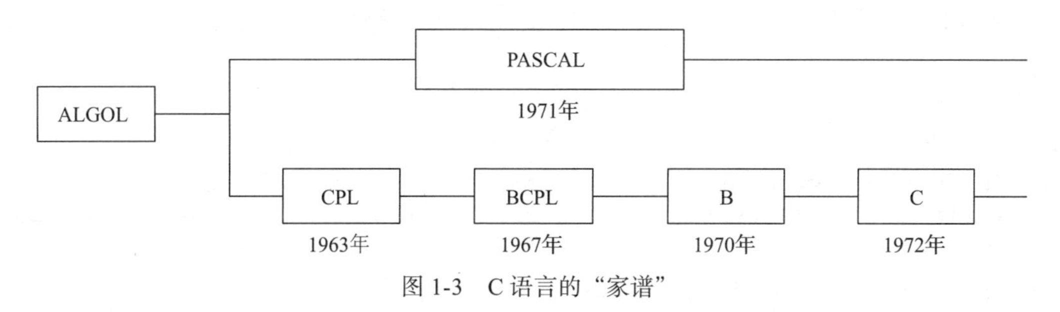

图1-3 C语言的“家谱”

以1978年发表的UNIX第7版中的C语言编译程序为基础，Brian W. Kernighan和Dennis M. Ritchie（合称K&R）合著了影响深远的经典著作The C Programming Language，这本书中介绍的C语言成为后来广泛使用的各种C语言版本的基础，被称为**旧标准C**。1983年，美国国家标准协会（ANSI）根据C语言问世以来各种版本对C的发展和扩充制定了新的标准，称为ANSI C。ANSI C比旧标准C有了很大的发展。1987年，ANSI又公布了新标准——87 ANSI C，K&R在1988年修订了他们的经典著作The C Programming Language，按照87 ANSI C标准重新写了该书。目前流行的各种版本的C语言都是以它为基础的。在随后的几年里，C语言标准化委员会又不断地对C语言进行改进，到了1999年，正式发布了ISO/IEC 9899: 1999，简称为C99标准。

目前，在各种不同型号的计算机上，以及不同的操作系统环境下，出现了多种版本的C

语言，如在 IBM PC 系列微机上使用的就有 Microsoft C、Turbo C、Quick C 等，虽然这些 C 语言的基本部分是相同的，但也有各自的特点。它们自身的不同版本之间也略有差异，如 Turbo C 2.0 与 Turbo C 1.5 相比增加了一些新的功能，Visual C++ 中对 C 语言也修改和提供了一些新的功能。

1.4.2 C语言的特点

C 语言之所以能存在和发展，并具有旺盛的生命力，成为当今世界上最流行的几种语言之一，是因为其有不同于其他语言的特点。C 语言的主要特点如下：

1）短小精悍而且功能齐全。C 语言简洁、紧凑，使用方便、灵活；具有丰富的数据运算符；除基本的数据类型外，C 语言还允许用户自己构造数据类型。

2）结构化的程序设计语言。具有结构化的控制语句（如 if…else 语句、while 语句、do…while 语句、switch 语句和 for 语句）。用函数作为程序的模块单位，便于实现程序的模块化，符合现代编程风格的要求。

3）兼有高级语言和低级语言的特点。C 语言允许直接访问物理地址，能进行位（bit）操作，能实现汇编语言的大部分功能，可以直接对硬件进行操作，因此 C 语言既具有高级语言的功能，又有低级语言的许多功能，可用来编写系统软件。例如 UNIX 操作系统就是用 C 语言编写的。

4）程序执行效率高。生成目标代码质量高，程序执行效率高，一般只比汇编程序生成的目标代码效率低 10%～20%，这是其他高级语言无法比拟的。

5）程序可移植性好。C 语言基本上不做修改就能用于各种型号的计算机和各种操作系统。

C 是一门有一定难度的语言，要想能够娴熟地运用它，需要百分之百地投入。我们应该努力成为 C 语言高手，掌握 C 语言的思维方式，并采用这种方式编写程序和解决问题。

习题

1.1 试着从网络上下载并运行用 C 语言编写的程序，体会一下用 C 语言能完成哪些工作。

1.2 通过与习题 1.1 下载程序类比，列举几种生活中适合用 C 语言编程解决的问题。

1.3 查找网上知名 C 语言论坛，注册一个账号，体会一个编程爱好者的心境，了解 C 语言作为程序开发工具的优缺点。

1.4 请参照本章例题，编写一个 C 程序，调用 printf 函数输出以下信息：

```
******************************
Hello, world!
Hello, C!
******************************
```

1.5 编写一个程序，输出你的姓名及地址。

第 2 章　示例驱动的 C 语言语法元素

本章主要介绍 C 语言的基本语法元素，包括变量与表达式、控制流、数组、函数、基本输入 / 输出等。通过学习本章的内容，读者可以对 C 语言有一个整体的认识，并能编写简单的小程序，每个语法元素的具体讲解将在对应的章节中进行。

2.1　变量与表达式

第 05 讲

例 2-1 中程序的功能是打印出余弦函数 $y=\cos\left(x*\frac{\pi}{180}\right)$ 对应的离散值表，其中 x 在一个函数周期（0°～360°）内变化，打印结果如图 2-1 所示。我们可以据此拟合出余弦函数曲线。

```
  0      1.000000
 30      0.866025
 60      0.500000
 90      0.000000
120     -0.500000
150     -0.866025
180     -1.000000
210     -0.866025
240     -0.500000
270     -0.000000
300      0.500000
330      0.866025
360      1.000000
```

图 2-1　函数 $y=\cos\left(x*\frac{\pi}{180}\right)$ 的离散值表

例 2-1　打印余弦函数的离散值表。

```
#include <stdio.h>
#include <math.h>
/* 打印一个周期内，余弦函数的离散值表 */
int main()
{
    int x;                                  /* 定义一个名为 x 的整型变量 */
    double y;                               /* 定义一个名为 y 的浮点数变量 */
    int start, end, step;                   /* 声明 start, end, step 均为整型变量 */
    start = 0;                              /* 角度的下限 */
    end = 360;                              /* 角度的上限 */
    step = 30;                              /* 步长 */
    x = start;                              /* 将变量 start 的值赋给变量 x */
    while (x <= end)
    {
```

```
        y = cos(x * 3.1415926 / 180);      /* 调用 cos 函数计算余弦值 */
        printf("%3d\t%9.6f\n", x, y);      /* 调用 printf 函数输出结果 */
        x = x + step;                      /* 调整变量 x 的值 */
    }
    return 0;
}
```

C 程序中包含一个或多个函数，它们是 C 程序的基本模块。上述程序仅包含一个名为 main 的函数，阅读该程序，将见到 C 语言中的注释、声明、变量、算术表达式、循环以及格式化输出等基本元素。具体分析如下：

上述程序的第一、二行：

```
#include <stdio.h>
#include <math.h>
```

叫作编译预处理指令，用于告诉编译器在本程序中包含标准输入 / 输出库以及数学函数库的全部信息。许多 C 语言源程序的开始处都包含类似的行。

接下来以“/*”开始，以“*/”结束的内容称为注释。C 语言的注释有两种，分别是行注释和块注释。行注释是以“//”引导的注释，即从“//”开始到行结束的内容都是注释。早期的 C 程序中不允许使用行注释，但是自从 C99 标准颁布后，行注释就成为 C 语言的一个组成部分。块注释是以“/*”开始，并以“*/”结束的，介于“/*”和“*/”之间的内容均为块注释，而不管这些内容是否跨越多行，如上述程序中的块注释。块注释的内容可以只包含一行内容，也可以包含多行内容。注释是对程序功能的必要说明和解释，它是可有可无的，但注释能起到提示代码的作用，增强程序的可读性，提倡对编写的程序添加必要且有意义的注释。此外，C 编译器不会对程序中的注释进行语法检查，可用英文或汉字来书写注释内容。

接下来的这行代码声明了一个 main 函数（又称为主函数）。在所有 C 语言的程序中，必须有且只能有一个 main 函数，所有 C 程序总是从 main 函数开始执行的，而不管 main 函数在整个程序中的位置如何。int 指明了 main 函数的返回类型，意味着 main 函数返回值的类型是整数。返回到哪里呢？返回给操作系统。函数名后面的圆括号一般包含传递给函数的信息。这个简单的示例并不需要传递任何信息，因此可以在括号中写 void，也可以为空。

函数要实现的具体功能在由一对花括号构成的函数体中进行描述。

为了实现程序的功能，必须定义（或声明）一些变量来存储数据，在 C 语言中，所有变量都必须先定义后使用，定义用于说明变量的属性，它由一个类型名与若干个变量名组成，例如，

```
int x;
double y;
int start, end, step;
```

其中，类型 int 表示其后所列变量为整数，与之相对应的，double 表示其后所列变量为双精度浮点数（即可以带有小数部分的数）。int 与 double 是系统已经定义好的关键字。所谓关键字，是指系统事先定义好的代表一些特殊含义的名称。在上述代码中，变量 x、y、start、end、step 是由用户设定的变量名，其中 x、start、end、step 为整数类型，y 为双精度浮点数类型。

接下来要赋予这些变量具体的数值，在例 2-1 中，以 4 个赋值语句（也可称为赋值表达式）开始，为变量设置初值。

```
start = 0;
end = 360;
step = 30;
x = start;
```

此外，程序中还出现了其他表达式：“x <= end”为比较表达式；“y = cos(x * 3.1415926 / 180);”为算术表达式；“printf("%3d\t%9.6f\n", x, y);”用于打印整数 x 和双精度浮点数 y 的值，并在两者之间留一个制表符的空间 (\t)。

最后一行“return 0;”的作用是在 main 函数执行结束前将整数 0 作为函数值，返回调用函数处，这里是返回给调用 main 函数的操作系统。根据 C99 国际标准的建议，main 函数的返回值类型一律指定为 int 类型，并在函数末尾加返回语句 return 0，这是 C 程序和操作系统之间的约定。程序员可以利用操作指令检查 main 函数的返回值，从而判断 main 函数是否已正常执行，并据此决定后续的操作。

总体来看，C 语言中的表达式事实上就是常量和变量通过各种 C 语言允许的运算符号进行连接。由示例程序可见，C 语言的语句必须以“;”结束。

2.2 分支语句

2.2.1 if 语句

例 2-2 中程序的功能是统计 C 语言程序设计课程期末考试各分数段的人数。按照五级制统计可分成以下几档：

90～100　　A
80～89　　B
70～79　　C
60～69　　D
0～59　　E

要求输出各分数段的具体人数。

例 2-2　用 if 语句统计各分数段的人数。

```
#include <stdio.h>
/* 统计各分数段人数 */
int main()
{
    int score, i;
    int grade[5];
    for (i = 0; i < 5; i++)
        grade[i] = 0;                       /* 各分数段人数初始值设置为 0 */
    printf("请输入第一位学生的成绩：\n");     /* 在屏幕上输出提示信息 */
    scanf("%d", &score);                    /* 调用 scanf 函数输入第一位学生成绩 */
    while (score != -1)                     /* 当 score 等于 -1 时退出循环 */
    {
        if (score >= 0 && score < 60)
            grade[0]++;                     /* 成绩为 E 的人数加 1 */
        else if (score >= 60 && score < 70)
            grade[1]++;                     /* 成绩为 D 的人数加 1 */
```

```
        else if (score >= 70 && score < 80)
            grade[2]++;                     /* 成绩为 C 的人数加 1 */
        else if (score >= 80 && score < 90)
            grade[3]++;                     /* 成绩为 B 的人数加 1 */
        else if (score >= 90 && score <= 100)
            grade[4]++;                     /* 成绩为 A 的人数加 1 */
        else
            printf("输入的成绩非法\n");
        printf("请输入下一位学生的成绩(输入-1表示结束输入): \n");
        scanf("%d", &score);                /* 调用 scanf 函数输入下一位学生成绩 */
    }
    printf("各分数段的人数分别如下: \n");
    for (i = 0; i < 5; i++)
        printf("%d\n", grade[i]);           /* 输出各分数段的人数 */
    return 0;
}
```

在程序的控制过程中，通常会对满足不同条件的数据进行不同的处理，在例 2-2 中，程序要求根据不同的输入进行数据的统计，其中用于成绩人数分布统计的语句就是一组 if 语句。

在 C 语言程序中经常会采用如下模式来表示多路判定：

```
if (条件1)
    语句1
else if (条件2)
    语句2
...
else
    语句n
```

这就是 C 语言中的 if 语句。在 if 语句中，各个条件从前往后依次求值，直到满足某个条件，这时执行对应的语句部分，执行完毕后，整个 if 结构结束。注意：其中语句 1～n 中的任何语句都可以是括在花括号中的若干条语句。如果其中没有一个条件满足，那么就执行位于最后一个 else 之后的语句。如果没有最后一个 else 及对应的语句，那么这个 if 结构就不执行任何动作。在第一个 if 与最后一个 else 之间可以有 0 个或多个

```
else if (条件)
    语句
```

就风格而言，建议读者采用缩进格式。

2.2.2　switch 语句

C 语言中的多路分支，也可以用 switch 语句完成。例 2-2 中的 if 语句完全可以用 switch 语句替换，替换后的程序如例 2-3 所示。

例 2-3　用 switch 语句统计各分数段的人数。

```
#include <stdio.h>
/* 统计各分数段人数 */
int main()
{
    int score, i;
    int grade[5];
```

```
    int index;
    for (i = 0; i < 5; i++)
        grade[i] = 0;                    /* 各分数段人数初始值设置为 0 */
    printf("请输入第一位学生的成绩：\n");    /* 在屏幕上输出提示信息 */
    scanf("%d", &score);                 /* 调用 scanf 函数输入第一位学生成绩 */
    while (score != -1)                  /* 当 score 等于 -1 时退出循环 */
    {
        if (score < 0 || score > 100)
            printf("输入的成绩非法\n");
        else
        {
            index = score < 60 ? 0 : 1 + (score - 60) / 10;
            switch (index)
            {
                case 0:
                    grade[0]++;          /* 成绩为 E 的人数加 1 */
                    break;
                case 1:
                    grade[1]++;          /* 成绩为 D 的人数加 1 */
                    break;
                case 2:
                    grade[2]++;          /* 成绩为 C 的人数加 1 */
                    break;
                case 3:
                    grade[3]++;          /* 成绩为 B 的人数加 1 */
                    break;
                case 4:
                case 5:
                    grade[4]++;          /* 成绩为 A 的人数加 1 */
                    break;
                default:;
            }
        }
        printf("请输入下一位学生的成绩（输入 -1 表示结束输入）：\n");
        scanf("%d", &score);             /* 调用 scanf 函数输入下一位学生成绩 */
    }
    printf("各分数段的人数分别如下：\n");
    for (i = 0; i < 5; i++)
        printf("%d\n", grade[i]);        /* 输出各分数段的人数 */
    return 0;
}
```

其中加粗斜体显示的 switch 语句完成了例 2-2 中的 if…else…语句的功能。switch 语句的通用用法如下：

```
switch(表达式)
{
    case 表达式 1: 语句 1
    case 表达式 2: 语句 2
    ...
    case 表达式 n: 语句 n
    default: 语句 n+1
}
```

执行 switch 语句时，先计算表达式的值，然后依次与表达式 1～表达式 n 的值进行比较。如果与某一个表达式的值匹配，就执行其后的所有语句，如果没有与任何一个表达式匹配成功，则执行 default 后面的语句 n+1。default 语句也可以不出现，如果不出现，则语句不执行任何动作。

2.3 循环语句

2.3.1 while 循环语句

在例 2-1 中，针对每个 x 值求得对应 y 值均是以相同的方式计算，故可以用循环语句来重复产生各行输出，每行重复一次。这就是 while 循环语句的用途。

```
while (x <= end)
{
    ...
}
```

while 循环语句的执行步骤如下：首先，测试圆括号中的条件。如果条件为真（x 小于等于 end），则执行循环体（花括号中的语句）。其次，重新测试该条件，如果为真（条件仍然成立），则再次执行该循环体。当该条件测试为假（x 大于 end）时，循环结束，继续执行跟在该循环语句之后的下一个语句。while 语句的循环体可以是用花括号括起来的一个或多个语句，也可以是不用花括号括起来的单条语句，例如，

```
while (i < j)
    i = 2 * i;
```

在这两种情况下，总是把由 while 控制的语句向里缩入一个制表位（在书中以四个空格表示），这样就可以很容易地看出循环语句中包含哪些语句。尽管 C 编译程序并不关心程序的具体形式，但在适当位置采用缩进对齐样式更易于人们阅读程序，这是一个良好的代码书写习惯。同时，建议每行只写一个语句，并在运算符两边各放一个空格字符以使运算组合更清楚。花括号的位置不太重要，可以从一些比较流行的风格中选择了一种，读者可以选择自己所适合的风格并一直使用它。

2.3.2 for 循环语句

C 语言提供了多种循环控制语句，除了 2.3.1 节提到的 while 循环外，用得比较多的还有 for 循环。将例 2-1（打印一个周期内余弦函数离散值表）中的循环控制用 for 语句来实现，改写为例 2-4。

例 2-4　用 for 语句实现余弦函数离散值表。

```
#include <stdio.h>
#include <math.h>
/* 打印一个周期内，余弦函数的离散值表 */
int main()
{
    int x;
    double y;
    for (x = 0; x <= 360; x = x + 30)
    {
        y = cos(x * 3.1415926 / 180);     /* 调用 cos 函数计算余弦值 */
        printf("%3d\t%9.6f\n", x, y);     /* 调用 printf 函数输出结果 */
```

```
    }
    return 0;
}
```

这个版本与例 2-1 执行的结果相同，但看起来有些不同。一个主要的变化是它删去了大部分变量，只留下了一个 x 和 y，其类型分别为 int 和 double。本来用变量表示的下限（x 的开始值 0）、上限（x 的最大允许值 360）与步长（每次 x 增加的大小 30）都在新引入的 for 语句中作为常量出现。for 语句也是一种循环语句，是 while 语句的推广。如果将其与前面介绍的 while 语句比较，就会发现其操作要更清楚一些。for 循环的通用语法如下：

```
for(表达式 1; 表达式 2; 表达式 3)
    循环体语句
```

圆括号内共包含三个部分，它们之间用分号隔开。示例程序中的表达式 1 为“x = 0”，是初始化部分，仅在进入循环前执行一次。然后计算表示式 2，这里表达式 2 为“x <= 360”，用于控制循环的条件测试部分：这个条件要进行求值，如果所求得的值为真，那么就执行循环体。循环体执行完毕后，再执行表达式 3，即“x = x + 30”，加步长，并再次对条件表达式 2 求值。如果求得的表达式值为真，继续执行循环体，一旦求得的条件值为假，那么就终止循环的执行。像 while 语句一样，for 循环语句的循环体可以是单条语句，也可以是用花括号括起来的一组语句。初始化部分（表达式 1）、条件部分（表达式 2）与加步长部分（表达式 3）均可以是任何表达式。

在程序设计的过程中，可以采用 C 语言提供的任何一种循环控制语句来实现循环的功能。

2.4　符号常量

例 2-4 中的程序把 3.1415926、360、30 等常数直接写在了程序中，这并不是一种好的习惯，原因如下：

1）这些纯粹的数没有任何表征意义，几乎不能给以后可能要阅读该程序的人提供什么信息。

2）使程序的修改变得困难，因为如果修改角度上限和步长，必须修改程序中的所有 360 和 30。

解决上述问题的一种方法是赋予它们有意义的名字。#define 指令就用于把符号名字（或称为符号常量）定义为一特定的字符串，其形式如下：

```
#define 名字 替换文本
```

此后，所有在程序中出现的在 #define 中定义的名字，如果该名字既没有用引号括起来，也不是其他名字的一部分，都用所对应的替换文本替换。这里的名字与普通变量名的形式相同：以字母开头的字母或数字序列。替换文本可以是任何字符序列，而不仅限于数字。

例 2-5　用符号常量打印余弦函数的离散值表。

```
#include <stdio.h>
#include <math.h>
```

```
/* 打印一个周期内，余弦函数的离散值表 */
#define PI  3.1415926
#define START  0
#define END  360
#define STEP  30
int main()
{
    int x;
    double y;
    for (x = START; x <= END; x = x + STEP)
    {
        y = cos(x * PI / 180);             /* 调用 cos 函数计算余弦值 */
        printf("%3d\t%9.6f\n", x, y);     /* 调用 printf 函数输出结果 */
    }
    return 0;
}
```

这里，PI、START、END 与 STEP 称为符号常量，而不是变量，故不需要出现在定义中。这样，如果需要提高函数曲线的拟合精度，就只需要缩小 STEP 并给定更精确的 PI 值即可。符号常量名通常采用大写字母，这样就可以很容易地将其与采用小写字母拼写的变量名相区别。注意：#define 也是一条编译预处理指令，因此该行的末尾是没有分号的。

2.5　输入 / 输出

输入 / 输出是程序设计中最为基础的一部分内容，通常会对输入的数据进行处理，然后输出某个结果。在例 2-1 中（打印一个周期内余弦函数离散值表），使用 printf 函数来实现数据的输出，这是一个通用格式化输出函数，后面会对此做详细介绍。该函数的第一个参数是格式控制字符串，由两部分组成：普通字符和控制字符。普通字符原样输出，控制字符是指以百分号（%）和一个字母组合成的字符，输出时用对应的参数变量的值替换。对应规则为第一个控制字符对应函数的第二个参数，第二个控制字符对应函数的第三个参数，以此类推。控制字符的字母必须与对应的参数数据类型一致，它们在数目和类型上都必须匹配，否则将出现错误。

printf 函数可以对输出的数据进行宽度、长度及对齐方式上的控制，具体的控制方式详见本书第 4 章。

到目前为止，所有打印一个周期内余弦函数离散值表的程序，其角度下限、上限和步长在程序中都已作为常数固定了。如果希望在每次程序运行时由用户输入角度下限、角度上限和步长，则需要通过输入函数 scanf 完成。修改后的程序如例 2-6 所示。

例 2-6　用 scanf 函数实现的余弦函数离散值表。

```
#include <stdio.h>
#include <math.h>
/* 打印一个周期内，余弦函数的离散值表 */
#define PI  3.1415926

int main()
{
    int x;
    double y;
    int start, end, step;
```

```
    printf("请输入角度的下限、上限和步长：\n");
    scanf("%d%d%d", &start, &end, &step);
    for (x = start; x <= end; x = x + step)
    {
        y = cos(x * PI / 180);              /* 调用cos函数计算余弦值 */
        printf("%3d\t%9.6f\n", x, y);       /* 调用printf函数输出结果 */
    }
    return 0;
}
```

其中行 `scanf("%d%d%d", &start, &end, &step);` 就是负责从键盘输入数据的函数，其使用方法与 `printf` 函数基本相同，不同之处在于第二个参数以后的参数，其前面都有符号“&”，表示取这些变量的地址。

2.6 数组

在例2-2中，要求统计C语言程序设计课程各个分数段的人数并输出。本节则不是定义5个独立的变量来存放各个分数段的人数，而是使用“数组”来存放这5个不同的数据。

程序中的定义语句

```
int grade[5];
```

用于把 `grade` 定义为由5个整数组成的数组。在C语言中，当要定义一组类型相同的数据时，可以通过定义数组的方式来定义这些元素，通过数组名和下标来引用某一个元素，数组的下标总是从0开始，在例2-2中，这个数组的5个元素分别是 `grade[0]`，`grade[1]`，…，`grade[4]`。这在分别用于初始化和打印数组的两个for循环语句中得到了反映。

在C语言中，数组不能当作一个整体来访问，必须通过下标依次访问，每个元素基本等价于一个同类型的普通变量。下标可以是任何整数表达式，包括整数变量（如i）与整数常量。

2.7 函数

C语言的程序是由一个个函数构成的，除了有且必须有的 `main` 主函数以外，用户也可以自己定义函数。此外，C语言的编译系统还提供了一些库函数。函数为程序的封装提供了一种简便的方法，在其他地方使用函数时不需要考虑它是如何实现的。在使用正确设计的函数时不需要考虑“它是怎么做的”，只需要知道“它是做什么的”就够了。当定义好一个函数后，可以通过函数调用的方式来使用该函数的功能。

在上述示例中，所使用的函数（如 `cos`、`printf` 与 `scanf` 等）都是函数库所提供的。接下来看看怎样编写自己的函数。这里，通过编写一个求阶乘的函数 `factorial(int n)` 来说明定义函数的方法。

`factorial(int n)` 函数用于计算整数n的阶乘，比如 `factorial(4)` 的值为24。这个函数不是一个实用的阶乘函数，它只能用于处理比较小的整数的阶乘，因为如果要求阶乘的整数比较大，那么使用该方法很容易越界，导致程序无法获得正确的结果。希望读者读完整本书以后，能为该问题找到正确的解决方法。

下面给出函数 factorial(int n) 的定义及调用它的主程序，由此可以看到引入函数后的整个程序结构，如例2-7所示。

例 2-7　计算整数0～9的阶乘。

```
#include <stdio.h>
int factorial(int n);                                /* 声明factorial函数 */
int main()
{
    int i;
    for (i = 0; i < 10; ++i)
        printf("%d的阶乘是: %d\n", i, factorial(i));   /* 调用factorial函数计算i
                                                        的阶乘 */
    return 0;
}
/*factorial: n的阶乘, n >= 0 */
int factorial(int n)
{
    int i, p;
    p = 1;
    for (i = 1; i <= n; ++i)
        p = p * i;
    return p;
}
```

函数定义的一般形式为：

```
返回值类型 函数名(可能有的参数定义)
{
    声明和定义序列
    语句序列
}
```

不同函数的定义可以按照任意次序出现在一个源文件或多个源文件中，但同一函数不能分开存放在几个文件中。如果源程序出现在几个文件中，那么对它的编译和装入将比整个源程序放在同一文件时要做的声明更多，但这是操作系统的任务，而不是语言属性。我们暂且假定两个函数放在同一文件中，从而使前面所学的有关运行C程序的知识在目前仍然有用。

在上述示例中，factorial 函数定义的第一行 int factorial(int n) 声明了参数的类型与名字以及该函数返回的结果的类型。factorial 的参数名只能在 factorial 内部使用，在其他函数中不可见，因此在其他函数中可以使用与之相同的参数名而不会发生冲突。一般而言，把在函数定义中用圆括号括起来的变量称为**形式参数**。

factorial 函数计算得到的值由 return 语句返回给 main 函数。关键词 return 后可以跟任何表达式：

```
return 表达式;
```

函数不一定都返回一个值。不含表达式的 return 语句用于使程序执行流程返回调用者（但不返回有用的值）。调用函数也可以忽略（不用）一个函数所返回的值。读者可能已经注意到，在 main 函数末尾也有一个 return 语句。由于 main 本身也是一个函数，它也可以向其调用者返回一个值，这个调用者实际上就是程序的执行环境。一般而言，返回值为0表示正常返回，返回值非0则表示引发异常或错误终止条件。

对函数的使用称为函数调用。main 主函数在如下程序语句中对 factorial 函数进行了调用：

```
printf("%d的阶乘是: %d\n", i, factorial(i));
```

调用 factorial 函数时，传送了一个变量 i 给它。一般把函数调用中与参数对应的值或变量称为**实参**，如变量 i，由实参传递值给形式参数。factorial 函数则在调用执行完时返回一个整数。在表达式中，factorial(i) 就像 i 一样是一个整数。

2.8　算法

2.8.1　算法概念

第 06 讲

人们使用计算机，就是要利用计算机处理各种不同的问题，而要做到这一点，人们就必须事先对各类问题进行分析，确定解决问题的具体方法和步骤，再根据这些步骤，编制一组让计算机执行的指令（即程序），让计算机按人们指定的规则有效地工作。这些具体的方法和步骤，其实就是解决一个问题的算法。根据算法，依据某种规则编写计算机执行的命令序列，就是编制程序，而书写时所应遵守的规则即为某种语言的语法。由此可见，程序设计的关键之一是解题的方法与步骤，即算法。学习高级语言的重点和难点之一就是掌握分析问题、解决问题的方法，锻炼分析、分解问题并最终归纳整理出算法的能力。与此相对应的，具体语言（如 C 语言）的语法是工具，是算法的一个具体实现。所以在高级语言的学习中，一方面应熟练掌握该语言的语法——因为它是算法实现的基础；另一方面必须认识到算法的重要性，加强思维训练，寻找问题的最优解决方法，以编写出高质量的程序。

下面通过例 2-8 来介绍如何设计一个算法。

例 2-8　设有一物体从高空坠下，每次落地后都反弹至距离原高度 2/3 差 1m 的地方，现在测得第 9 次反弹后的高度为 2m，请编写程序，求出该物体从多高的地方开始下坠。

问题分析：

此题粗看起来有些无从着手，但仔细分析物体的运动规律后，能找到一些蛛丝马迹。假设物体坠落时的高度为 h_0，设第 1～9 次反弹的高度依次为 h_1，…，h_9，现在只有 $h_9=2$ 是已知的，但从物体的反弹规律能找出各反弹高度之间的关系：

$$h_i = h_{i-1} \times \frac{2}{3} - 1,\quad i = 1, 2, \cdots, 9$$

可进一步转换为：$h_{i-1} = (h_i + 1) \times \frac{3}{2}, i = 1, 2, \cdots, 9$，这就是此题的数学模型。

算法设计：

上面从 h_9 到 h_0 的计算过程，其实是一个递推过程，这种递推方法在计算机解题中经常用到。另外，这些递推运算的形式完全一样，只是 h_i 的下标不同而已。因此可以通过循环来处理。为了方便算法描述，统一用 h_0 表示上一次的反弹高度，h_1 表示本次的反弹高度，算法可以详细描述如下：

1）$h_1=2$;　　{第 9 次物体反弹的高度}
　 i=9。　　{反弹次数初值为 9}

2）$h_0 = (h_1 + 1) \times \frac{3}{2}$。　　{计算上次的反弹高度}

3）h1=h0。　　　　　{将上次的反弹高度作为下一次计算的初值}

4）i=i-1。

5）若 i ≥ 1，转至步骤 2。

6）输出 h0 的值。

其中第 2～5 步为循环，递推计算各次反弹的高度。

上面的示例演示了一个算法的设计过程，即从具体到抽象的过程，具体方法是：

1）弄清解决问题的基本步骤。

2）对这些步骤进行归纳整理，抽象出数学模型。

3）对其中的重复步骤，通过使用相同变量等方式求得形式的统一，然后简练地用循环解决。

算法的描述方法有自然语言描述、伪代码、传统流程图、N-S 图及 PAD 图等，自然语言描述简单、明了，但是由于程序员之间母语的差别，妨碍了他们的正常交流，因此出现了后面四种算法描述形式，下面主要介绍流程图描述方法。如果读者对其他描述方法感兴趣，可以参考其他资料。

2.8.2　流程图与算法描述

可以用不同的方法来描述一个算法。常用的方法有自然语言、传统流程图、结构化流程图（N-S 图）和伪代码等。

其中使用最广泛的是传统流程图。传统流程图又称为程序框图，是一种传统的算法表示法，它利用几何图形的框来代表各种不同性质的操作，用流程线来指示算法的执行方向。由于它直观形象，部分消除了不同国籍程序员之间的交流障碍，所以应用广泛。

下面首先介绍常见的流程图符号及流程图的示例。图 2-2 给出了一些常见的流程图标准符号。

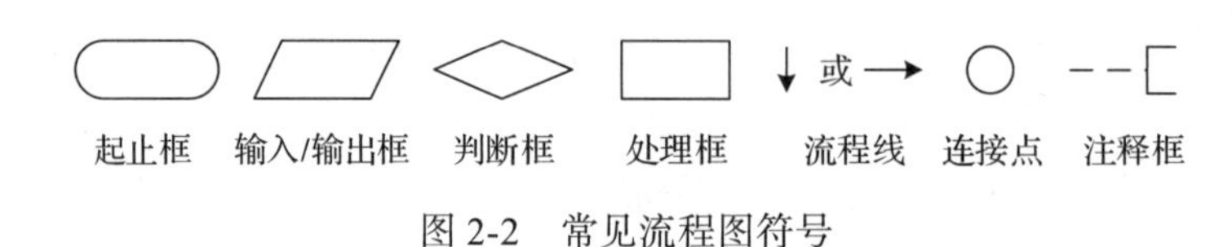

图 2-2　常见流程图符号

- 起止框。表示算法的开始和结束。一般内部只写“开始”或“结束”。
- 输入 / 输出框。表示算法请求输入 / 输出需要的数据或算法将某些结果输出。一般内部常常填写“输入……”，“打印 / 显示……”。
- 判断框（菱形框）。主要是对一个给定的条件进行判断，根据给定的条件是否成立来决定如何执行其后的操作。它有一个入口，两个出口。给定条件成立时在出口处标明“是”或“Y”，不成立时标明“否”或“N”。
- 处理框。表示算法的某个处理步骤，一般内部常常填写赋值操作。
- 流程线。用于指示程序的执行方向。
- 连接点。用于将画在不同地方的流程线连接起来。同一个编号的点是相互连接在一起的，实际上同一编号的点是同一个点，只是画不下才分开画。使用连接点可以避免流程线交叉或过长，使流程图更加清晰。
- 注释框。注释框不是流程图中必要的部分，不反映流程和操作，只是为了对流程图中某些框的操作做必要的补充说明，以帮助阅读流程图的人更好地理解流程图的作用。

在上述基本流程图符号的基础上，可以用一个完整的流程图来描述例 2-8 的算法。其流程图如图 2-3 所示。

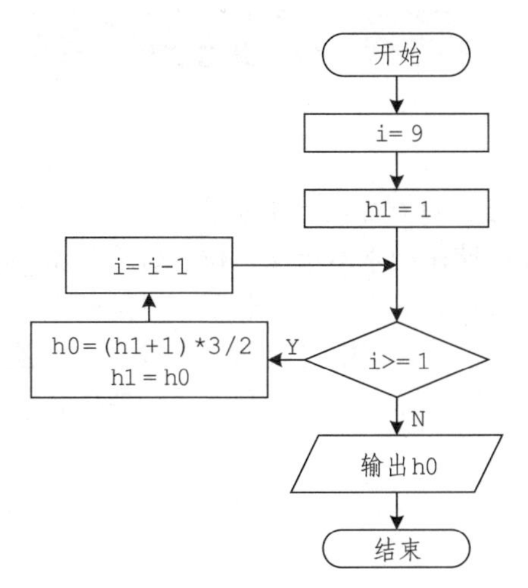

图 2-3　例 2-8 的算法流程图

习题

2.1　一个 C 程序可以包含任意多个不同名的函数，但有且仅有一个（　　），一个 C 程序总是从（　　）开始执行。

（A）过程　　（B）主函数　　（C）函数　　（D）库函数

2.2　下列说法正确的是（　　）。

（A）一个函数的函数体必须要有变量定义和执行部分，二者缺一不可

（B）一个函数的函数体必须要有执行部分，可以没有变量定义

（C）一个函数的函数体可以没有变量定义和执行部分，函数可以是空函数

（D）以上都不对

2.3　C 语言的标识符只能由字母、数字和（　　）三种字符组成。

2.4　如果源程序中出现的逗号、分号、单引号和双引号等符号不是出现在双引号的内部，则均应该在（　　）状态下输入。

2.5　用流程图表示求方程式 $ax^2+bx+c=0$ 的根的算法。分别考虑：1）有两个不等的实根；2）有两个相等的实根。

2.6　用流程图表示互换 A、B 两个瓶子所装液体的算法。

2.7　用流程图表示计算 1～100 奇数的和的算法。

2.8　什么是算法？试从日常生活中找出 3 个例子。

第 3 章　基本数据类型和表达式

本书第 2 章从总体上介绍了一个 C 程序的基本结构，使读者对 C 程序有了大概的了解。本章将详细介绍 C 语言程序中使用的基本语法单位、数据类型、运算符和表达式。

数据是计算机程序非常重要的组成要素，数据可以是程序输入的内容，也可以用来记录和存储程序的中间或最终结果。计算机中的数据通常需要与数据类型相关联才能确定其具体含义。程序可以通过变量和常量等形式读取、存储和管理数据，而表达式运算则可以实现对数据的一些基本操作。

3.1　基本语法单位

任何一种语言都会根据自身的特点规定它自己特定的一套基本符号。例如，英语的基本符号是 26 个英文字母和一些标点符号。 C 语言作为一种程序设计语言，也有它自己的基本符号，这些基本符号就组成了程序。

3.1.1　基本符号

第 07 讲

程序中要对各种变量和各种函数起名，这些变量名、函数名都是由语言的基本符号组成的。C 语言的基本符号如下：

1）数字 10 个（0～9）;

2）大小写英文字母各 26 个（A～Z，a～z);

3）特殊符号，主要用来表示运算符，它通常由 1～2 个特殊符号组成，包括：

<table>
<tr><td>+</td><td>-</td><td>*</td><td>/</td><td>%</td><td><</td><td><=</td><td>></td><td>>=</td></tr>
<tr><td>==</td><td>!=</td><td>&&</td><td>||</td><td>!</td><td>&</td><td>|</td><td>~</td><td>=</td></tr>
<tr><td>++</td><td>--</td><td>? :</td><td><<</td><td>>></td><td>()</td><td>[]</td><td>{}</td><td>,</td></tr>
</table>

等等。

3.1.2　关键字

第 07 讲

关键字又称为保留字，它们是 C 语言中预先规定的具有固定含义的一些标识，用来说明某一固定含义的语法概念。程序员只能使用关键字，而不能给它们赋以新的含义，例如不能作为变量名，也不能用作函数名。表 3-1 中列出了 C99 标准中的 37 个关键字，主要是 C 的语句名和数据类型名等。C 语言中大写字母和小写字母是不同的，如 `else` 是关键字，`ELSE` 则不是。我们将在后面的章节中陆续介绍这些关键字的用途。

此外，C 语言中还有一些含有特定含义的标识符。它们主要用在 C 语言的预处理指令中。这些标识符不是关键字，但因具有特定含义，建议读者不要在程序中把它们作为一般标识符随意使用，以免混淆。

表 3-1 C99 标准中的 37 个关键字

auto	break	case	char	const
continue	default	do	double	else
enum	extern	float	for	goto
if	inline	int	long	register
restrict	return	short	signed	sizeof
static	struct	switch	typedef	union
unsigned	void	volatile	while	_Bool
_Complex	_Imaginary			

特定字有 include、define、undef、ifdef、ifndef、endif、line 等。

3.1.3 标识符

第 07 讲

在 C 语言中，用来对变量、常量、函数、数组和类型等命名的有效字符序列统称为标识符。简单来讲，标识符就是一个对象的名字。如例 1-1 程序中的变量名 x、y、z 都是标识符。C 程序中的标识符必须满足如下规则：

1）以英文字母或下划线“_”(下划线也起一个字母作用）开头。

2）标识符的其他部分可以由字母、数字、下划线组成。

3）大、小写字母含义不一样，例如，MAX、max、Max 表示不同的标识符。

4）不能以关键字作为标识符。

下面列出几个正确和不正确的标识符：

正确	不正确
smart	5smart
decision	bomb?
key_board	key-board
FLOAT	float

为了使程序易读、易修改，标识符命名应该恰当，尽量符合人们习惯，表示一定的含义。一般用英文单词、汉语拼音作为标识符。作为习惯，一般约定标识符常量使用大写字母，其余均用小写字母。

3.2 数据类型

第 08 讲

在 C 语言中，数据之所以要区分类型，主要是为了能更加有效地组织数据，规范数据的使用，提高程序的可读性。所谓物以类聚，人以群分，不同类型的数据在数据存储形式、取值范围、占用内存大小及可参与的运算种类等方面都有所不同。现实生活中的数据多种多样，如某个学生的成绩单可以包括学号、姓名、课程、学分、成绩、平均分等。这里，学分、成绩、平均分是数值（整数或小数）数据，学号、姓名、课程是文字符号。为此，C语言把它能处理的数据分成若干种类型。

C语言提供了丰富的数据类型，它们基本上可以分成两类：基本类型和构造类型，如图3-1所示。

本章只介绍基本类型中的字符型、整型和浮点型（也称实型），其他类型将在以后各章中讨论。

基本类型也称为标准类型，其中整型表示数据值是一个整数。浮点型表示数据值包含小数，按照有效位数和数值的范围分为单精度型和双精度型。字符型代表数据值是某个字符。基本类型数据是C语言能直接处理的数据。由于受具体机器硬件和软件的限制，每一种数据类型都有它的合法取值范围。

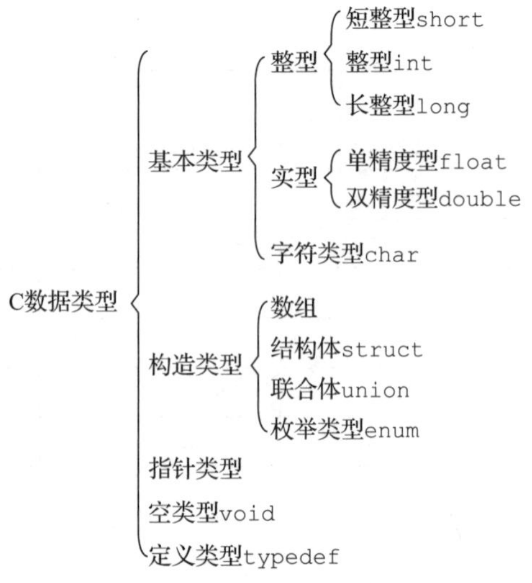

图3-1　C语言的数据类型

在计算机中各种数据实际上都是以0或1的形式进行存储的。用来存储0或1的单元是以比特为单位进行计数的。比特是计算机的最小存储单位，每个比特的存储单元只能存储一个值0或1。连续8个比特的存储单元可以构成一个更大的存储单元，称为一个字节。由于一个字节等于8个比特，而每个比特的存储单元最多具有两种数值，所以一个字节的存储单元最多具有256（即2^8）种不同的数值。计算机通常以字节为单位，给每个字节的存储单元按照前后顺序进行编号。这些编号通常具有唯一性，构成了这些存储单元的地址。连续若干个字节的存储单元可以构成一个更大的存储单元，可用来表示一个整数或浮点数等特定类型的数据。对于存储单元而言，它究竟表示什么类型的数据需要通过数据类型指定，数据类型规定了该存储单元所需要的字节数。

表3-2中列出了Dev C++中字符型、整型和浮点型的取值范围。不同C语言系统所支持的基本类型有所差异，而且其取值范围与机器硬件有关，读者在使用时请参阅有关手册。

需要指出的是：C语言没有提供布尔（逻辑）类型，在逻辑运算中，它是以非零表示真（TRUE），以数值0表示假（FALSE）。

表3-2　Dev C++中字符型、整型和浮点型的取值范围

类型	符号	关键字	所占字节数	所占位数	数的表示范围
整型	有	(signed)int	4	32	-2147483648～2147483647
		(signed)short	2	16	-32768～32767
		(signed)long	4	32	-2147483648～2147483647
	无	unsigned int	4	32	0～4294967295
		unsigned short	2	16	0～65535
		unsigned long	4	32	0～4294967295
浮点型	有	float	4	32	0以及1.2×10^{-38}～3.4×10^{38}（绝对值）
	有	double	8	64	0以及2.3×10^{-308}～1.7×10^{308}（绝对值）
字符型	有	char	1	8	-128～127
	无	unsigned char	1	8	0～255

3.3　常量与变量

3.3.1　常量

C 语言中的**常量**是指不接受程序修改的固定值。常量可为任意数据类型。

第 09 讲

第 10 讲

整型常量：21、123、2100、–234

浮点型常量：123.23、4.34e–3

字符常量：'a'、'\n'、'9'

下面具体介绍不同数据类型的常量。

1. 整型常量

整型常量可分别以十进制、八进制、十六进制表示。C 语言的整型常量有以下四种形式：

（1）十进制整数

形式：± n

其中，n 是数字 0～9 组成的序列，中间不允许出现逗号，规定最高位不能是 0。当符号为正时，可以省略符号“+”，“–”表示负数。

例如，123、–1000、–1 都表示十进制整数。1.234、10–2、10/3、0123 则为非法的十进制整数。

（2）八进制整数

形式：± 0n

其中，0 表示八进制数的引导符，不能省略；n 是数字 0～7 组成的序列。当符号为正时，可以省略“+”，“–”表示负数。特别要注意的是，八进制整数的引导符是数字 0，而不是字母 O。

例如，0123、01000、01 都是表示八进制整数。012889、123、670 则为非法的八进制整数。

（3）十六进制整数

形式：± 0xn

其中，0x 表示十六进制数的引导符，不能省略。十六进制整数的引导符是 0x，而不是 Ox；n 是 0～9、a～f 或 A～F 的数字、字母序列。当符号为正时，可以省略“+”，“–”表示负数。一般来讲，如果前面的字母 x 小写，则后面的 a～f 也应小写；如果前面的字母 X 大写，则后面的 A～F 也应大写。a～f 或 A～F 分别表示数字 10～15。

例如，0x12c、0x100、0XFFFF 都是表示十六进制整数。

（4）长整型整数

前面几种表示形式的整型是基本整型，但对于超过基本整型取值范围的整数，可以通过在数字后加字母 L 或 l 来表示长整型整数。从表 3-2 可以看到，长整型整数的表示范围比基本整型大得多。

例如，123456L、07531246L、0XFFFFFFL 分别表示十进制长整型整数、八进制长整型整数、十六进制长整型整数。

十进制整数与其他进制整数之间可以相互转换，假设 R 进制非负整数的一般格式为：$(a_{n-1}a_{n-2}\cdots a_0)_R$，其中 R 可以是二、八或十六等，a_0～a_{n-1} 均为大于等于 0 小于 R 的整数，n 为大于 0 的整数。例如，在二进制中，a_0～a_{n-1} 只能为 0 或 1；在八进制中，a_0～a_{n-1} 可以是

0～7 中的任意一个数字；在十六进制中，a_0～a_{n-1} 可以是 0～9 中的任意一个数字、a～f 中的任意一个字母。

将 R 进制非负整数转换为十进制整数时，可按照如下公式计算：

$$(a_{n-1}a_{n-2}\cdots a_0)_R=a_0\times R^0+a_1\times R^1+\cdots+a_{n-1}\times R^{n-1}$$

例如，二进制非负整数 $(1010)_2$ 对应的十进制整数为：$(1010)_2=0\times 2^0+1\times 2^1+0\times 2^2+1\times 2^3=10$；八进制非负整数 $(237)_8$ 对应的十进制整数为：$7\times 8^0+3\times 8^1+2\times 8^2=159$；十六进制非负整数 $(4ad)_{16}$ 对应的十进制整数为：$13\times 16^0+10\times 16^1+4\times 16^2=1197$。

反之，也可将十进制非负整数转换为 R 进制整数，方法是除 R 取余法，该方法的求解过程描述，如图 3-2 所示。

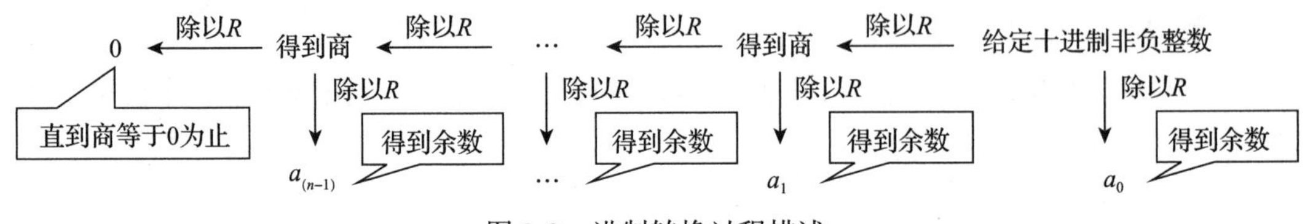

图 3-2　进制转换过程描述

该方法的思想是不断用 R 去除给定的十进制非负整数以及得到的商，直到商等于 0 时为止。将在这个过程中每次除法得到的余数按照产生顺序的逆序依次排列便得到了对应的 R 进制整数。

例如，十进制整数 10 转换为二进制整数的过程，如图 3-3 所示。

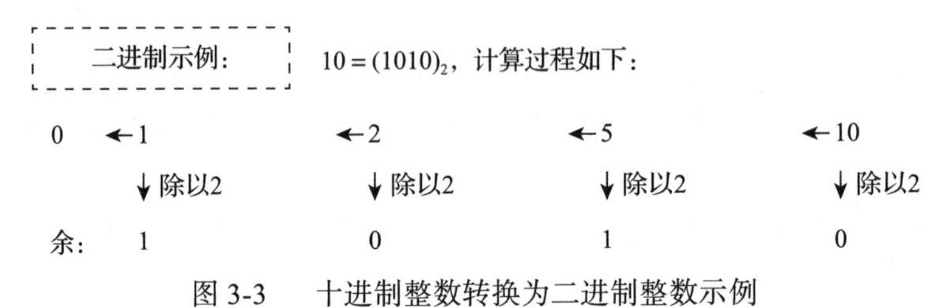

图 3-3　十进制整数转换为二进制整数示例

十进制整数 159 转换为八进制整数的过程，如图 3-4 所示。

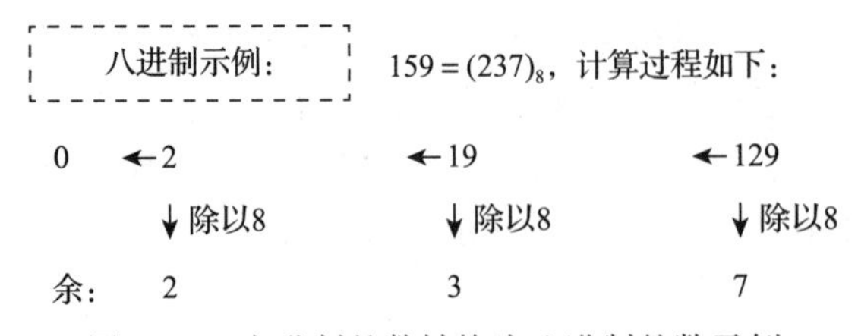

图 3-4　十进制整数转换为八进制整数示例

十进制整数 1197 转换为十六进制整数的过程，如图 3-5 所示。

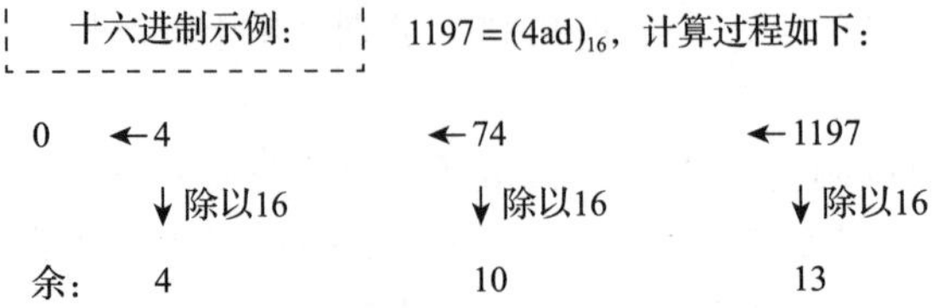

十六进制示例：　1197 = $(4ad)_{16}$，计算过程如下：

0 ←4　←74　←1197

除以16　除以16　除以16

余：4　10　13

图 3-5　十进制整数转换为十六进制整数示例

上面给出的是非负整数的情形，对于负数，则只要在正整数前面增加负号即可，例如，$(-1010)_2 = -10$，$(-237)_8 = -159$，$(-4ad)_{16} = -1197$。

2. 浮点型常量

浮点型常量又称为实型常量，是一个用十进制表示的符号实数。符号实数的值包括整数部分、尾数部分和指数部分。浮点型常量的形式如下：

[digits][.digits][E|e[+|–]digits]

其中，digits 是一位或多位十进制数字（0～9）。E（也可用 e）是指数符号。小数点之前是整数部分，小数点之后是尾数部分，它们是可省略的。小数点在没有尾数时可省略。指数部分用 E 或 e 开头，幂指数可以为负，当没有符号时视为正指数，其基数为 10，例如，1.575E10 表示为 1.575×10^{10}。

在浮点型常量中，不得出现任何空白符号。在不加说明的情况下，浮点型常量为正值。如果要表示负值，需要在常量前使用负号。下面是一些浮点型常量的示例：

15.75、1.575E10、1575e–2、–0.0025、–2.5e–3、25E–4

所有浮点型常量均视为双精度类型。实型常量的整数部分若为 0，则 0 可以省略，如下形式是允许的：

.57、.0075e2、–.125、–.175E–2

注意：字母 E 或 e 之前必须有数字，且 E 或 e 后面指数必须为整数。

e3、2.1e3.5、.e3、e 等都是不合法的指数形式。

3. 字符常量

字符常量是指用一对单引号括起来的单个字符，如 'a'、'9'、'!'。字符常量中的单引号只起定界作用，并不表示字符本身。单引号中的字符不能是单引号（'）和反斜杠（\），它们有特定的表示方法，这将在转；义字符中介绍。

在 C 语言中，字符是按其所对应的 ASCII 码值来存储的，一个字符占一个字节。例如，部分字符的 ASCII 码值如下：

!:　33
0:　48
1:　49
9:　57
A:　65
B:　66
a:　97
b:　98

注意：字符 '9' 和数字 9 的区别，前者是字符常量，后者是整型常量，它们的含义和在计算机中的存储方式截然不同。

由于 C 语言中的字符常量是按短整数（short 型）存储的，因此字符常量可以像整数一样在程序中参与相关的运算。例如，

```
'b' - 32;          /* 执行结果 98-32=66 */
'B' + 32;          /* 执行结果 66+32=98 */
'9' - '1';         /* 执行结果 57-49=8 */
```

4. 字符串常量

字符串常量是指用一对双引号括起来的一串字符。双引号只起定界作用，双引号括起来的字符串中不能是双引号（"）和反斜杠（\），它们有特定的表示方法，这将在转义字符中介绍。例如，"China"、"C program"、"YES&NO"、"33312-2341" 等。

在 C 语言中，字符串常量在内存中存储时，系统自动在字符串的末尾加一个“串结束标志”，即 ASCII 码值为 0 的字符 '\0'。因此在程序中，长度为 n 个字符的字符串常量，在内存中占有 n + 1 个字节的存储空间。例如，字符串 "China" 有 5 个字符，作为字符串常量存储于内存中时，共占 6 个字节，系统自动在末尾加上 '\0' 字符，其存储形式为：

'C'	'h'	'i'	'n'	'a'	'\0'

要特别注意字符常量与字符串常量的区别，除了表示形式不同外，其存储性质也不相同，字符常量 'A' 只占 1 个字节，而字符串常量 "A" 占 2 个字节。

5. 转义字符

转义字符是 C 语言中表示字符的一种特殊形式。通常使用转义字符来表示 ASCII 码字符集中不可打印的控制字符和特定功能的字符，如用于表示字符常量的单引号（'）、用于表示字符串常量的双撇号（"）、反斜杠（\）等。转义字符以反斜杠（\）开始，后面跟一个字符或一个八进制或十六进制数表示。表 3-3 给出了 C 语言中常用的转义字符。

表 3-3　C 语言中常用的转义字符

转义字符	意义	ASCII 码值
\a	响铃（BEL）	7
\b	退格（BS）	8
\f	换页（FF）	12
\n	换行（LF）	10
\r	回车（CR）	13
\t	水平制表（HT）	9
\v	垂直制表（VT）	11
\\	反斜杠	92
\?	问号字符	63
\'	单引号字符	39
\"	双引号字符	34
\0	空字符（NUL）	0
\o[o[o]]，其中 o 代表一个八进制数字	与该八进制码对应的 ASCII 字符	1～3 个八进制码值
\xh[h]，其中 h 代表一个十六进制数字	与该十六进制码对应的 ASCII 字符	1～2 个十六进制码值

字符常量中使用单引号和反斜杠以及字符串常量中使用双引号和反斜杠时，都必须使用转义字符表示，即在这些字符前加上反斜杠。在 C 程序中使用转义字符 \o[o[o]] 或 \xh[h] 可以方便灵活地表示任意字符。\o[o[o]] 为反斜杠（\）和随后的 1～3 位八进制数字构成的字符序列。例如，'\60'、'\101'、'\141' 分别表示字符 '0'、'A' 和 'a'，因为字符 '0'、'A' 和 'a' 的

ASCII 码的八进制值分别为 60、101 和 141。\xh[h] 为反斜杠（\）和字母 x（或 X）及随后的 1~2 个十六进制数字构成的字符序列。例如，'\x30'、'\x41'、'\X61' 分别表示字符 '0'、'A' 和 'a'，因为字符 '0'、'A' 和 'a' 的 ASCII 码的十六进制值分别为 0x30、0x41 和 0x61。使用转义字符时需要注意以下几点：

1）转义字符中只能使用小写字母，每个转义字符只能看作一个字符。

2）\v 垂直制表符和 \f 换页符对屏幕没有任何影响，但会影响打印机执行相应操作。

3）在 C 程序中，使用不可打印字符时，通常用转义字符表示。

4）'\n' 应该叫回车换行。回车只是回到行首，不改变光标的纵坐标；换行只是换一行，不改变光标的横坐标。

5）转义字符 '\0' 表示空字符 NULL，它的值是 0。而字符 '0' 的 ASCII 码值是 48，因此空字符 '\0' 不是字符 '0'。另外，空字符不等于空格字符，空格字符的 ASCII 码值为 32 而不是 0。编写程序时，读者应当区分清楚。

6）如果反斜杠之后的字符和它不构成转义字符，则反斜杠不起转义作用，按正常普通字符处理。

6. 符号常量

C 语言允许将程序中的常量定义为一个标识符，称为**符号常量**。符号常量一般使用大写英文字母表示，以区别于一般用小写字母表示的变量。符号常量在使用前必须先定义，其定义形式为：

```
#define    <符号常量名>    <常量>
```

例如，

```
#define    PI          3.1415926
#define    TRUE        1
#define    FALSE       0
#define    STAR        '*'
```

这里定义 `PI`、`TRUE`、`FALSE`、`STAR` 为符号常量，其值分别为 3.1415926、1、0、'*'。

`#define` 是 C 语言的编译预处理指令，它表示经定义的符号常量在程序运行前将由其对应的常量替换。定义符号常量的目的是提高程序的可读性，便于程序的调试和修改，因此在定义符号常量名时，应使其尽可能地表达它所表示的常量的含义，例如前面所定义的符号常量名 `PI`（π），表示圆周率 3.1415926。此外，若要对一个程序中多次使用的符号常量的值进行修改，只需对预处理指令中定义的常量值进行修改即可。

3.3.2 变量

其值可以改变的量称为**变量**。一个变量应该有一个名字（标识符），在内存中占据一定的存储单元，在该存储单元中存放变量的值。请注意区分变量名和变量值这两个不同的概念。

所有 C 语言中的变量必须在使用之前先定义。定义变量的一般形式为：

```
type variable_list;
```

这里的 type 必须是有效的 C 数据类型，variable_list（变量表）可以由一个或多个由逗号分隔的多个标识符构成。下面给出一些定义的范例。

```
int a,b;
float sum,average;
char ch;
unsigned int area;
```

程序员应根据变量的取值范围和含义，选择合理的数据类型。下面详细介绍整型变量、浮点型（实型）变量及字符型变量。

1. 整型变量

C 语言规定在程序中所有用到的变量都必须在程序中指定其类型，即“定义”。例如，

```
#include <stdio.h>
int main()
{
    int u, v, x, y;                /* 定义 u,v,x,y 为整型变量 */
    unsigned int z;                /* 定义 z 为无符号整型变量 */
    u = 22; v = -11; z = 5;
    x = u + z; y = v + z;
    printf("u+z=%d,v+z=%d\n", x, y);
    return 0;
}
```

运行结果为：

```
u+z=27,v+z=-6
```

可以看到，不同类型的整型数据可以进行算术运算。在本例中是 int 型数据与 unsigned int 型数据进行加减运算。

2. 浮点型变量

浮点型变量分为单精度型（float 型）和双精度型（double 型）。每一个浮点型变量都应该在使用前加以定义，例如，

```
float x, y;                /* 定义 x,y 为单精度浮点数 */
double z;                  /* 定义 z 为双精度浮点数 */
```

在一般系统中，一个 float 型数据在内存中占 4 个字节（32 位），一个 double 型数据占 8 个字节（64 位）。单精度浮点数提供 7 位或 8 位有效数字，双精度浮点数提供 15 位或 16 位有效数字，数值的范围随机器系统而异。值得注意的是，浮点型常量是 double 型，当把一个浮点型常量赋给一个 float 型变量时，系统会截取相应的有效位数。例如，

```
float a;
a = 111111.111;
```

由于 float 型变量只能提供 7 位或 8 位有效数字，因此可能损失精度。如果将 a 改为 double 型，则能全部接收上述 9 位数字并将其存储在变量 a 中。

3. 字符变量

字符变量用来存放字符数据，注意：只能存放一个字符，不要以为在一个字符变量中可

以存放字符串。字符变量的定义形式为：

```
char c1, c2;
```

它表示 c1 和 c2 为字符变量，各存放一个字符。因此可以用下面语句对 c1、c2 赋值：

```
c1 = 'a'; c2 = 'b';
```

又如，

```
#include <stdio.h>
int main()
{
    char c1, c2;                    /* 定义 c1、c2 为字符变量 */
    c1 = 97; c2 = 98;               /* 对字符变量 c1、c2 赋值 */
    printf("%c,%c", c1, c2);        /* 输出 c1、c2 */
    return 0;
}
```

其中，c1、c2 被定义为字符变量。但在第5行中，将整数97和98分别赋给 c1 和 c2，它的作用相当于以下两个赋值语句：

```
c1 = 'a'; c2 = 'b';
```

因为字符 'a' 和 'b' 的 ASCII 码分别为97和98。第4行将输出两个字符，"%c" 是输出字符的格式控制，最终的程序输出为：

```
a,b
```

又如，

```
#include <stdio.h>
int main()
{
    char c1, c2;
    c1 = 'a'; c2 = 'b';
    c1 = c1 - 32;                       /* 将字符变量 c1 转换为大写字母 */
    c2 = c2 - 32;                       /* 将字符变量 c2 转换为大写字母 */
    printf("%c,%c",c1, c2);
    return 0;
}
```

运行结果为：

```
A,B
```

它的作用是将两个小写字母转换为大写字母。因为 'a' 的 ASCII 码为97，而 'A' 为65，'b' 为98，而 'B' 为66。从 ASCII 码表中可以看到，每一个小写字母比大写字母的 ASCII 码大32，即 'a' 值等于 'A' +32。读者仔细观察 ASCII 表后，可能会发现一个有趣的现象：大小写字母在 ASCII 表中是分别连续的。基于这个观察，上面的小写字母转换为大写字母的表达式可以变化为：c1 = c1 - ('a' - 'A') 或 c1 = c1 - ('b' - 'B')，以此类推，还能写出很多变通的表达式，而不需要记牢大小写字母在 ASCII 中的跨度常量32。同样也能观察到 '0'～'9' 在 ASCII 表中也是连续的，因此 '9' – '0' 正好得到数字9本身。读者还能观察到 ASCII 表中的一些其他有趣的现象，这些在以后的编程中可能会作为小技巧用到。

4. 常变量

C99标准允许使用常变量，定义常变量的方法是，在定义变量时，在类型关键字之前，再加一个关键字 const。用 const 修饰的标识符即为常变量，编译器会将其放在只读存储区，所以常变量只能在定义时赋初值，而且在程序中常变量的值是不能改变的。例如，

```
const int a=3;
```

其含义是定义一个整型常变量 a，其值为3，且在程序中 a 的值不能改变，即不能再对变量 a 重新赋值。

常变量和常量很相似，但两者有本质区别，常变量具有变量的基本属性，有类型，占存储单元，只是不允许改变其值。可以说，常变量是有名字的不变量，便于在程序中被引用，而常量是没有名字的不变量。

由常变量的定义可看出，常变量与符号常量有相似之处，两者都能表示恒定不变的量，例如：

```
#define PI 3.14159
const float pi=3.14159;
```

符号常量 PI 和常变量 pi 都代表3.14159，在程序中都能使用，但两者性质不同：符号常量是用编译预处理命令 #define 来定义，它是用符号常量来代表一个字符串，在预编译时进行宏替换，在预编译后，符号常量就不存在了，全被替换成了3.14159，对符号常量的名字是不分配存储单元的。而常变量要占用存储单元，有变量值，只是该值不改变而已。使用含义直观的符号常量或常变量来表示程序中多次出现的数字或字符串，能够提高程序的可读性和可维护性。从使用的角度来看，常变量具有符号常量的优点，也能做到一改全改，使用也更加方便。

3.3.3 变量的初始化

第11讲

变量的初始化是指在定义变量的同时给变量赋以初值，使某些变量在程序开始执行时就具有确定的值。

其形式为：

```
<数据类型><变量标识符> = <常量表达式>;
```

例如，

```
char c = 'A', ky = 'K';          /* 字符变量c、ky初值分别为'A'、'K' */
int j, i = 1;                    /* 整型变量i初值为1, j没有赋初值 */
float  sum = 3.56;               /* 单精度变量sum初值为3.56 */
```

如果对几个变量赋以相同的初值，不能写成：

```
int a = b = c = 3;
```

而应写成：

```
int a = 3, b = 3, c = 3;
```

赋初值相当于一个赋值语句。例如，

```
int a = 3;
```

相当于：

```
int  a;                    /* 定义 a 为整型变量 */
a = 3;                     /* 赋值语句，将 3 赋给 a */
```

又如，

```
int a = 4, b, c = 5;
```

相当于：

```
int  a, b, c;
a = 4;
c = 5;
```

对变量所赋初值，可以是常量，也可以是常量表达式。例如，

```
double alf = 3.14159 / 180;
```

3.4　表达式和运算符

C 语言的运算符范围很广，具有非常丰富的运算符和运算表达式，为程序编制提供了方便。表达式是由操作数和运算符组成，运算后产生一个确定的值，其中操作数可以是常量、变量、函数和表达式，每个操作数都具有一种数据类型，通过运算得到的结果也具有一种数据类型，结果的数据类型与操作数的数据类型可能相同，也可能不相同。运算符指出了表达式中的操作数如何运算。C 语言中共有 44 种运算符，根据各运算符在表达式中的作用，表达式大致可以分成算术表达式、关系表达式、逻辑表达式、条件表达式、赋值表达式和逗号表达式等。

在一个表达式中，若有多个运算符，其运算次序遵照 C 语言规定的运算优先级和结合性规则。即在一个复杂表达式中，看其运算的顺序，首先要考虑优先级高的运算，当几个运算符优先级相同时，还要按运算符的结合性，自左向右或自右向左计算。下面将具体介绍这些运算符。在运算符的学习中，重点要从运算符功能，要求操作数个数，要求操作数类型、运算符优先级别、结合方向以及结果的类型等方面去思考。

3.4.1　算术运算符

表 3-4 列出了 C 语言中允许的算术运算符。在 C 语言中，运算符“+”“-”“*”和“/”的用法与大多数计算机语言的相同，几乎可用于所有 C 语言内定义的数据类型。

第 12 讲

一元减法的实际效果等于用 -1 乘以单个操作数，即任何数值前放置减号将改变其符号。模运算符“%”在 C 语言中的用法也与它在其他语言中的用法相同，模运算取整数除法的余数作为运算结果。

表 3-4　C 语言中允许的算术运算符

运算符	作用	运算符	作用
-	减法，也是一元减法	%	模运算
+	加法	--	自减（减 1）
*	乘法	++	自增（增 1）
/	除法		

使用基本算术运算符时需注意以下几点：

1）“+”“-”“*”和“/”四个运算符的运算对象可以是整型或实型数据，但若参加“+”“-”“*”和“/”运算的两个数中有一个数是实型数，则其运算结果为 double 型，因为所有实型常数都默认为 double 类型。

2）“/”运算符作用于整型数据时，表示整除或取整，它将左操作数除以右操作数，所得结果会截去所有的小数部分，只保留整数部分的值，例如 5/3=1，而不是 1.666667。而当它作用于实型数据时，结果将是一个实型数，例如 6.0/4=1.5，6/4.0=1.5，这时等同于数学上的除法运算，这也充分体现了 1）中的说法。

3）“%”运算符要求两个操作数都必须是整型数据，结果也是整型，是两个整数相除后的余数。此外，运算结果的正负符号与被除数的符号一致。例如 7%4=3，9%10=9，9%(-2)=1，(-12)%7=-5。

下面再通过一小段程序来说明 % 的具体用法。

```
int x, y;
x = 10;
y = 3;
printf("%d", x / y );              /* 输出 3 */
printf("%d", x % y );              /* 输出 1，整数除法的余数 */
x = 1;
y = 2;
printf("%d,%d", x / y, x % y);     /* 输出 0,1 */
```

最后 1 行打印一个 0 和一个 1，因为 1/2 商为 0，余数为 1，故 1%2 取余数 1。

C 语言中有两个很有用的运算符“++”和“--”，其中运算符“++”称为自增运算符，表示操作数自身加 1，而“--”称为自减运算符，表示操作数自身减 1，换句话说：

```
++x;        同 x = x + 1;
--x;        同 x = x - 1;
```

自增和自减运算符都只需要一个操作数，并且操作数只能是变量，不能是常量或表达式。自增（++）和自减（--）运算符作用于变量时有两种方式，一种是前缀方式，即运算符在变量的前面，如 ++i 和 --i。另一种是后缀方式，即运算符在变量的后面，如 i++ 和 i--。++i 和 i++ 的效果相同，都是使变量 i 的值增加 1，都等价于 i=i+1。--i 和 i-- 的效果相同，都是使变量 i 的值减 1，都等价于 i=i-1。即，++ 和 -- 作为前缀或后缀运算符时，对变量 i 而言，运算结果是一样的。

但当 ++i 和 i++ 作为其他表达式的一部分时，整个表达式的结果是不同的。表达式 i++ 的含义是先取 i 的值，接着参与整个表达式的运算，然后 i 的值增 1；而表达式 ++i 的含义是先将变量 i 的值增 1，然后再取 i 的值，接着参与整个表达式的运算，这样使得整个表达式的运行结果不同。

例如，有如下语句：

```
int i=3,j;
j=i++;
```

执行这两条语句后，i=4，j=3，这是因为 j=i++; 是先将 i 的值 3 赋值给 j，然后 i 自增 1，i=4。j=i++; 相当于两条语句，即相当于 j=i; i=i+1;。

若将语句改为：

```
int i=3,j;
j=++i;
```

则执行这两条语句后，i=4，j=4，这是因为 j=++i；是先使 i 自增 1，i=4，然后再取 i 来使用，将 i 的值 4 赋值给 j，j=4。j=++i；也相当于两条语句，即相当于 i=i+1；j=i；。

自增和自减运算符在 C 程序中会经常用到，尤其是在 for 循环语句中，使循环变量自动增 1 或减 1。对于大多数 C 编译环境来说，使用自增或自减运算符生成的代码比使用等效的加 1 或减 1 后再赋值的代码效率要高，速度要快。

下面是算术运算符的优先级：

```
++、--　-(单目运算符取负号)　　　高
*、/、%　　　　　　　　　　　　　↓
+、-　　　　　　　　　　　　　　 低
```

编译程序对同级运算符按从左到右的顺序进行计算。当然，括号可改变计算顺序。C 语言处理括号的方法与几乎所有计算机语言相同，即强迫某个运算或某组运算的优先级升高。

++ 和 -- 的结合方向是“自右向左”。前面已经提到，算术运算符的结合方向为“自左向右”，这是大家熟悉的。如果有：

```
-i++;
```

变量 i 的左边是负号运算符，右边是自增运算符，两个运算符的优先级相同，按照“自右向左”的结合方向，它相当于：

```
-(i++);
```

假如 i = 3；如果有：

```
printf("%d", -i++);
```

则先取出 i 的值使用，输出 -i 的值 -3，然后使 i 增值为 4。

注意：(i++) 是先用 i 的原值进行运算以后，再对 i 加 1。不要认为先加完 1 以后再加负号，输出 -4，这是不对的。

3.4.2　赋值运算符

第 13 讲

赋值运算符分简单赋值运算符和复合赋值运算符两种。

简单的赋值运算的一般形式为：

<变量标识符> = <表达式>

其中，“=”号是赋值运算符。其作用是将一个表达式的值赋给一个变量，同时将该值作为赋值表达式的结果。赋值运算符“=”与数学方程中等号“=”的意义是完全不同的，数学方程中的“=”表示相等的含义，而赋值运算符则表示赋值的意思，它是将“=”右边表达式的值赋值给“=”左边的变量。在 C 语言中，若要表达相等的概念，需用关系运算符中的等于关系运算符“==”来表示。赋值运算符的优先级较低，只高于逗号运算符，比其他任何运算符的优先级都低，且具有自右向左的结合性。例如，a=5%3 的作用首先执行取余运算，然后执行赋值运算（因为 % 的优先级高于 = 的优先级），即把表达

式 5%3 的结果 2 赋给变量 a，同时把该值 2 作为这次赋值运算的结果。

说明：

1）在 C 语言中，同时可以对多个变量赋值。例如，

```
a = b = c = d = 0;
```

表示将 a、b、c、d 变量赋零值。根据运算符“自右向左”的结合性，该表达式从右向左依次赋值。相当于：

```
a = (b = (c = (d = 0)));
```

2）如果赋值运算符两侧的操作数的类型不一致，那么在赋值时要进行类型转换，即将右边表达式的类型自动转换成左侧变量的类型，再赋值。最后将表达式类型转换以后的值作为赋值运算的结果。

①若将浮点型数据（包括单、双精度数）赋给整型变量，则舍去实数的小数部分。例如，

```
int i;
i = 3.56;                  /* 变量 i 的值为 3 */
```

②若将整型数据赋给单、双精度变量时，则数值不变，但以浮点数形式存储到变量中。例如，

```
float f;
f = 23;                    /* 先将 23 转换成 23.000000，再存储在 f 中 */
```

C 语言中提供的赋值运算符，除了常用的简单赋值运算符“=”外，还有 10 种复合的赋值运算符。在简单赋值运算符“=”之前加上其他运算符，就构成了复合赋值运算符。如在“=”前加一个“+”运算符，就构成了复合赋值运算符“+=”。

例如，

```
a += 3;          等价于    a = a + 3;
x *= y + 8;      等价于    x = x * (y + 8);
x %= 3;          等价于    x = x % 3;
```

以“a += 3;”为例来说明，它相当于使 a 进行一次自加 3 的操作，即先使 a 加 3，然后再将结果赋给 a。同样，“x *= y + 8;”的作用是使 x 乘以（y + 8），再将结果赋给 x。

说明：

1）复合运算符相当于两个运算符的结合。

例如，a += b 相当于 a = a + b，但并不等价。在 C 语言中，可将复合赋值运算符看作一个运算符，a 只被计算一次，而后一个式子中，a 被计算两次，先运算一次，后赋值一次，所以使用复合赋值运算符，可使程序精练，缩短程序代码，提高执行效率。

2）在复合赋值运算中，若赋值号的右侧是复杂表达式，则将右侧的表达式看作一个整体与 x 进行有关运算。例如，“x *= y + 10 - z;”相当于“x = x * (y + 10 - z);”，而不是“x = x * y + 10 - z;”。

用赋值运算符将一个变量和一个表达式连接起来的式子称为“赋值表达式”。

它的一般形式为：

```
<变量标识符>        <赋值运算符>      <表达式>
```

如 a = 5 是一个赋值表达式。对赋值表达式的求解过程是：将赋值运算符右侧的“表达式”的值赋给左侧的变量。赋值表达式的值就是被赋值的变量的值。例如，赋值表达式 a = 5 的值为 5（变量 a 的值也是 5）。

上述一般形式的赋值表达式中的“表达式”，也可以是一个赋值表达式。例如，

```
a=(b = 5);
```

括号内的 b = 5 是一个赋值表达式，它的值等于 5，因此“a = (b = 5);”相当于 b = 5，a = 5，a 的值等于 5，整个表达式的值也等于 5。因为赋值运算符的结合方向是“自右向左”，所以 b = 5 外面的括号可以不要，即“a = (b = 5);”和“a = b = 5;”等价。下面是赋值表达式的示例：

```
a = b = c = 5;              /* 赋值表达式的值为 5，a、b、c 的值均为 5 */
a = 5 + (c = 6);            /* 赋值表达式的值为 11，a 的值为 11，c 的值为 6 */
a = (b = 4) + (c = 6);      /* 赋值表达式的值为 10，a 的值为 10，b 的值为 4，c 的值为 6 */
a = (b = 10) / (c = 2);     /* 赋值表达式的值为 5，a 的值为 5，b 的值为 10，c 的值为 2 */
```

赋值表达式也可以包含复合赋值运算符。设 a 的初值为 8，表达式：

```
a += a -= a * a;
```

也是一个赋值表达式，根据优先级和结合性，此赋值表达式的求解过程为：

（1）先进行 a -= a * a 的运算，它相当于 a = a - a * a = 8 - 8 * 8 = - 56。

（2）再进行 a += -56 的运算，相当于 a = a + (-56) = -56 -56 = -112。

3.4.3 关系运算符

第 14 讲

关系运算是运算符中比较简单的一种。所谓“关系运算”就是“比较运算”，将两个数值进行比较，判断其比较的结果是否符合给定的条件。例如，a > 2 是一个关系表达式，大于号“>”是一个关系运算符，如果 a 的值为 3，则满足给定的“a > 2”这一条件，因此该关系表达式的值为“真”(即“条件满足”)；如果 a 的值为 1，不满足“a > 2”这一条件，则称关系表达式的值为“假”。

C 语言提供 6 种关系运算符，见表 3-5。

表 3-5　C 语言的关系运算符

优先级	运算符	意义	例	结果
6	<	小于	'A' <'B'	真
	<=	小于等于	12.5 <= 10	假
	>	大于	'A' >'B'	假
	>=	大于等于	'A' + 2 >= 'B'	真
7	==	等于	'A' == 'B'	假
	!=	不等于	'A' != 'B'	真

说明：

1）参加比较的数据可以是整型、浮点型、字符型或者其他类型。

2）前四种关系运算符（<、<=、>、>=）的优先级相同，后两种关系运算符的优先级也相同。前四种运算符的优先级高于后两种。例如，“<”优先于“!=”。而“>”与“<”优先级相同。

3）关系运算符优先级低于算术运算符。

4）关系运算符优先级高于赋值运算符。

用关系运算符将两个数值或数值表达式连接起来的式子，称为关系表达式。例如，

```
a + b > c + d
'a' <'d'
```

关系表达式的值是一个逻辑值，即“真”或“假”。C 语言没有提供逻辑类型数据，而用不等于 0 的数代表逻辑真（truc），用整型数 0 代表逻辑假（false）。假如变量 a、b 定义为：

```
int a = 3, b = 1;
```

则表达式 a > b 的值为 1，表示逻辑真（true）。

关系运算符的两侧也可以是关系表达式。如果定义：

```
int a = 3, b = 1, c = -2, d;
```

则表达式

```
a > b != c
```

的值为 1（因为关系表达式 a > b 的值为 1，而 1 != -2，所以整个关系表达式 a > b !=C 中的关系成立，其值为 1，即逻辑真）；

```
a == b < c
```

的值为 0，表示逻辑假。

```
b + c < a
```

的值为 1，表示逻辑真。

如果有以下表达式：

```
d = a > b
```

则 d 的值为 1；

```
d = a > b < c
```

则 d 的值为 0，因为关系运算符“ >”和“ <”优先级相同，按“自左至右”的方向结合，先执行“ a > b”得到的值为 1，再执行关系运算“1 < c”，得到值为 0，赋给 d，最终 d 的值为 0。

假设变量 x 在 [0, 10] 范围内，对应的数学表达式为 0≤x≤10，若将此式误写成 C 语言表达式：

```
0 <= x <= 10
```

这时 C 语言的编译系统不会指出错误（而在其他程序设计语言中编译出错）。其计算结果不管 x 取何值，表达式的值总为 1，请读者思考这是为什么。

3.4.4　逻辑运算符

第 15 讲

有时需要判断的条件不是一个简单的条件，而是由几个简单条件组成的复合条件，例如，如果星期六不下雨，我去公园玩。这就是由两个简单条件组成的复合条件，需要判断两个条件：1）是不是星期六；2）是否下雨。只有两个条件同时成立，才去公园玩。再如，年龄小于 12 岁的儿童或年龄大于 65 岁的老人享受半价优惠。这也是由两个简单条件组成的复合条件，需要判断

两个条件：1）年龄是否小于 12，2）年龄是否大于 65，两个条件中只要有一个满足即可享受优惠。类似这种组合条件是无法用一个关系表达式来表示的，要用两个表达式的组合来表示，借助于逻辑运算符便可以实现这种组合条件。

C 语言提供了三种逻辑运算符：

&& 逻辑与

|| 逻辑或

! 逻辑非

“&&”和“||”是双目（元）运算符，它要求有两个操作数（或运算对象）参与运算，运算结果是整型数 1 或 0，分别表示逻辑真（true）或逻辑假（false）。例如，

```
(a > b) && (x > y)
(a > b) || (x > y)
```

“!”是单目（元）运算符，只要求有一个操作数，如“!(a>b)”。

表 3-6 给出了三种逻辑运算符的优先级。

表 3-6 C 语言的逻辑运算符

优先级	运算符	意义	例	结果
2	!	逻辑非	!7	0
11	&&	逻辑与	'A' &&'B'	1
12	||	逻辑或	3 || 4	1

逻辑运算举例如下：

```
a && b;     // 若 a 和 b 都为真，则结果为真；否则，为假
a || b;     // 若 a 和 b 中有一个为真，则结果为真；二者都为假时，结果为假
!a;         // 若 a 为真，则 !a 为假；若 a 为假，则 !a 为真
```

表 3-7 为逻辑运算的真值表。用它表示当 a 和 b 的值为不同组合时，各种逻辑运算所得到的值。

表 3-7 逻辑运算的真值表

a	b	!a	!b	a && b	a || b
0	0	1	1	0	0
0	1	1	0	0	1
1	0	0	1	0	1
1	1	0	0	1	1

说明：

1）参加逻辑运算的数据类型可以是整型、浮点型、字符型、枚举型等。

2）优先级。

①当一个逻辑表达式中包含多个逻辑运算符时，优先级如下；

!（非）→ &&（与）→ ||（或），即“!”是三者中最高的。

②逻辑运算符中的“&&”和“||”低于关系运算符，“!”高于算术运算符。例如，

```
(a > b) && (x > y)       可写作      a > b && x > y
(a == b) || (x == y)     可写作      a == b || x == y
(!a) || (a > b)          可写作      !a || a > b
```

若一个表达式中出现算术、关系、逻辑等多种运算时，要分清优先级，为程序清晰起

见，可以通过圆括号以显式规定运算次序。

上面的描述中已经多次提到了“真”和“假”这一概念，很多读者可能已经感觉非常困惑。下面对这一概念进行梳理。总的说来，C语言中的“真”和“假”可以分为广义和狭义两种。狭义的“真”和“假”的概念中，用1表示真，用0表示假，C语言在表示逻辑或关系运算结果时，采用的是狭义的“真”和“假”的概念，也就是以数值1代表“真”，以“0”代表“假”。广义的“真”和“假”中，用非0表示真，只有0才表示假，C语言在判断一个用值或表达式表示的条件是否为“真”时，采用的是广义的概念，以0代表“假”，以非0代表“真”。即将一个非0的数值认作为“真”。事实上，狭义的“真”和“假”的概念基本上只会在表示运算结果时才会用到，其他绝大部分情况用的都是广义的“真”和“假”的概念。例如，

1）若a = 3，则!a的值为0。因为a的值为非0，被认作“真”，对它进行“非运算”，结果为“假”。“假”以0代表。

2）若a = 3，b = 4，则a && b的值为1。因为a和b均为非0，被认为是“真”，因此a && b的值也为“真”，值为1。

3）若a = 3，b = 4，a || b的值为1。

4）若a = 3，b = 4，!a && b的值为0。

5）若a = 3，b = 4，!a || b的值为1。

6）4 && 0 || 2的值为1。

通过这几个例子可以看出，由系统给出的逻辑运算结果不是0就是1，不可能是其他数值。而在逻辑表达式中作为参加逻辑运算的运算对象（操作数）可以是0（“假”）或任何非0的数值（按“真”对待）。如果在一个表达式中不同位置上出现数值，应区分哪些是作为数值运算或关系运算的对象，哪些是作为逻辑运算的对象。例如，

```
6 > 5 && 0 || 3 < 4 - !2
```

表达式自左至右扫描求解。首先处理“6 > 5”（因为关系运算符“>”优先于逻辑运算符“&&”）。在关系运算符“>”两侧的6和5作为数值参加关系运算，“6 > 5”的值为1（代表真），再进行“1 && 0 || 3 < 4 - !2”的运算，由于逻辑与“&&”运算符的优先级高于逻辑或“||”运算符，因此先进行“1 && 0”的运算，得到结果0。再往下进行“0 || 3 < 4 - !2”的运算，3的左侧为“||”运算符，右侧为“<”运算符，根据优先规则，应先进行“<”的运算，即先进行“3 < 4 - !2”的运算。现在4的左侧为“<”运算符，右侧为“-”运算符，而“-”优先于“<”，因此应先进行“4 - !2”的运算，由于“!”的优先级别最高，因此先进行“!2”的运算，得到结果0。然后进行“4 - 0”的运算，得到结果4，再进行“3 < 4”的运算，得1，最后进行“0 || 1”的运算，结果为1。

实际上，逻辑运算符两侧的运算对象可以是0和1，或者是0和非0的整数，也可以是字符型、浮点型或其他类型。系统最终以0和非0来判定它们属于“真”或“假”。例如，

```
'A'&&'D'
```

的值为1（因为'A'和'D'的ASCII值都不为0，按“真”处理）。

在逻辑表达式求解时，并非所有逻辑运算符都被执行，只是在必须执行下一个逻辑运算符才能求出表达式的解时，才执行该运算符。这种特性被称为短路特性。例如，

```
int a = 1, b = 2, c = 4, d = 5;
a > b && (c = c + d)
```

先计算“a > b”，其值为 0，此时已能判定整个表达式的结果为 0，所以不必再进行右边“(c = c + d)”的运算，因此 c 的值不是 9 而仍然保持原值 4。

同样，在进行多个 || 运算时，当遇到操作数为非 0 时，也不必再进行其右面的运算，表达式结果为 1。例如，

```
a - 4 || b < 5 || c > a
```

先计算“a - 4”，其值为非 0（代表真），后面两个关系表达式就不需要再判断，因为已经能确定该逻辑表达式的值为 1。反之，继续判断 b < 5 是否为非 0，以此类推。

熟练掌握 C 语言的关系运算符和逻辑运算符后，可以巧妙地用一个逻辑表达式来表示一个复杂的条件。

例如，判别用 year 表示的某一年是否为闰年。闰年的条件是符合下面二者之一：

①能被 4 整除，但不能被 100 整除，如 2016。

②能被 400 整除，如 2000。

可以用一个逻辑表达式来表示：

```
(year % 4 == 0 && year % 100 != 0) || year % 400 == 0
```

当 year 为整型时，如果上述表达式的值为 1，则 year 为闰年；否则，为非闰年。

可以加一个“!”用来判别非闰年：

```
!((year % 4 == 0 && year % 100 != 0) || year % 400 == 0)
```

若此表达式值为 1，则 year 为非闰年。

也可以用下面逻辑表达式判别非闰年：

```
(year % 4 != 0) ||(year % 100 == 0 && year % 400 != 0)
```

若表达式值为真，则 year 为非闰年。请注意表达式中不同运算符的运算优先次序。

3.4.5 位运算符

第 16 讲

C 语言既有高级语言的特点，又具有低级语言的功能，如支持位运算就是这种特点的具体体现。这是因为 C 语言最初是为取代汇编语言而设计的，因此它必须支持位运算等汇编操作。位运算是对字节或字内的二进制数位进行测试、抽取、设置或移位等操作。在系统软件中，常常需要处理二进制位的问题。C 语言提供了 6 个位运算符。这些运算符只能作用于整型操作数，即只能作用于带符号或无符号的 char、short、int 与 long 类型。表 3-8 所示即为 C 语言提供的位运算符。

表 3-8　位运算符表

运算符	含义	描述
&	按位与	如果两个相应的二进制位都为 1，则该位的结果值为 1；否则，为 0
|	按位或	两个相应的二进制位中只要有一个为 1，该位的结果值为 1
^	按位异或	若参加运算的两个二进制位值相同，则为 0；否则，为 1
~	取反	~是一元运算符，用来对一个二进制数按位取反，即将 0 变 1，将 1 变 0
<<	左移	用来将一个数的各二进制位全部左移 *N* 位，右补 0
>>	右移	将一个数的各二进制位右移 *N* 位，移到右端的低位被舍弃，对于无符号数，高位补 0

1."按位与"运算符（&）

"按位与"是指参加运算的两个数据，按二进制位进行"与"运算。如果两个相应的二进制位都为 1，则该位的结果值为 1；否则，为 0。这里的 1 可以理解为逻辑中的 true，0 可以理解为逻辑中的 false。"按位与"其实与逻辑上"与"的运算规则一致。逻辑上的"与"，要求运算数全真，结果才为真。

若 A = true，B = true，则 A & B = true。

例如，求 11&9 的值。

11 的二进制编码是 1011，内存存储数据的基本单位是字节，一个字节由 8 个位组成。位是用以描述计算机数据量的最小单位。二进制系统中，每个 0 或 1 就是一个位。将 1011 补足成一个字节，则是 00001011。

9 的二进制编码是 1001，将其补足成一个字节，则是 00001001。

对两者进行"按位与"运算：

```
        00001011
&       00001001
        00001001
```

由此可知 11&9 = 9。

"按位与"的用途主要有：

（1）清零。若想对一个存储单元清零，即使其全部二进制位为 0，只要找一个二进制数，其中各个位符合以下条件：原来的数中为 1 的位，新数中的相应位为 0。然后使两者进行 & 运算，即可达到清零目的。例如整数 93，二进制编码为 01011101，另找一个整数 162，二进制编码为 10100010，将两者"按位与"运算：

```
        01011101
&       10100010
        00000000
```

事实上，一个更加简单的方法就是直接与 0 做"按位与"运算，任何数都将被清零。

（2）取一个数中某些指定位。若有一个整数 a（假设占两个字节），想要取其中的低字节，只需要将 a 与 8 个 1"按位与"即可。

```
        a 00101100 10101100
&       b 00000000 11111111
        c 00000000 10101100
```

（3）保留指定位。与一个数进行"按位与"运算，此数在该位取 1。例如，有一数 84，即 01010100，想把其中从左边算起的第 3、4、5、7、8 位保留下来，则运算如下：

```
        01010100
&       00111011
        00010000
```

即 a = 84，b = 59，c = a & b = 16。

2."按位或"运算符（|）

"按位或"运算符的规则是：两个数相应的二进制位中只要有一个为 1，则该位的结果值为 1。例如，48 | 15，将 48 与 15 进行"按位或"运算。

```
        00110000
|       00001111
        00111111
```

“按位或”运算常用来将一个数据的某些位定值为 1。例如，如果想使一个数 a 的低 4 位为 1，则只需要将 a 与 15 进行“按位或”运算即可。

3.“按位异或”运算符（^）

“按位异或”运算符的规则是：若参加运算的两个二进制位值相同则为 0，否则为 1，即 0^0=0，0^1=1，1^0=1，1^1=0；

例如，

```
        00111001
^       00101010
        00010011
```

“按位异或”的用途主要有：

（1）使特定位反转。设有二进制数 01111010，想使其低 4 位反转，即 1 变 0，0 变 1，可以将其与二进制数 00001111 进行“异或”运算，即：

```
        01111010
^       00001111
        01110101
```

运算结果的低 4 位正好是原数低 4 位的反转。可见，要使哪几位反转，就将与其进行异或运算的该位置为 1 即可。

（2）与 0 相“异或”，保留原值。例如，10^0=10

```
        00001010
∧       00000000
        00001010
```

因为原数中的 1 与 0 进行异或运算得 1，0^0 得 0，故保留原数。

（3）交换两个值，不用临时变量。例如，a=3，即二进制 00000011；b=4，即二进制 00000100。想将 a 和 b 的值互换，可以用以下赋值语句实现：

```
        a = a ^ b;
        b = b ^ a;
        a = a ^ b;
        a = 00000011
∧       b = 00000100,
```

则 a = 00000111，转换成十进制，a 已变成 7；

继续进行

```
        a = 00000111
∧       b = 00000100,
```

则 b = 00000011，转换成十进制，b 已变成 3；

继续进行

```
        b = 00000011
```

```
∧          a = 00000111,
```

则 a = 00000100，转换成十进制，a 已变成 4；

执行前两个赋值语句：“a = a ^ b;”和“b = b ^ a;”相当于 b=b^(a^b)。

再执行第三个赋值语句：“a = a ^ b;”，由于 a 的值等于（a ^ b），b 的值等于（b ^a ^ b），因此，该语句相当于 a = a ^ b ^ b ^ a ^ b，即 a 的值等于 a ^ a ^ b ^ b ^ b，等于 b。

4.“取反”运算符（~）

“取反”是一个单目运算符，用于求整数的二进制反码，即分别将操作数各二进制位上的 1 变为 0，0 变为 1。

5.“左移”运算符（<<）

“左移”运算符是用来将一个数的各二进制位左移若干位，移动的位数由右操作数指定（右操作数必须是非负值），其右边空出的位用 0 填补，高位左移溢出，则舍弃该高位。

例如，将 a 的二进制数左移 2 位，右边空出的位补 0，左边溢出的位舍弃。若 a=15，即 00001111，左移 2 位得 00111100。

左移 1 位相当于该数乘以 2，左移 2 位相当于该数乘以 2*2=4，15<<2=60，即乘以 4。但此结论只适用于该数左移时被溢出舍弃的高位中不包含 1 的情况。

例如，假设以一个字节（8 位）存一个整数，若 a 为无符号整型变量，则 a = 64 时，左移一位时溢出的是 0 得到 10000000，即 128；而左移 2 位时，溢出的高位中包含 1，并不会得到 256 的二进制数。

6.“右移”运算符（>>）

右移运算符是用来将一个数的各二进制位右移若干位，移动的位数由右操作数指定（右操作数必须是非负值），移到右端的低位被舍弃，对于无符号数，高位补 0。对于有符号数，某些机器将对左边空出的部分用符号位填补（即“算术移位”），而另一些机器则对左边空出的部分用 0 填补（即“逻辑移位”）。注意，对无符号数，右移时，左边高位移入 0；对于有符号的值，如果原来符号位为 0（该数为正），则左边也是移入 0。如果符号位原来为 1（即负数），则左边移入 0 还是 1 要取决于所用的计算机系统。有的系统移入 0，有的系统移入 1。移入 0 的称为“逻辑移位”，即简单移位；移入 1 的称为“算术移位”。

例如，a 的值是十进制数 38893：

```
a              1001011111101101（用二进制形式表示）
a>>1           0100101111110110（逻辑右移时）
a>>1           1100101111110110（算术右移时）
```

Visual C++ 和其他一些 C 编译采用的是算术右移，即对有符号数右移时，如果符号位原来为 1，左面移入高位的是 1。

7. 复合赋值运算符

位运算符与赋值运算符可以组成复合赋值运算符。例如：&=、|=、>>=、<<=、^= 等。

例如，　a &= b 相当于 a = a & b

　　　　a <<= 2 相当于 a = a << 2

3.4.6 逗号运算符

C 语言提供一种特殊的运算符——逗号运算符，即用逗号将若干个表达式连接起来。例如，

```
1 + 3, 5 + 7
```

这样的表达式称为逗号表达式。逗号表达式的一般形式为：

```
<表达式 1>, <表达式 2>,<表达式 3>,…,<表达式 n>
```

逗号表达式的求解过程：先求解表达式 1，再求解表达式 2，直到求解完表达式 n，最后一个逗号表达式的值作为整个逗号表达式的值。因此，逗号运算符又称为“顺序求解运算符”。例如上面的逗号表达式“1 + 3, 5 + 7”的值为 12。又如，逗号表达式：

```
a = 3 * 5, a * 4
```

先求解 a = 3 * 5，得到 a 的值为 15，然后求解 a * 4，得到 60，整个逗号表达式的值为 60，变量 a 的值为 15。

逗号运算符是所有运算符中级别最低的。因此，下面两个表达式的作用不同：

```
① x = (a = 3, 6 * 3)
② x = a = 3, 6 * 3
```

表达式①是一个赋值表达式，将一个逗号表达式的值赋给 x，x 的值为 18。

表达式②相当于“x = (a = 3), 6 * 3”，是一个逗号表达式，它包括一个赋值表达式和一个算术表达式，x 的值为 3。

其实，逗号表达式无非是把若干个表达式“串连”起来，在许多情况下，使用逗号表达式的目的只是想分别计算各个表达式的值，而并非一定要得到和使用整个逗号表达式的值，逗号表达式常用于循环语句（for）中（详见后面的章节）。

3.4.7 条件运算符

第 17 讲

C 语言提供了一个简便易用的条件运算符，可以用来代替某些 if-else 语句。条件运算符要求有 3 个操作对象，为三目（元）运算符，它是 C 语言中唯一的三目运算符。条件表达式的一般形式为：

```
表达式 1? 表达式 2: 表达式 3
```

说明：

1）条件运算符的执行顺序：先求解表达式 1，若为非 0（真），则求解表达式 2，此时表达式 2 的值就作为整个条件表达式的值。若表达式 1 的值为 0（假），则求解表达式 3，表达式 3 的值就是整个条件表达式的值。例如，

```
min = (a < b) ? a : b
```

执行结果就是将条件表达式的值赋给 min，也就是 a 和 b 两者中较小者赋给 min。

2）条件运算符优先于赋值运算符，因此上面赋值表达式的求解过程是先求解条件表达式，再将它的值赋给 min。

条件运算符的优先级别比关系运算符和算术运算符都低。因此，min = (a < b)?

a : b，其中的括号可以省略，可写成 min = a < b ? a : b。如果有 a < b ? a : b - 1，相当于 a < b ? a : (b - 1)，而不是相当于 (a < b ? a : b) - 1。

3）条件运算符的结合方向为“自右至左”。假设有条件表达式“a > b ? a : c > d ? c : d”相当于“a > b ? a : (c > d ? c : d)”，如果 a = 1、b = 2、c = 3、d = 4，则条件表达式的值等于 4。

4）通常用条件表达式取代简单的条件语句，这部分在后面条件语句中介绍。

3.4.8　强制类型转换运算符

第 17 讲

强制类型转换运算符用一对圆括号 () 来表示，用于将一个表达式的值转换成所需要的类型。强制类型转换的格式为“(类型名称) 变量名”，或“(类型名称) (表达式)”。例如，(double) a 的作用是将变量 a 强制转换成 double 型，(int) (x+y) 的作用是将 x 加 y 的结果强制转换成 int 类型，(float) (5%3) 的作用是将 5 除以 3 的余数强制转换成单精度实型。

说明：

1）(int) (x+y) 和 (int) x+y 的效果完全不同，前者是将 x 加 y 的结果强制转换成 int 类型，而后者是将 x 强制转换为整型后，再与 y 相加，因为强制类型转换运算符 () 的优先级高于算术运算符。

2）若有语句 int a; float x; a=(int) x;，在第三个语句 a=(int) x; 中，(int) x 是一个含有强制类型转换运算符的强制类型转换表达式，该表达式的值为将 x 转换为整数后的结果，即等于 x 的整数部分，是将强制类型转换表达式的值赋值给变量 a。注意，变量 x 的值和类型都未发生变化，它仍为 float 类型。因此，强制类型转换时，只是得到了一个所需类型的中间数据，原来变量的类型和值都没改变。

3）C 语言中的类型转换有两种，一种是系统自动转换，如 3+6.5，系统自动将整数 3 转换成 double 类型，结果为 double 型。另一种就是强制类型转换，得到一个所需类型的中间数据。

3.4.9　运算符优先级和结合性

表 3-9 列出了 C 语言中所有运算符的优先级和结合性，其中包括本书后面将讨论的某些运算符。如果一个运算对象两侧的运算符的优先级别相同，则运算次序由规定的“结合方向”决定。例如“*”与“/”具有相同的优先级别，其结合方向为自左至右，因此 6 * 7 / 8 的运算次序是先乘后除。“-”和“++”为同一优先级，结合方向均为“自右至左”，因此 -i++ 相当于 -(i++)。

表 3-9　C 语言中所有运算符的优先级和结合性

优先级	运算符	名称或含义	使用形式	结合方向	说明
1	[ ]	数组下标	数组名 [整型表达式]	自左至右	
	( )	圆括号	(表达式) / 函数名 (形参表)		
	.	成员选择（对象）	对象 . 成员名		
	->	成员选择（指针）	对象指针 -> 成员名		

（续）

<table>
<tr><th>优先级</th><th>运算符</th><th>名称或含义</th><th>使用形式</th><th>结合方向</th><th>说明</th></tr>
<tr><td rowspan="9">2</td><td>-</td><td>负号运算符</td><td>- 表达式</td><td rowspan="9">自右至左</td><td>单目运算符</td></tr>
<tr><td>（类型）</td><td>强制类型转换运算符</td><td>（数据类型）表达式</td><td>单目运算符</td></tr>
<tr><td>++</td><td>自增运算符</td><td>++ 变量名 / 变量名 ++</td><td>单目运算符</td></tr>
<tr><td>--</td><td>自减运算符</td><td>-- 变量名 / 变量名 --</td><td>单目运算符</td></tr>
<tr><td>*</td><td>取值运算符</td><td>* 指针表达式</td><td>单目运算符</td></tr>
<tr><td>&</td><td>取地址运算符</td><td>& 左值表达式</td><td>单目运算符</td></tr>
<tr><td>!</td><td>逻辑非运算符</td><td>! 表达式</td><td>单目运算符</td></tr>
<tr><td>~</td><td>按位取反运算符</td><td>~ 表达式</td><td>单目运算符</td></tr>
<tr><td>sizeof</td><td>长度运算符</td><td>sizeof（表达式）/sizeof（类型）</td><td></td></tr>
<tr><td rowspan="3">3</td><td>/</td><td>除法运算符</td><td>表达式 / 表达式</td><td rowspan="3">自左至右</td><td>双目运算符</td></tr>
<tr><td>*</td><td>乘法运算符</td><td>表达式 * 表达式</td><td>双目运算符</td></tr>
<tr><td>%</td><td>求余（取模）运算符</td><td>整型表达式 % 整型表达式</td><td>双目运算符</td></tr>
<tr><td rowspan="2">4</td><td>+</td><td>加法运算符</td><td>表达式 + 表达式</td><td rowspan="2">自左至右</td><td>双目运算符</td></tr>
<tr><td>-</td><td>减法运算符</td><td>表达式 - 表达式</td><td>双目运算符</td></tr>
<tr><td rowspan="2">5</td><td><<</td><td>左移运算符</td><td>表达式 << 表达式</td><td rowspan="2">自左至右</td><td>双目运算符</td></tr>
<tr><td>>></td><td>右移运算符</td><td>表达式 >> 表达式</td><td>双目运算符</td></tr>
<tr><td rowspan="4">6</td><td>></td><td>大于</td><td>表达式 > 表达式</td><td rowspan="4">自左至右</td><td>双目运算符</td></tr>
<tr><td>>=</td><td>大于等于</td><td>表达式 >= 表达式</td><td>双目运算符</td></tr>
<tr><td><</td><td>小于</td><td>表达式 < 表达式</td><td>双目运算符</td></tr>
<tr><td><=</td><td>小于等于</td><td>表达式 <= 表达式</td><td>双目运算符</td></tr>
<tr><td rowspan="2">7</td><td>==</td><td>等于运算符</td><td>表达式 == 表达式</td><td rowspan="2">自左至右</td><td>双目运算符</td></tr>
<tr><td>!=</td><td>不等于运算符</td><td>表达式 != 表达式</td><td>双目运算符</td></tr>
<tr><td>8</td><td>&</td><td>按位与运算符</td><td>整型表达式 & 整型表达式</td><td>自左至右</td><td>双目运算符</td></tr>
<tr><td>9</td><td>^</td><td>按位异或运算符</td><td>整型表达式 ^ 整型表达式</td><td>自左至右</td><td>双目运算符</td></tr>
<tr><td>10</td><td>|</td><td>按位或运算符</td><td>整型表达式 | 整型表达式</td><td>自左至右</td><td>双目运算符</td></tr>
<tr><td>11</td><td>&&</td><td>逻辑与运算符</td><td>表达式 && 表达式</td><td>自左至右</td><td>双目运算符</td></tr>
<tr><td>12</td><td>||</td><td>逻辑或运算符</td><td>表达式 || 表达式</td><td>自左至右</td><td>双目运算符</td></tr>
<tr><td>13</td><td>?:</td><td>条件运算符</td><td>表达式 1 ? 表达式 2 : 表达式 3</td><td>自右至左</td><td>三目运算符</td></tr>
<tr><td rowspan="11">14</td><td>=</td><td>赋值运算符</td><td>变量 = 表达式</td><td rowspan="11">自右至左</td><td>双目运算符</td></tr>
<tr><td>/=</td><td>除后赋值运算符</td><td>变量 /= 表达式</td><td>双目运算符</td></tr>
<tr><td>*=</td><td>乘后赋值运算符</td><td>变量 *= 表达式</td><td>双目运算符</td></tr>
<tr><td>%=</td><td>求余后赋值运算符</td><td>变量 %= 表达式</td><td>双目运算符</td></tr>
<tr><td>+=</td><td>加后赋值运算符</td><td>变量 += 表达式</td><td>双目运算符</td></tr>
<tr><td>-=</td><td>减后赋值运算符</td><td>变量 -= 表达式</td><td>双目运算符</td></tr>
<tr><td><<=</td><td>左移后赋值运算符</td><td>变量 <<= 表达式</td><td>双目运算符</td></tr>
<tr><td>>>=</td><td>右移后赋值运算符</td><td>变量 >>= 表达式</td><td>双目运算符</td></tr>
<tr><td>&=</td><td>按位与后赋值运算符</td><td>变量 &= 表达式</td><td>双目运算符</td></tr>
<tr><td>^=</td><td>按位异或后赋值运算符</td><td>变量 ^= 表达式</td><td>双目运算符</td></tr>
<tr><td>|=</td><td>按位或后赋值运算符</td><td>变量 |= 表达式</td><td>双目运算符</td></tr>
<tr><td>15</td><td>,</td><td>逗号运算符
（顺序求值运算符）</td><td>表达式 1, 表达式 2, 表达式 3</td><td>自左至右</td><td></td></tr>
</table>

C语言规定了各种运算符的结合方向（结合性），其中单目运算符和三目运算符的结合方向都是“自右至左的结合方向”又称“右结合性”，即在运算对象两侧的运算符为同一优先级的情况下，运算对象先与右侧的运算符结合；除单目运算符、三目运算符和赋值运算符外，其他操作符都是左结合性的。

3.5 各类数值型数据间的混合运算

第 17 讲

在C语言中，允许不同类型的数据之间进行某些混合运算，前面提到，字符型数据可以和整型通用。不仅如此，C语言还允许整型、单精度型、双精度型、字符型数据之间进行混合运算。例如，

```
16 + 'A' + 2.5 - 8765.4321 * 'B'
```

是合法的。在进行运算时，不同类型的数据要先转换成同一类型，然后进行运算。转换的规则如图3-6所示。

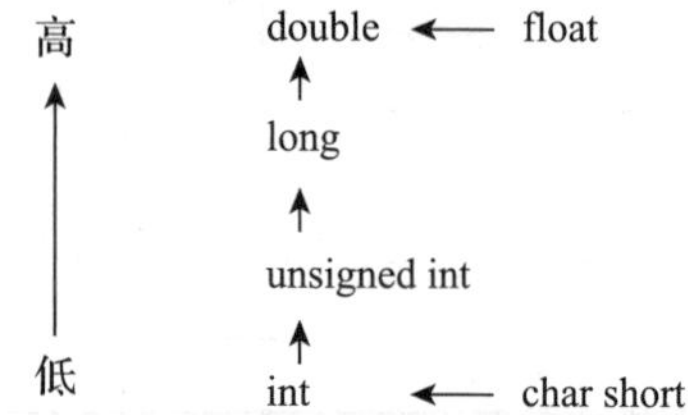

图 3-6 数据类型转换

图3-6中横向向左的箭头表示必定的转换，如字符型（char）参加运算时，不论另一个操作数是什么类型，必定先转换为整型（int）；short型转换为int型，单精度（float）型数据在运算时一律先转换成双精度（double），以提高运算精度（即使是两个float型数据相加，也要先转换成double型，然后再相加）。

图3-3中纵向向上的箭头表示当运算对象为不同类型时的转换方向。例如int型与double型数据进行运算时，应先将int型的数据转换成double型，然后在两个同类型（double型）数据间进行运算，结果为double型。注意：箭头方向只表示数据类型级别的高低，由低向高转换，不要理解为int型先转换成unsigned型，再转换成long型，再转换成double型。也就是说，如果一个int型数据与一个double型数据进行运算，那么应直接将int型转换成double型。同样，一个int型数据与一个long型数据进行运算，那么应直接将int型转换成long型。

假设i 为int型，f为float型变量。运算表达式10 + 'a' + i * f，运算次序依次为：

1）进行10 + 'a'的运算，'a'自动转换成整型97，然后执行相加，结果为整型值107。

2）进行i * f的运算，首先f自动转换成double型，然后把int型的i转换成double型，两个double型数据进行算术乘，结果是double型。

3）整型值107与i * f的积相加。由于i * f的值是double型，先将整型数107转换成double型，然后再相加，由此最终结果为double型。

习题

一、选择题

3.1 下列字符串属于标识符的是（ ）。

（A）INT （B）5_student

（C）2ong （D）!DF

3.2 下列字符串属于标识符的是（ ）。

（A）_WL （B）3_3333

(C) int (D) LINE 3

3.3 在C语言中，下列类型属于基本类型的是（ ）。

(A) 整型、实型、字符型 (B) 空类型、枚举型

(C) 结构体类型、实型 (D) 数组类型、实型

3.4 下列常数中，合法的C常量是（ ）。

(A) "x-y" (B) '105'

(C) 'Be' (D) 7ff

3.5 以下选项中，（ ）是不正确的C语言字符型常量。

(A) 'a' (B) '\x41'

(C) '\101' (D) "a"

3.6 若已定义 x 和 y 为double 类型，则表达式 x=1, y=x+3/2 的值是（ ）。

(A) 1 (B) 2

(C) 2.0 (D) 2.5

3.7 表达式18/4*sqrt(4.0)/8值的数据类型是（ ）。

(A) int (B) float

(C) double (D) 不确定

3.8 设整型变量 i 值为2，表达式 (++i)+(++i)+(++i) 的结果是（ ）。

(A) 6 (B) 12

(C) 15 (D) 表达式出错

3.9 下面程序的输出结果是（ ）。

```
int main()
{
    int x;
    x=-3+4*5-6;printf("%d",x);
    x=3+4%5-6; printf("%d",x);
    x=-3*4%-6/5; printf("%d",x); //求余的优先级与乘除相同，负号优先级最高
    x=(7+6)%5/2; printf("%d",x);
    return 0;
}
```

(A) 11 1 0 1 (B) 11 -3 2 1

(C) 12 -3 2 1 (D) 11 1 2 1

3.10 下面程序的输出结果是（ ）。

```
int main()
{
    int i,j;
    i=16;j=(i++)+i;printf("%d",j);
    i=15;printf("%d  %d",++i,i);
    return 0;
}
```

(A) 32 16 15 (B) 33 15 15

(C) 34 15 16 (D) 34 16 15

3.11 表达式 !x||a==b 等效于（ ）。

(A) !((x||a)==b) (B) !(x||y)==b

(C) !(x||(a==b)) (D) (!x)||(a==b)

3.12 设整型变量m、n、a、b、c和d的值均为1，执行 (m=a>b)&&(n=c>d) 后，m和n的值是（ ）。

(A) 0 和 0　　(B) 0 和 1
(C) 1 和 0　　(D) 1 和 1

3.13 若有如下定义：int a=2,b=3; float x=3.5,y=2.5; 则表达式：(float)(a+b)/2+(int)x%(int)y 的值是（　　）。
(A) 2.500000　　(B) 3.500000
(C) 4.500000　　(D) 5.000000

3.14 已知字母 A 的 ASCII 码为十进制 65，下面程序段的运行结果为（　　）。

```
char  ch1,ch2;
ch1= 'A'+5-3;   ch2= 'A'+6-3;
printf("%d, %c\n", ch1,ch2);
```

(A) 67, D　　(B) B, C
(C) C, D　　(D) 不确定值

3.15 已知 ch 是字符型变量，下面不正确的赋值表达式是（　　）。
(A) ch='\0'　　(B) ch='a+b'
(C) ch='7'+'9'　　(D) ch=7+9

二、填空题

3.16 C 语言的数据类型有四大类，分别是________，________，________，________。
3.17 C 语言基本数据类型包括________，________，________，________。
3.18 C 语言数据类型中构造类型包括三种，它们是________，________，________。
3.19 有 C 语句：int a=2;a%=3;a+=a*=a-=a*=3; 则此表达式的值为________。
3.20 已知 x=3.6,y=2.8,a=5，则表达式 x+a%2*(int)(x+y)%2/4 的值是________。
3.21 有如下语句：

```
float a=123.456;
printf("%e,%10e,%10.2e,%-10.2e,%.2e",a,a,a,a,a);
```

该输出语句的输出结果为：__________________________。

3.22 十进制数 112 转换成十六进制数为________，二进制数 1100101 转换成八进制数为________。
3.23 有 C 语句：int i=1, j=7,a; a=i+(j%4!=0); 则 a=________。
3.24 有 C 语句：a=1;b=2;c=3;d=4;m=1;n=1;(m=a>b)&&(n=c>d) 则 m 值为________，n 值为________。
3.25 位运算 3&9 的值为________。

第4章　输入/输出语句

在程序的运行过程中，往往需要由用户输入一些数据，这些数据经机器处理后要输出反馈给用户，即通过数据的输入/输出来实现人与计算机之间的交互，所以在程序设计中，输入/输出语句是一类必不可少的重要语句。在C语言中，没有专门的输入/输出语句，所有输入/输出操作都是通过对标准I/O库函数的调用实现。最常用的输入/输出函数有scanf()、printf()、getchar()和putchar()，本章将分别介绍。

4.1　字符输出函数 putchar

第18讲

如果要把字符一个一个地输出，则可以使用putchar函数来实现，它是一个专门输出字符的函数。putchar函数的一般形式为：

```
putchar (<字符表达式>)
```

该函数的功能是输出“字符表达式”的值。例如，

```
putchar('A');                      //输出字符'A'
putchar('A' + 1);                  //输出字符'B'
```

在使用标准I/O库函数时，要用预编译指令“#include”将“stdio.h”文件包含到用户源文件中，即

```
#include <stdio.h>
```

stdio.h是standard input & output的缩写，它包含了与标准I/O库函数有关的变量定义和宏定义以及对函数的声明（具体见编译预处理指令章节）。在调用标准I/O库中的函数时，应在文件开头使用上述编译预处理指令。

例4-1　应用putchar函数。

```
#include <stdio.h>
int main()
{
    char a, b, c, d, e;
    a = 'H'; b = 'e'; c = 'l'; d = 'l'; e = 'o';
    putchar(a); putchar(b); putchar(c); putchar(d); putchar(e);
    return 0;
}
```

运行结果为：

```
Hello
```

也可以输出控制字符，如putchar('\n')可输出一个换行符。

若将原先代码改为

```
putchar(a); putchar('\n'); putchar(c); putchar('\n'); putchar(e);
```

则输出结果为：

```
H
l
o
```

也可以输出其他转义字符，例如，

```
putchar('\101');                    // 输出字符 'A'
putchar('\x62');                    // 输出字符 'b'
putchar('\'');                      // 输出单引号字符 '
putchar('\015');                    // 输出回车，不换行
```

4.2 格式控制输出函数 printf

在前面章节中，已用到了 printf 函数，它是用来向终端（如显示器）输出若干个任意类型的数据。从上述代码可以看到，putchar 函数和 printf 函数的主要区别是：putchar 只能输出字符，而且只能是一个字符；printf 则可以输出多个指定格式的数据，且为任意类型。

4.2.1 printf 函数的形式

第 18 讲

printf 函数的一般形式为：

```
printf (<格式控制>, <输出列表>)
```

“输出列表”是需要输出的一些数据，可以是表达式。例如，

```
printf("%d,%d", a + 2, b);
```

“格式控制”是用双引号括起来的字符串，也称“转换控制字符串”，简称“格式字符串”，它用于控制输出数据的格式，包括两种信息：

1）格式说明。由“%”和格式说明字符组成，如 %d、%f 等，printf 的格式说明字符见表 4-1。它的作用是将输出的数据转换为指定的格式然后输出。格式说明总是由“%”字符开始的。输出列表中有多少个数据项，格式字符串中就应该有多少个格式说明，它们依次对应，如前面的 printf 中，第一个“%d”控制表达式 a + 2，第二个“%d”控制表达式 b。

2）普通字符。除了格式说明字符外，所有其他字符都为普通字符，这些字符按原样输出。例如，

```
printf("a=%d,b=%d", a, b);
```

在上面双引号中的字符除了“%d”和“%d”以外，还有非格式说明的普通字符（如“a=”和“,b=”），它们均按原样输出。计算机在执行该语句时，首先输出格式字符串中的“a=”，然后碰到第 1 个格式说明“%d”，就从输出列表中取第 1 个数据项 a，按格式说明输出该数据项值，然后原样输出格式字符串中的“,b=”，又碰到第 2 个格式说明“%d”，取输出列表中的第 2 个数据项 b，按格式说明输出其值。

如果 a 和 b 的值分别为 3 和 4，则输出为：

```
a=3,b=4
```

其中“ a=”和“ ,b=”是 printf 函数“格式控制字符串”中的普通字符按原样输出的结果。3 和 4 是 a 和 b 的值。假如 a=12，b=345，则输出结果为：

```
a=12,b=345
```

由于 printf 是函数，因此，“格式控制字符串”和“输出列表”实际上都是函数的参数，可以表示为：

```
printf(参数 1, 参数 2, 参数 3, …, 参数 n);
```

printf 函数的功能是将参数 2～参数 n 按参数 1 所指定的格式输出。参数 1 是必须有的，参数 2～参数 n 是可选的。

4.2.2 格式说明字符

第 18 讲

不同类型的数据应该用不同的格式说明字符。即使同一类型的数据，也可以用不同的格式说明，以使数据以不同的形式输出。如一个整型数，我们可以要求它以十进制形式输出，也可以要求它以十六进制或八进制形式输出。格式说明字符有以下几种：

（1）d 格式符。它以十进制数形式输出整型数据，有以下几种用法。

1）%d。按十进制整型数据的实际长度输出，正数的符号不输出。

2）%md。m 为指定的输出数据的域宽（所占的列数）。如果数据的位数（包括符号）小于 m，则右对齐，左端补以空格；如果大于 m，则按实际位数输出。例如，

```
printf("%4d,%4d,%4d", a, b, c);
```

若 int a = 12，b = -12，c = 12345，则输出的结果为：

```
␣␣12,␣-12,12345
```

3）%-md。m 为指定的输出数据的宽度。如果数据的位数小于 m，则左对齐，右端补以空格；如果大于 m，则按实际位数输出。例如，

```
printf("%-4d,%-4d,%-4d", a, b, c);
```

若 int a = 12，b = -12，c = 12345，则输出的结果为：

```
12␣␣,-12␣,12345
```

4）%ld。输出长整型数据。例如，

```
long a = 135790;
printf("%ld", a);
```

输出为：

```
135790
```

对于 long（长整型）数据应当用“ %ld”格式符控制输出。同样，对长整型数据也可以指定输出数据的宽度，如将上面 printf 函数中的“ %ld”改为“ %8ld”，则输出共 8 列，即

```
␣␣135790
```

int 型数据可以用 %d 或 %ld 格式输出。

以上介绍的 m、-、l 称为附加格式说明字符，又称为修饰符，起补充说明的作用。

下面对整型数据使用 d 格式符做一小结：

1）如按标准十进制整型的实际位数输出，不加修饰符（如 %d）。

2）如按长整型输出，加修饰符“l”(如 %ld)，否则按标准整型输出。

3）如控制输出数据的宽度，加修饰符“m”(如 %8d)，否则按实际宽度输出。

4）如在指定输出数据的宽度内“左对齐”输出，加修饰符“-”（如 %-8d），否则“右对齐”输出。

以上控制输出的方法对下面讲到的格式符 o、x、u 也同样适用。

（2）o 格式符。它以八进制数形式输出整型数据。例如，

```
int  a = 15;
printf("%d,%o", a, a);
```

输出为：

```
15,17
```

由于是将内存单元中的各位的值（0 或 1）按八进制形式输出，因此输出的数值不带符号，即将符号位也一起作为八进制数的一部分输出。例如，-1 在内存单元中（以补码形式）存放如下：11111111111111111111111111111111（假设占 4 个字节）。例如，

```
int a = -1;
printf("%d,%o", a, a);
```

输出为：

```
-1,37777777777
```

八进制整数是不会带负号的。对长整数（long 型）可以用 %lo 格式输出。同样可以指定输出数据的宽度，如 printf("%12o", a) 输出为“␣37777777777”。

o 格式符一般用于输出正整数或无符号类型的整数。

（3）x 格式符。它以十六进制数形式输出整型数据。例如，

```
int a = 26;
printf("%d,%x", a, a);
```

输出为：

```
26,1a
```

同样不会出现负的十六进制数。例如，

```
int a = -1;
printf("%x,%o,%d", a, a, a);
```

输出结果为：

```
ffffffff,37777777777,-1
```

同样可以用“%lx”输出长整型数，也可以指定输出数据的宽度，如“%12x”。

x 格式符一般用于输出正整数或无符号类型的整数。

（4）u 格式符。它用来输出无符号（unsigned）型数据，以十进制数形式输出。一个

有符号整型数（int 型或 long 型）也可以用 %u 格式输出，此时把符号位当作数值看待。反之，一个无符号型数据也可以用 %d 格式输出，按相互赋值的规则处理。无符号型数据也可用 %o 或 %x 格式输出。

例 4-2　u 格式符使用示例。

```
#include <stdio.h>
int main()
{
    int a = 1, b = 9, c = -9, d = 95, e = -2;
    unsigned int f = 4294967295;
    printf("%d\n", a);          // 输出 1
    printf("%5d\n", a);         // 输出 1 但前面有 4 个空格
    printf("%o\n", b);          // 输出 b 的八进制 11
    printf("%o\n", c);          // 八进制数不带负号，输出 37777777767
    printf("%x\n", d);          // 输出 d 的 16 进制 5f
    printf("%u\n", e);          // 输出 4294967294
    printf("%o\n", f);          // 输出 37777777777
    printf("%x\n", f);          // 输出 ffffffff
    printf("%u\n", f);          // 输出 4294967295
}
```

（5）c 格式符。它用来输出一个字符。例如，

```
char c = 'a';
printf("%c", c);
```

输出字符 'a'，注意："%c" 的 c 是格式符，逗号右边的 c 是变量名，切勿混淆。

如果一个整数的值在 0～127 范围内，也可以用 "%c" 使之按字符形式输出，在输出前系统会将该整数作为 ASCII 码转换成相应的字符；反之，一个字符数据也可以用 "%d"（或 "%o""%x""%u"）使之按整数形式输出其 ASCII 码值。

例 4-3　c 格式符使用示例。

```
#include <stdio.h>
int main()
{
    char ch = 'A';
    int num = 97;
    printf("%c %d %o %x %u\n", ch, ch, ch, ch, ch);
    printf("%c %d %o %x %u\n", num, num, num, num, num);
}
```

运行结果为：

```
A 65 101 41 65
a 97 141 61 97
```

也可以指定输出数据的宽度，如果有：

```
printf("%3c", c);
```

则输出：

```
␣␣a
```

即变量 c 输出占 3 列，前两列补空格。

（6）s 格式符。它用来输出一个字符串。其用法有以下几种：

1）%s。例如，

```
printf("%s", "HELLO");
```

输出“HELLO”字符串（不包括双引号）。

2）%ms。输出的字符串至少占m列，若字符串长度小于m，则右对齐，左边补空格。如字符串本身长度大于m，则突破m的限制，将字符串全部输出。

3）%-ms。若字符串长度小于m，则在m列范围内左对齐，右侧补空格。如字符串本身长度大于m，则突破m的限制，将字符串全部输出。

4）%m.ns。截取字符串前n个字符并输出，占m列，右对齐，左侧补空格。

5）%-m.ns。截取字符串前n个字符并输出，占m列，左对齐，右侧补空格。

后两种情况下，如果m省略或n > m，则m自动取作n值，即保证n个字符的正常输出。

例 4-4　s格式符使用示例。

```
#include <stdio.h>
int main()
{
    char str[20] = "\0";  // 字符数组初始化\0
    gets(str);            // 输入字符串
    printf("%s,%10s,%-10s,%.3s,%5.3s,%-.3s,%-5.3s", str, str, str,
        str, str, str, str);
    return 0;
}
输入字符串: string
输出如下:
string,␣␣␣␣string,string␣␣␣␣,str,␣␣str,str,str␣␣
```

其中第4个输出项的格式说明为“%.3s”，即仅指定了n，省略m，则自动使m = n = 3，故占3列。

（7）f格式符。它用来输出浮点型数（包括单、双精度浮点数），以小数形式输出。其用法有以下几种：

1）%f。不指定输出数据的宽度，由系统自动指定，使其整数部分全部输出，并输出6位小数。应当注意的是，并非输出的所有数字都是有效数字。单精度数的有效位数一般为7位或8位，也就是说，单精度数用%f格式输出，只有前7位是精确有效的。双精度数的有效位数一般为15位或16位，双精度数用%f格式输出时，只有前15位是精确有效的。

例 4-5　以f格式符输出单精度数。

```
#include <stdio.h>
int main()
{
    float a;
    a=3.141592612;
    printf("%f\n%.9f",a,a);
}
```

运行结果为：

```
3.141593
3.141592503
```

可以发现，当单精度型直接以 %f 形式输出时，会自动保留 7 位有效数字（四舍五入），当输出的位数大于 7 时，只有前 7 位数字是有效数字，是精确的，而这之后输出的数字都是非精确的。双精度数如果用 %f 格式输出，它的有效位数一般为 15 位，同样输出 6 位小数。

例 4-6　以 f 格式符输出双精度数。

```
#include <stdio.h>
int main()
{
    double a;
    a = 1145141919810.1145141919;
    printf("%f\n%.9f\n%lf\n%.12lf\n%32.12lf\n%-32.12lf", a, a,
        a, a, a, a);
}
```

运行结果为：

```
1145141919810.114500
1145141919810.114500000
1145141919810.114500
1145141919810.114500000000
␣␣␣␣␣␣1145141919810.114500000000
1145141919810.114500000000␣␣␣␣␣␣
```

可以看到，当双精度型直接以 %f 或 %lf 形式输出时，会自动保留 15 位有效数字（四舍五入）并且同样输出 6 位小数，当输入的位数大于 15 时，之后的数字并不能保证是绝对精确有效的。

2）%m.nf。指定输出的数据共占 m 列，其中有 n 位小数。如果数据长度（包括小数点和负号）小于 m，则采用右对齐输出，左端补空格。如果 m 省略，则整数部分按实际宽度输出。

3）%m.nf 与 %-m.nf 基本相同，只是使输出的数据左对齐，右端补空格。

例 4-7　浮点数在内存中的存储误差造成输出结果偏差。

```
#include <stdio.h>
int main()
{
    float a;
    a = 1145.14;
    printf("%f\n%lf\n%lf\n%10.2lf\n", a, a, a, a);
}
```

运行结果为：

```
1145.140015
1145.140015
1145.140015
␣␣␣1145.14
```

a 的值应为 1145.14，但输出的为 1145.140015，这是浮点数在内存中的存储误差引起的。

（8）e 格式符。它以指数形式输出实数。可用以下形式。

1）%e。不指定输出数据的宽度和数字部分的小数位数，由系统自动指定给出 6 位小数，指数部分占 5 列（如 e+002），其中“ e”占 1 列，指数符号占 1 列，指数占 3 列。数值按标准化指数形式输出（即小数点前必须有而且只有 1 位非零数字）。例如，

```
printf("%e", 123.456);
```

输出：

```
1.234560e+002
```

也就是说，用 %e 格式所输出的实数共占 13 列宽度（注：不同系统的规定略有不同）。

2）%m.ne 和 %-m.ne。m、n 及“-”字符含义与之前相同。此处 n 为小数位数。如省略 n，则 n=6。如省略 m，则自动使 m 等于数据应有的长度，即 m = 7 + n。

例如，f = 123.456，则：

```
printf("%e,%10e,%10.2e,%-10.2e,%.2e\n", f, f, f, f, f);
```

输出如下：

```
1.234560e+002,1.234560e+002, ␣ 1.23e+002,1.23e+002 ␣ ,1.23e+002
```

第 2 个输出项按“ %10e”格式输出，只指定了 m = 10，省略 n 的值，凡未指定 n，自动使 n = 6，整个数据宽度为 13 列，超过指定的 10 列，则突破 10 列的限制，按实际长度输出。第 3 个数据按“ %10.2e”格式输出，右对齐，小数部分占 2 列，整数部分占 1 列，小数点占 1 列，加上 5 列指数共 9 列，指定输出 10 列，故左侧补 1 个空格。第 4 个数据按“ %-10.2e”格式输出，数据共 9 列，指定输出 10 列，故数据左对齐，右侧补 1 个空格。第 5 个数据按“ %.2e”格式输出，仅指定 n = 2，未指定 m，自动使 m 等于数据应有的长度，即 9 列。

（9）g 格式符。它用来输出浮点数，系统自动选 f 格式或 e 格式输出，选择其中长度较短的格式，且不输出无意义的 0。例如，

```
float f = 123.458;
printf("%f,%e,%g", f, f, f);
```

输出如下：

```
123.458000,1.234580e+002,123.458
```

用 %f 格式输出占 10 列；用 %e 格式输出占 13 列；用 %g 格式时，自动从前面两种格式中选择短者，即采用 %f 格式输出，且小数位中的最后 3 位为无意义的 0，不输出。%g 格式用得比较少。

printf 函数中用到的格式字符见表 4-1。可以看出，格式字符 d、o、x、u 用于输出有符号或无符号整型数据，其中 d 用于输出有符号整数，而 o、x、u 用于输出无符号整数；c 用于输出字符数据；s 用于输出字符串；f、e、g 用于输出浮点数。

表 4-1　printf 函数中用到的格式字符

格式字符	说明
d,i	以带符号的十进制形式输出整数（正数不输出符号）
o	以八进制无符号形式输出整数（不输出前导符 0）

（续）

格式字符	说明
x,X	以十六进制无符号形式输出整数（不输出前导符 0x），若用 x，则输出十六进制数的 a～f 时以小写形式输出。或用 X 时，则以大写字母输出
u	以无符号十进制形式输出整数
c	以字符形式输出，只输出一个字符
s	输出字符串
f	以小数形式输出单、双精度数，默认输出 6 位小数
e,E	以标准指数形式输出单、双精度数，数字部分的小数位数为 6 位
g,G	自动选用 %f 或 %e 格式中输出宽度较短的一种格式，不输出无意义的 0

在格式说明中，在 % 和上述格式字符间可以插入表 4-2 所列的几种附加符号。

用 printf 函数输出时，需要注意的是，输出数据的类型应与上述格式说明匹配，否则将会出错。

在使用函数 printf 函数时，还有几点要说明：

1）除 X、E 和 G 之外，其他格式字符要用小写字母，如 %d 不能写成 %D。

表 4-2 附加格式说明字符

字符	说明
字母 l	用于长整型数，可加在格式符 d、o、x、u 前面
m（正整数）	数据最小宽度
n（正整数）	对浮点数表示输出 n 位小数；对字符串表示截取的字符个数
-	输出的数字或字符在域内向左对齐

2）可以在 printf 函数中的“格式控制字符串”内包含前面章节介绍过的转义字符，如“\n”“\t”“\b”“\r”“\f”“\377”等。

3）上面介绍的 d、i、o、x、u、c、s、f、e、g、X、E、G 等字符，如不是用在“%”后面，就作为普通字符原样输出。一个格式说明以 % 开头，以上述 13 个格式字符之一为结束。例如，

```
printf("c=%cf=%fs=%s", c, f, s);
```

第 1 个格式说明为“%c”而不包含其后的字母 f；第 2 个格式说明为“%f”不包括其后的字母 s；第 3 个格式说明为“%s”。其他的字符为原样输出的普通字符。

4）如果想输出字符 %，可以在“格式控制字符串”中用连续两个 % 表示，例如 printf("%f%%", 1.0/3);

输出：

```
0.333333%
```

5）不同的系统在格式输出时，输出结果可能会有一些小的差别，例如用 %e 格式符输出浮点数时，有些系统输出的指数部分为 4 位（如 e+02）而不是 5 位（如 e+002），前面数字的小数部分为 5 位而不是 6 位等。

4.3　字符输入函数 getchar

第 19 讲

字符输入函数的作用是从键盘输入一个字符，并把这个字符作为函数的返回值。getchar 函数没有参数，其一般形式为：

```
getchar()
```

例 4-8　应用 getchar 函数。

```
#include <stdio.h>
int main()
{
    char c;
    c = getchar();
    putchar(c);
    return 0;
}
```

在运行时，如果从键盘输入字符 a，

```
a         (输入 a 后，按 <Enter> 键，才能真正读到该字符)
a         (输出变量 c 的值 a)
```

注意：getchar() 只能接收一个字符。getchar 函数得到的字符可以赋给一个字符变量或整型变量，也可以不赋给任何变量。它可以作为表达式的一部分，例如，例 4-8 第 5、6 行可以用下面 1 行代替：

```
putchar(getchar());
```

因为 getchar() 的值为 a。也可以调用 printf() 函数：

```
printf("%c",getchar());
```

在一个函数中调用 getchar 函数，应该在函数的前面（或本文件开头）加上：

```
#include <stdio.h>
```

因为在使用标准 I/O 库中的函数时需要用到 stdio.h 文件中包含的一些信息。

4.4　格式控制输入函数 scanf

getchar 函数只能用来输入一个字符，scanf 函数可以用来输入任何类型的多个数据。

4.4.1　一般形式

第 19 讲

scanf 函数的一般形式是：

```
scanf(<格式控制>, <地址列表>)
```

其中，“地址列表”是由若干个地址组成的列表，是可以接收数据的变量的地址或者字符串的首地址。“格式控制”的含义同 printf 函数，但 scanf 中的“格式控制”是控制输入的数据。

例 4-9　应用 scanf 函数。

```
#include <stdio.h>
int main()
```

```
{
    int a;
    char b;
    double c;
    scanf("%d%c%lf", &a, &b, &c);
    printf("%d,%c,%lf", a, b, c);
    return 0;
}
```

运行时按以下方式输入 a、b 和 c 的值：

```
3 c 3.111111
```

输出的内容为

```
3,c,3.111111
```

&a、&b、&c 中的“ & ”是地址运算符，&a 指 a 在内存中的地址。有关地址运算将在第 9 章详细介绍，这里读者先记住，当要输入一个数据给变量 a 时，应表示成“ &a ”，上面 scanf 函数的作用是：分别输入一个十进制整型数、一个单个字符和一个双精度浮点数给变量 a、b 和 c。a、b 和 c 的地址是在定义变量 a、b 和 c 之后就确定的（在编译阶段分配的）。

"%d%c%lf" 表示分别按十进制整型数、单个字符、双精度浮点数形式输入一个数据，然后把输入数据依次赋给后面地址列表中的项目。输入数据是在两个数据之间以一个或多个空格间隔，也可以用 <Enter> 或跳跃键。用 "%d%c%lf" 格式输入时，不能以逗号作为两个数据间的分隔符，如下面的输入就是不合法的：

第 19 讲

```
3,c,3.111111        （按 <Enter> 键）
```

4.4.2 格式说明

与 printf 函数中的格式说明相似，scanf 函数中的格式说明也以 % 开始，以一个格式字符结束，中间可以插入附加格式说明字符。scanf 函数中所用到的格式字符见表 4-3，scanf 附加的格式说明字符见表 4-4。

表 4-3 **scanf** 函数中所用到的格式字符

格式字符	说明
d,i	用来输入有符号的十进制整数
u	用来输入无符号的十进制整数
o	用来输入无符号的八进制整数
x,X	用来输入无符号的十六进制整型数
c	用来输入单个字符
s	用来输入字符串，将字符串送到一个字符数组中，在输入时以非空白字符开始，以第一个分隔字符结束。系统自动把字符串结束标志 '\0' 加到字符串尾部
f	用来输入浮点数，可以用小数形式或指数形式输入。
e,E,g,G	与 f 作用相同，e 与 f、g 可以互相替换（大小写作用相同）

表 4-4　scanf 附加的格式说明字符

字符	说明
l	用于输入长整型数据（可用 %ld、%lo、%lx），以及 double 型数据（用 %lf 或 %le）
h	用于输入短整型数据（可用 %hd、%ho、%hx）
m（正整数）	指定输入数据所占宽度（列数）
*	表示本输入项在读入后不赋给相应的变量

说明：

1）可以指定输入数据所占列数，系统自动按该值截取所需数据。例如，

```
scanf("%3d%3d", &a, &b);
```

输入：123456

系统自动将 123 赋给 a，456 赋给 b。

也可以用于字符型，例如，

```
scanf("%3c", &ch);
```

输入 3 个字符，把第 1 个字符赋给 ch，例如输入 abc，ch 得到字符 'a'。

2）% 后的附加说明符“*”，用来表示跳过相应的数据。例如，

```
scanf("%2d%*3d%2d", &a, &b);
```

如果输入如下数据：

```
12 345 67
```

将 12 赋给 a，67 赋给 b。输入的第 2 个数据 345 被跳过不赋给任何变量。在利用现成的一批数据时，有时不需要其中某些数据，可用此法“跳过”它们。

3）输入数据时不能规定精度，例如，

```
scanf("%7.2f", &a);
```

这是不合法的，不能企图输入 1234567，而使 a 的值为 12345.67。

4.4.3　使用 scanf 函数时需注意的问题

第 19 讲

使用 scanf 函数时，应注意以下问题：

1）scanf 函数中的“格式控制字符串”后面应当是变量地址，而不是变量名。例如，如果 a、b 为整型变量，则：

```
scanf("%d,%d", a, b);
```

是不对的，应将“a, b”改为“&a, &b”。这是 C 语言的规定。

2）如果在“格式控制字符串”中除了格式说明字符外还有其他字符，则输入数据时应在对应的位置上输入与这些字符相同的字符，即原样输入。例如，

```
scanf("%d,%d", &a, &b);
```

输入时应用如下形式：

```
3,4
```

注意：3 后面是逗号，它与 scanf 中的“格式控制字符串”中的逗号相对应。如果输入时不用逗号而用空格或其他字符，则是不对的。

```
3  4          （不对）
3: 4          （不对）
```

如果是：

```
scanf("%d %d", &a, &b);
```

则输入时两个数据间应有一个或多个空白符。

如果是：

```
scanf("%d:%d:%d", &h, &m, &s);
```

则输入时应使用以下形式：

```
11:22:33
```

如果是：

```
scanf("a=%d,b=%d,c=%d", &a, &b, &c);
```

输入时应使用以下形式：

```
a=12,b=24,c=36
```

程序员如果希望让用户在输入数据时有必要的提示信息，可以用 printf 函数。例如，

```
printf("Please input a,b,c:");
scanf("%d,%d,%d", &a, &b, &c);
```

3）在用“%c”格式说明输入字符时，空格字符和“转义字符”中的字符都将作为有效字符输入：

```
scanf("%c%c%c", &c1, &c2, &c3);
```

如输入：

```
a␣b␣c
```

字符 a 送给 c1，字符␣送给 c2，字符 b 送给 c3，因为 %c 已限定只读入一个字符，因此␣作为下一个字符送给 c2。在连续输入字符时，在两个字符之间不要插入空格或其他分隔符，除非在 scanf 函数中的格式字符串中有普通字符，这时在输入数据时要在原位置插入这些字符。

4）在输入数据时，遇到以下情况时，则认为该数据结束：

- 遇空格，或 <Enter> 键或 <Tab> 键（跳格键）。
- 遇宽度结束时，如“%3d”，只取 3 列。
- 遇非法输入。例如，

```
scanf("%d%c%f", &a, &b, &c);
```

若输入：

```
1234a123o.26
```

第 1 个数据对应 %d 格式，输入 1234 之后遇字符 a，因此系统认为数值 1234 后已没有数字了，第 1 个数据应到此结束，就把 1234 送给变量 a。把其后的字符 a 送给字符变量 b，由于 %c 只要求输入一个字符，系统判定该字符已输入结束，因此输入字符 a 之后不需要加空格，后面的数值应送给变量 c。如果由于疏忽把 1230.26 错打成 123o.26，由于 123 后面出现字符 'o'，就认为该数值数据到此结束，将 123 送给变量 c。

4.5　多组数据输入控制

在前面的例子中，程序只要求输入一组测试数据，然后针对这一组数据进行处理，并输出运算结果。但是在某些问题中，会要求输入多组测试数据，每输入一组数据，程序就进行处理并输出相应的运算结果，然后再输入下一组数据，程序再进行处理并输出相应的运算结果，如此进行下去，直到输入某个特殊数据或者达到程序要求输入的测试数据数目为止。输入多组测试数据需要借助于循环语句来实现，主要包括以下三种形式：

1. 输入数据不说明有多少组，以 EOF 为结束标志

前面曾指出，scanf 函数的返回值就是输入的数据个数，例如输入语句：scanf("%d%d", &a, &b); 如果只输入一个整数，返回值是 1，如果输入两个整数，返回值是 2，如果一个整数都没有输入，则返回值是 -1，即为 EOF。这种输入方式就是不断地输入数据，然后处理数据，最后输出结果，程序运行结束的标志就是当 scanf 函数的返回值是 EOF 时。在控制台输入时，当按下组合键 <Ctrl+Z> 或者 F6 键时，就表示一个数据都没输入，scanf 函数返回值为 EOF，这时程序执行完毕。

例 4-10　输入多组数据并以 EOF 为结束标志。

```
#include <stdio.h>
int main()
{
    int a,b;
    while(scanf("%d%d",&a,&b)!=EOF)
        printf("%d\n",a+b);
    return 0;
}
```

这里 while 是循环语句，其含义是当圆括号中的表达式条件成立时，就执行循环体语句，本例中循环体语句只有一个，就是输出语句。然后再判断圆括号中的表达式条件是否成立，只要条件成立，就执行它的循环体语句，即执行输出语句，如此重复，直到 while 循环中圆括号内的表达式条件不成立时为止，这时结束 while 循环，继续执行循环语句后面的语句。while 循环语句的具体用法将在下一章详细讲解。

2. 输入数据有 n 组，接下来是相应的 n 组输入数据

这种输入方式是指，规定输入数据的组数是 n 组，每输入一组数据，程序就进行处理，并输出相应的运算结果，然后再输入下一组数据，程序再进行处理，再输出相应的运算结果，直到输入的数据达到 n 组时为止。

例 4-11　输入 n 组数据。

```
#include <stdio.h>
int main()
{
    int n,i,a,b;
    scanf("%d",&n);
    for(i=1;i<=n;i++)
    {
        scanf("%d%d",&a,&b);
        printf("%d\n",a+b);
    }
```

```
    return 0;
}
```

这里 for 是循环语句，i 是循环控制变量，i 的初值为 1，循环条件是 i<=n，当满足循环条件时就执行 for 循环的循环体语句，其循环体语句是下面两条语句组成的复合语句，即输入一组数据，然后处理数据并输出结果。然后程序要返回到 for 循环语句处，执行 i++，使循环控制变量 i 增值，增值后再判断是否满足循环条件 i<=n，若满足则继续执行循环体语句，若不满足则结束 for 循环，继续执行 for 循环语句后面的语句。for 循环语句的具体用法将在下一章详细讲解。

3. 输入数据不说明有多少组，但以某个特殊输入为结束标志

这种方式与第一种输入方式类似，同样可借助于 while 循环来实现，在 while 循环的循环条件中是输入语句 scanf，只不过不是判断 scanf 函数的返回值是否不等于 EOF，而是判断输入的数据是否不等于给定的特殊标志。

例 4-12　输入多组数据并以某个特殊输入为结束标志。

```
#include <stdio.h>
int main()
{
    int a,b;
    while(scanf("%d%d",&a,&b)&&a!=0&&b!=0)
        printf("%d\n",a+b);
    return 0;
}
```

4.6　输入 / 输出程序示例

例 4-13　求 $ax^2+bx+c=0$ 方程的根。a、b、c 由键盘输入，为简单起见，设 $b^2-4ac>0$。程序如下：

```
#include <stdio.h>
#include <math.h>
int main()
{
    double a, b, c, disc, x1, x2, p, q;
    /* 输入双精度变量的值要用 %lf 格式说明符 */
    scanf("%lf%lf%lf", &a, &b, &c);
    disc = b * b - 4 * a * c;
    if (disc > 0)                              // 判别式 b*b-4*a*c>0，方程有两个实根
    {
        p = - b / (2 * a);
        q = sqrt(disc) / (2 * a);
        x1 = p + q;                            // 求出方程的两个根
        x2 = p - q;
        printf("x1=%7.2f\nx2=%7.2f\n", x1, x2);
    }
    return 0;
}
```

运行结果如下：

```
2 5 3
x1=␣␣-1.00
x2=␣␣-1.50
```

程序中用了预处理指令 #include <math.h>，因为本程序中用到了函数 sqrt，所以需要将数学函数库包含进来。

例 4-14　从键盘输入一个小写字母，要求把它转换成大写字母，然后在屏幕上显示。

程序如下：

```
#include <stdio.h>
int main()
{
    char c1, c2;
    c1 = getchar();                  // 从键盘读入一个小写字母，赋给字符变量 c1
    printf("%c,%d\n", c1, c1);       // 输出该小写字母及其 ASCII 码值
    c2 = c1 - 32;                    // 求对应大写字母的 ASCII 码值，赋给字符变量 c2
    printf("%c,%d\n", c2, c2);       // 输出对应大写字母及其 ASCII 码值
    return 0;
}
```

运行情况如下：

```
a
a,97
A,65
```

例 4-15　输入一个不超过 3 位数的整数，输出它的个位数字、十位数字与百位数字的和。

要获得此数字的个位、十位、百位数字的和，必先获得每个数字，可以用下面的方法获得：个位数字 = 此数 %10；百位数字 = 此数 /100；十位数字 =（此数 - 百位数字 *100）/10 或者 = 此数 /10%10。

程序如下：

```
#include <stdio.h>
int main()
{
    int num, ones, tens, hundreds, sum;
    printf("Please enter a number between 0~999:\n");
    scanf("%d", &num);
    ones = num % 10;
    tens = num % 100 / 10;
    hundreds = num / 100;
    sum = ones + tens + hundreds;
    printf("%d+%d+%d=%d", hundreds, tens, ones, sum);
}
```

运行情况如下：

```
Please enter a number between 0~999:
249
2+4+9=15
```

习题

一、选择题

4.1　下列程序段中，输出结果为（　　）。

```
char *s="\"abc\"";
```

```
printf("%s",s);
```

(A) abc　　(B) "abc"
(C) \"abc\"　　(D) 以上结果都不对

4.2 在 scanf 函数的格式控制中，格式说明的类型与输入的类型应该一一对应匹配。如果类型不匹配，系统（　　）。
(A) 不予接收
(B) 并不给出出错信息，但不可能得出正确信息数据
(C) 能接受正确输入
(D) 给出出错信息，不予接收输入

4.3 以下程序的输出结果是（　　）。

```
int main()
{
    int i=010,j=10,k=0x10;
    printf("%d,%d,%d\n",i,j,k);
    return 0;
}
```

(A) 8,10,16　　(B) 8,10,10
(C) 10,10,10　　(D) 10,10,16

4.4 以下程序的输出结果是（　　）。

```
int main()
{
    int i=011,j=11,k=0x11;
    printf("%d,%d,%d\n",i,j,k);
    return 0;
}
```

(A) 9,11,17　　(B) 9,11,11
(C) 11,11,11　　(D) 11,11,16

4.5 以下程序的输出结果是（　　）。

```
#include<stdio.h>
int main()
{
    printf("%d\n",NULL); //NULL 参考 stdio.h
    return 0;
}
```

(A) 不确定的值（因变量无定义）　　(B) 0
(C) -1　　(D) 1

4.6 以下程序的输出结果是（　　）。

```
int main()
{
    char c1='6',c2='0';
    printf("%c,%c,%d,%d\n",c1,c2,c1-c2,c1+c2);
    return 0;
}
```

(A) 因输出格式不合法，输出出错信息　　(B) 6,0,6,102
(C) 6,0,7,6　　(D) 6,0,5,7

4.7　设有如下定义：

```
int x=10,y=3,z;
```

则语句

```
printf("%d\n",z=(x%y,x/y));
```

的输出结果是（　　）。

（A）3　　（B）0

（C）4　　（D）1

4.8　设有如下定义：

```
int x=10,y=5,z;
```

则语句

```
printf("%d\n",z=(x+=y,x/y));
```

的输出结果是（　　）。

（A）1　　（B）0

（C）4　　（D）3

4.9　写出下面程序的输出结果是（　　）。

```
int main()
{
    int x;
    x=-3+4*5-6;printf("%d",x);
    x=3+4%5-6;printf("%d",x);
    x=-3*4%6/5;printf("%d",x);
    x=(7+6)%5/2;printf("%d",x);
    return 0;
}
```

（A）11 1 0 1　　（B）11 -3 2 1

（C）12 -3 2 1　　（D）11 1 2 1

4.10　写出下面程序的输出结果是（　　）。

```
int main()
{
    int x,y,z;
    x=y=1;
    z=x++-1;printf("%d,%d\t",x,z);
    z+=-x++ +(++y);printf("%d,%d",x,z);
    return 0;
}
```

（A）2,0　3,0　　（B）2,1　3,0

（C）2,0　2,1　　（D）2,1　0,1

4.11　写出下面程序的输出结果是（　　）。

```
int main()
{
    int i,j;
    i=20;j=(++i)+i;printf("%d",j);
    i=13;printf("%d %d",i++,i);
    return 0;
}
```

(A) 42 14 13　　(B) 41 14 14
(C) 42 13 13　　(D) 42 13 14

4.12　以下 C 程序，正确的运行结果是（　　）。

```
int main()
{
    long y=-34567;
    printf("y=%-8ld\n",y);
    printf("y=%-08ld\n",y);
    printf("y=%08ld\n",y);
    printf("y=%+8ld\n",y);
    return 0;
}
```

(A) y=-34567
y=-34567
y=-0034567
y=-34567

(B) y=-34567
y=-34567
y=-0034567
y=+-34567

(C) y=-34567
y=-34567
y=-0034567
y=-34567

(D) y=-34567
y=-0034567
y=00034567
y=+34567

4.13　设有如下定义和执行语句，其输出结果为（　　）。

```
int a=3,b=3;
a = --b + 1; printf("%d  %d",a,b);
```

(A) 3　2　　(B) 4　2
(C) 2　2　　(D) 2　3

4.14　根据定义和数据的输入方式，输入语句的正确形式为（　　）。

```
已有定义: float  a1,  a2;
数据的输入方式:  4.523
                3.52
```

(A) scanf("%f %f", &a1,&a2);
(B) scanf("%f ,%f", a1, a2);
(C) scanf("%4.3f ,%3.2f", &a1,&a2);
(D) scanf("%4.3f %3.2f", a1,a2);

4.15　以下程序的输出结果是（　　）。

```
int main()
{
    int  i=012, j=12, k=0x12;
    printf("%d,%d,%d\n",i, j, k );
    return 0;
}
```

(A) 10, 12, 18　　(B) 12, 12, 12
(C) 10, 12, 12　　(D) 12, 12, 18

4.16　以下程序的输出结果是（　　）。（注：▁表示空格。）

```
int main( )
{
```

```
    printf("\n*s1=%8s*", "china");
    printf("\n*s2=%-5s*", "chi");
    return 0;
}
```

(A) `*s1=china▂▂▂*`
`*s2=chi*`
(B) `*s1=china▂▂▂*`
`*s2=chi▂▂*`
(C) `*s1=▂▂▂china*`
`*s2=▂▂chi *`
(D) `*s1=▂▂▂china*`
`*s2=chi▂▂*`

二、填空题

4.17 若通过以下输入语句给 a 赋值 1，给 b 赋值 2，则输入数据的形式应该是________。

```
int a,b ;   scanf ("a=%d,b=%d", &a , &b);
```

4.18 下列语句执行后，则变量 a 的输出值为________。

```
unsigned int a=32768;
printf("%d",a);
```

4.19 以下程序的输出结果是________。

```
int main()
{
    int x=2.5;char z='A';
    printf("%d\n",(x&1)&&(z<'z'));
    return 0;
}
```

4.20 若有以下程序段

```
char a;
a = 'H' - 'A' + '0';
printf("%c\n", a);
```

则执行后输出结果是________。

4.21 以下程序的运行结果是________。

```
int main()
{
    int  c,x,y;
    x=1;
    y=1;
    c=0;
    c=x++||y++;
    printf("\n%d%d%d\n",x,y,c);
    return 0;
}
```

4.22 以下程序的运行结果是________。

```
int main( )
{
```

```
    int  c,x,y;
    x=0;
    y=0;
    c=0;
    c=x++&&y++;
    printf("\n%d%d%d\n",x,y,c);
    return 0;
}
```

4.23 以下程序的输出结果为________。

```
#include<stdio.h>
int main( )
{
    char c1,c2;
    c1='a';
    c2='\n';
    printf("%c%c",c1,c2);
    return 0;
}
```

三、编程题

4.24 输入两个十进制整数 a 和 b，输出 a+b 的十六进制表示，其中英文字母是小写。

4.25 输入两个整数 a 和 b，输出 a 除以 b 的值，保留三位小数。

4.26 输入一个秒数，把它转换为时、分、秒并输出。例如，输入：7300，则输出“2:1:40”（即 2 时 1 分 40 秒）。

第 5 章　C 语言程序结构

5.1　C 语言语句概述

一般来说，程序由一系列命令组成，用于完成一定的功能。那么，C 语言程序的结构是什么样的呢？一个 C 语言程序可以由一个或若干个源程序文件（分别编译的文件模块）组成，而一个源程序文件可以由一个或若干个函数组成。一个函数由数据描述和数据处理两部分组成：数据描述的任务是定义和说明数据结构（用数据类型表示）以及数据赋初值；数据处理的任务是对已提供的数据进行各种加工。

描述和处理都是由若干条语句组成的。C 语言的语句用来向计算机系统发出各种命令，控制计算机的操作和对数据如何进行处理。其中用于数据操作的语句可以分为以下五类。

1）控制语句。控制程序中语句的执行。C 语言有如下 9 种控制语句：

- if()...else...　　（条件语句）
- for()...　　（循环语句）
- while()...　　（循环语句）
- do...while()　　（循环语句）
- continue　　（结束本次循环语句）
- break　　（中止执行 switch 或循环语句）
- switch　　（多分支选择语句）
- goto　　（转向语句）/* 不建议使用 */
- return　　（从函数返回语句）

上面 9 种语句中括号内是一个条件，... 表示内嵌的语句。例如，“if()...else...”的具体语句可以写成：“if(x > y) z = x; else z = y;”。

2）函数调用语句。由一次调用加一个分号构成一个语句。例如，

```
printf("This is a C statement.");
```

3）表达式语句。由一个表达式构成一个语句最典型的是：由赋值表达式构成一个赋值语句。例如，

```
a = 3;
```

这是一个赋值语句，其中的“a = 3”是一个赋值表达式。可以看到，一个表达式的末尾加一个分号就成了一个语句。一个语句的末尾必须出现分号，分号是语句中不可缺少的一部分。例如，“i = i + 1”是表达式而不是语句，“i = i + 1;”则是语句。任何表达式都可以加上分号构成语句。例如，

```
i++;
```

这是C语言语句，作用是使 i 值加 1。又如，

```
x + y;
```

这也是一个语句，其作用是完成 x + y 的操作，它是合法的，但是并没有把 x+y 的值赋给另一个变量，所以它并无实际意义。

表达式能构成语句是一个特色。其实“函数调用语句”也属于表达式语句，因为函数调用也属于表达式的一种。只是为了便于理解和使用，把“函数调用语句”和“表达式语句”分开来说明。由于C程序中大多数语句是表达式语句（包括函数调用语句），因此有人把C语言称作“表达式语言”。

4）空语句。下面是一个空语句：

```
;
```

即只有一个分号的语句，它什么也不做。

5）复合语句，可以用 { } 把一些语句括起来成为复合语句。例如，

```
{
    z = x + y;
    t = z / 100;
    printf("%f", t);
}
```

这是一个复合语句，该语句又由三个语句组成。注意：在复合语句的最后一个语句中，其末尾的分号不能省略。

C语言允许一行写几个语句，也允许一个语句拆开写在几行上，书写格式无固定要求。但是一个语法单位（如变量名、常量、运算符、函数名等）不能分写在两行上。

5.2 程序设计基础

第20讲

在介绍其他语句和较为复杂程序的设计之前，我们先介绍一下程序设计步骤的概念。

所谓程序设计，就是根据具体的处理（或计算）任务，按照计算机能够接受的方式，编制一个正确完成任务的计算机处理程序。程序设计过程一般包括以下几个步骤。

（1）明确问题。对需要解决的问题以及与之有关的输入数据和输出结果进行详细而确切的了解，并尽可能清晰、完整地整理成文字说明。

（2）分析问题，建立数学模型。对程序需要解决的具体问题进行分析，分析问题的关键，确定程序需要的变量以及变量之间的关系。把变量之间的关系用数学表达式表达出来，即建立数学模型。

（3）确定处理方案，即进行算法设计。确定怎样使计算机一步一步地进行各种操作，最终得出需要的结果，这就是算法设计。

（4）绘制流程图。流程图又称为程序框图，它用规定的符号描述算法，是一种普遍使用的表达处理方案的方法和手段。绘制流程图可使程序编制人员的思路清晰，从而减少或避免编写程序时的错误。

（5）编写程序。用选定的程序设计语言，根据流程图指明的处理步骤写出程序。

（6）调试和测试程序。通过测试查出并纠正程序执行过程中出现的错误。一个复杂的程

序，往往要经过各种测试。通过测试，确定程序在各种可能的情况下都能正确工作，输出准确的结果，然后才能投入运行。

（7）编写文档资料。交付运行的程序应具有完整的文档资料。文档资料如下。

1）程序的编写说明书，如程序设计的技术报告、数学模型、算法及流程图、程序清单以及测试记录等。

2）程序的使用说明书，如程序运行环境、操作说明。

（8）程序的运行和维护。程序通过测试以后，尽管测试得很细致、很全面，但是对于一个十分复杂的程序来说，很难保证不出现任何漏洞，因此这种程序在正式投入运行之前，要在实际工作中用真实数据对其进行验证，这一过程称为试运行。试运行主要检查程序的功能是否还有缺陷、程序的操作和执行的响应速度是否满足设计要求等，在确信其可靠性之后才能投入正式运行。

在运行过程中可能会发现新的问题、提出新的要求，因此需对程序进行修改或补充，这称为程序的维护。

5.3　结构化程序设计的三种基本结构

结构化程序设计的概念起先是针对以往编程过程中无限制地使用转移语句 goto 而提出的。转移语句可以使程序的控制流程强制性地转向程序的任意一处，如果一个程序中多处出现这种转移情况，将会导致程序流程无序可寻，程序结构杂乱无章，这样的程序是令人难以理解和接受的，并且容易出错。尤其是在实际软件产品的开发中，更多地追求软件的可读性和可修改性，就会产生这种结构和风格的程序，这是不允许出现的。

1996 年，计算机科学家 Bohm 和 Jacopini 证明了这样的事实——任何简单或复杂的算法，都可以由顺序结构、选择（分支）结构和循环结构这三种基本结构组成，因此在构造一个算法时，也仅以这三种基本结构作为“建筑单元”，遵守三种基本结构的规范，基本结构之间可以并列，可以相互包含，但不允许交叉，不允许从一个结构直接转到另一个结构的内部。正因为整个算法都是由三种基本结构组成的，就像用模块构建的一样，所以结构清晰，易于正确性验证，易于纠错，这种方法就称为结构化方法。遵循这种方法的程序设计，就是结构化程序设计。

第 20 讲

5.3.1　顺序结构

顺序结构表示程序中的各操作是按照它们出现的先后顺序执行的，其流程如图 5-1 所示。图中的 S_1 和 S_2 表示两个处理步骤，这些处理步骤可以是一个非转移操作或多个非转移操作序列，甚至可以是空操作，也可以是三种基本结构中的任一结构。整个顺序结构只有一个入口点 a 和一个出口点 b。这种结构的特点是：程序从入口点 a 开始，按顺序执行所有操作，直到出口点 b 处，所以称为顺序结构。事实上，不论程序中包含什么样的结构，程序的总流程都是顺序结构的。

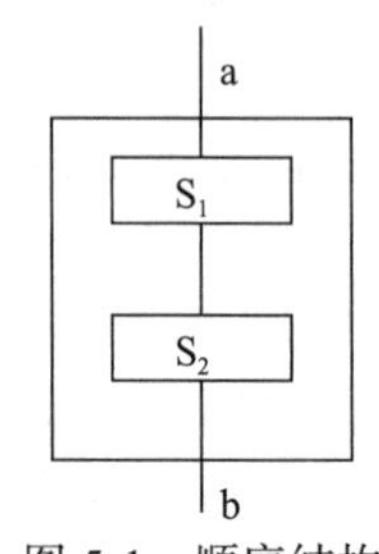

图 5-1　顺序结构

5.3.2　选择结构

选择结构表示程序的处理步骤出现了分支，它需要根据某一特定的条件选择其中的一个分支执行。选择结构有单选择、双选择和多选择三种形式。

单选择结构如图 5-2 所示，双选择是典型的选择结构形式，其流程如图 5-3 所示，图中的 S_1 和 S_2 与顺序结构中的说明相同。可以看到，在结构的入口点 a 处是一个判断框，表示程序流程出现了两个可供选择的分支，如果条件满足执行 S_1 处理，否则执行 S_2 处理。值得注意的是，在这两个分支中只能选择一条且必须选择一条执行，但不论选择了哪一条分支执行，最后流程都一定到达结构的出口点 b 处。

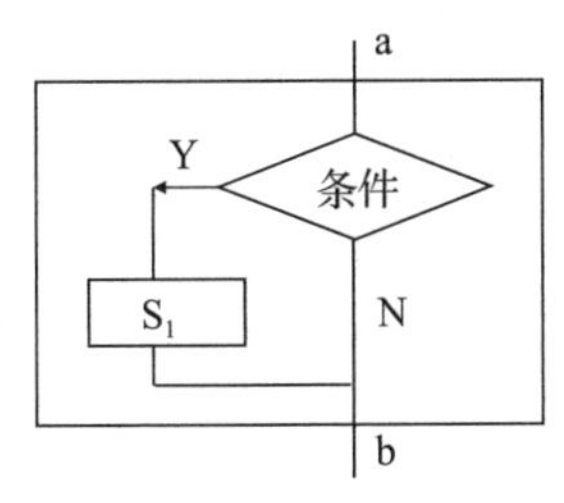

图 5-2　单选择结构

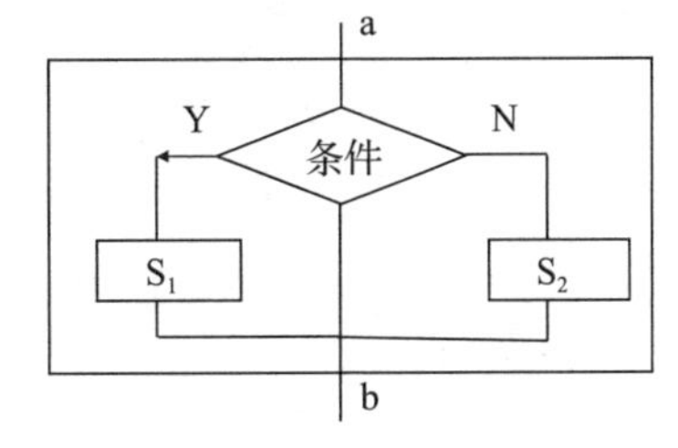

图 5-3　双选择结构

当 S_1 和 S_2 中的任意一个处理为空时，说明结构中只有一个可供选择的分支，如果条件满足执行 s1 处理，否则顺序向下到达流程出口 b 处。也就是说，当条件不满足时，什么也没执行，所以称为单选择结构，如图 5-2 所示。

多选择结构是指程序流程中遇到图 5-4 所示的 S_1，S_2，…，S_n 等多个分支，程序执行方向将根据条件确定。如果满足条件 1，则执行 S_1 处理，如果满足条件 n，则执行 S_n 处理……总之，要根据判断条件选择多个分支的其中之一执行。不论选择了哪一条分支，最后流程要到达同一个出口处。如果所有分支的条件都不满足，则直接到达出口。有些程序语言不支持多选择结构，但所有结构化程序设计语言都是支持的，C 语言是面向过程的结构化程序设计语言，它可以非常简便地实现这一功能。

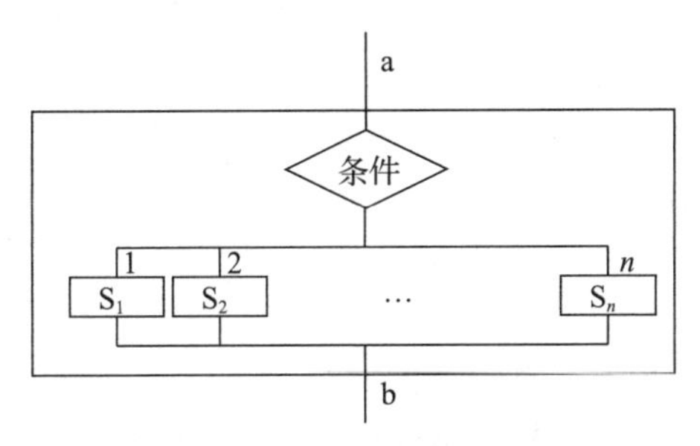

图 5-4　多选择结构

5.3.3　循环结构

循环结构表示程序反复执行某个或某些操作，直到某条件为假（或为真）时才终止循环。在循环结构中，最重要的是确定什么情况下执行循环，以及哪些操作需要循环执行。循环结构的基本形式有两种：当型循环和直到型循环，其流程如图 5-5 所示。图中虚线框内的操作称为循环体，是指循环入口点 a 和循环出口点 b 之间的处理步骤，这就是需要循环执行的部分。而什么情况下执行循环则要根据条件判断。

1）“当型”循环结构表示先判断条件，当满足给定的条件时执行循环体，并且在循环终端处流程自动返回到循环入口；如果条件不满足，则退出循环体直接到达流程出口处。因为是“当条件满足时执行循环”，即先判断后执行，所以称为“当型”循环。其流程如图 5-5a 所示。

2）“直到型”循环结构表示从结构入口处直接执行循环体，在循环终端处判断条件，如果条件不满足，返回入口处继续执行循环体，直到条件为真时再退出循环到达流程出口处，是先执行后判断。因为是“直到条件为真时为止”，所以称为“直到型”循环。其流程如图 5-5b 所示。同样，循环型结构也只有一个入口点 a 和一个出口点 b，循环终止是指流程执行到了循环的出口点。图中所表示的 a 处理可以是一个或多个操作，也可以是一个完整的结构或一个过程。

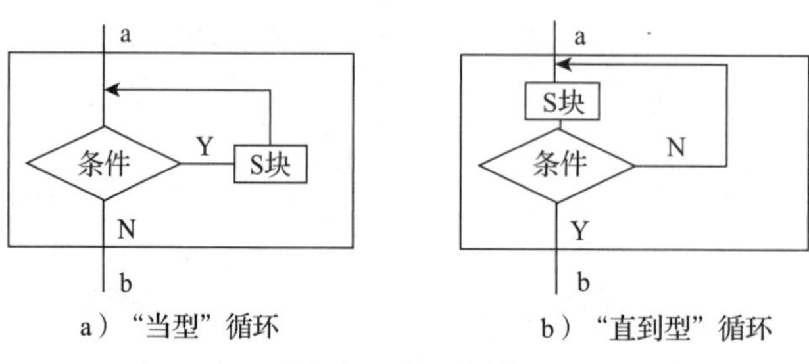

a）“当型”循环　　b）“直到型”循环

图 5-5　循环结构

通过上述三种基本控制结构可以看到，结构化程序中的任意基本结构都具有唯一入口和唯一出口，并且程序不会出现死循环。

5.4　if 分支语句

到目前为止，本书所介绍的程序都是从第一条语句开始，一步一步地顺序执行到最后一条语句。但在实际情况中，往往会碰到在一定的条件下要完成某些操作，而在另一个条件下要完成另一些操作，这时就需要用到条件语句，即 `if` 语句。

`if` 语句用来判断所给定的条件是否满足，然后根据判定的结果（真或假）决定执行给出的哪一部分操作。

C 语言提供了三种形式的 `if` 语句：

5.4.1　第一种 if 语句形式

```
if (<表达式>)
    <语句>
```

当表达式的值为真时，执行语句。执行流程如图 5-6 所示。

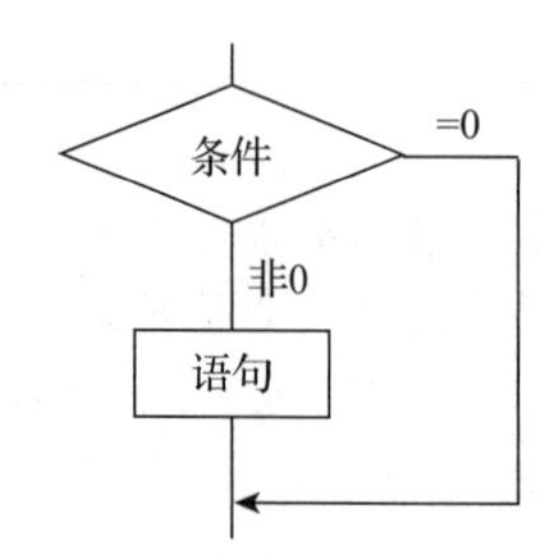

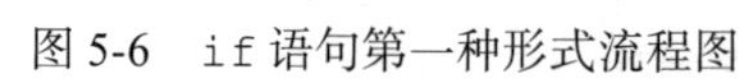
图 5-6　if 语句第一种形式流程图

例如，

```
if (x > y)  printf("%d", x);
```

若 x > y，则执行 printf 语句；否则，就执行下一语句。

例 5-1　输入一个整数，利用 if 语句编写取该数绝对值的程序并输出其绝对值。

```
#include<stdio.h>
int main()
{
    int a;
    scanf("%d",&a);
    if(a<0)
    a=-a;
    printf("%d",a);
    return 0;
}
```

该程序运用 if 语句进行了取绝对值的操作，如果输入数据小于 0，则对其取相反数，最后得到其绝对值。该运算与头文件 <math.h> 中所包含的函数 abs() 的功能类似。

第 21 讲

5.4.2　第二种 if 语句形式

```
if (<表达式>)
   <语句 1>
else
   <语句 2>
```

当表达式的值为真时，执行语句 1；否则，执行语句 2。其流程如图 5-7 所示。

例如，

```
if (x > y)
    printf("%d", x);
else
    printf("%d", y);
```

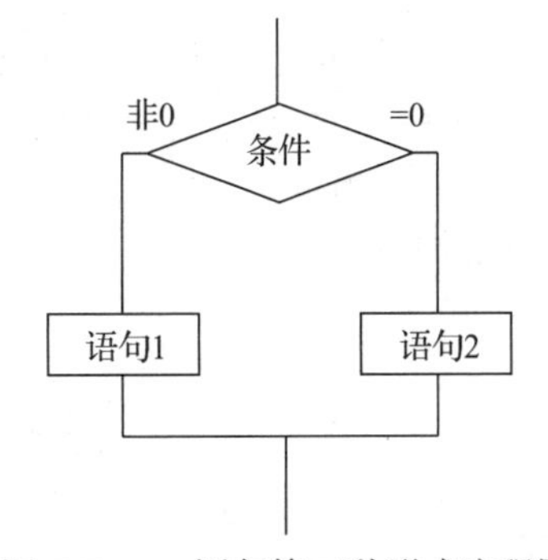

图 5-7　if 语句第二种形式流程图

当 x > y 时，显示 x 的值；否则，显示 y 的值。

例 5-2　已知三角形的三条边，求三角形的面积。用键盘输入三条边的值，输出该三角形的面积。

分析：根据三角形的三条边来求面积可用海伦公式，已知三角形的三条边分别是 a、b 和 c，令 s=(a+b+c)/2，则三角形的面积为：$\text{area}=\sqrt{s(s-a)(s-b)(s-c)}$，这个公式称为海伦公式。根据这个公式容易写出求解程序。

```
#include <stdio.h>
#include <math.h>
int main()
{
    float a,b,c,s,area;
    scanf("%f%f%f",&a,&b,&c);
```

```
    if(a+b>c&&b+c>a&&a+c>b)
    {
        s=(a+b+c)/2;
        area=sqrt(s*(s-a)*(s-b)*(s-c));
        printf("%f\n",area);
    }
    else
        printf("输入的三条边不能构成三角形\n");
    return 0;
}
```

在该函数中用到了求平方根函数 sqrt()，该函数在 math.h 头文件中定义，因此需要将 math.h 头文件包含到程序中。运行程序时，若输入 3.0 4.0 5.0，则输出 6.000000。

5.4.3　第三种 if 语句形式

```
if (<表达式1>)
    <语句1>
else if (<表达式2>)
    <语句2>
else if (<表达式3>)
    <语句3>
...
else  if (<表达式m>)
    <语句m>
else
    <语句m+1>
```

如果表达式 1 成立，则执行语句 1，否则判断表达式 2 是否成立；如果表达式 2 成立，则执行语句 2，若表达式 2 也不成立，则判断表达式 3 是否成立；如果表达式 3 成立，则执行语句 3，以此类推。如果所有 if 后面的表达式都不成立，则执行语句 m+1。其流程图如图 5-8 所示。

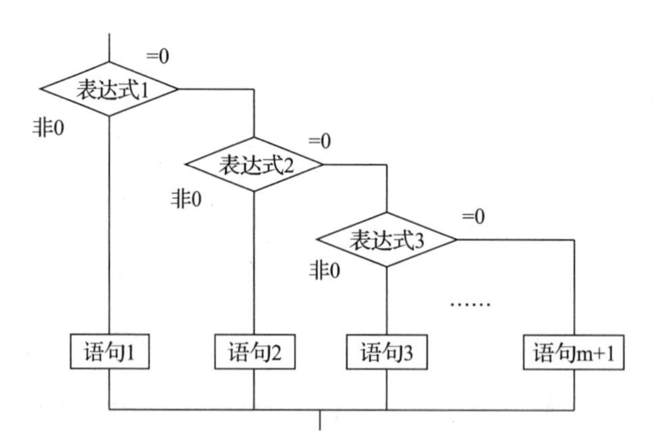

图 5-8　if 语句第三种形式的流程图

例如，

```
if        (number > 500)                 cost = 0.15;
else if   (number > 300)                 cost = 0.10;
else if   (number > 100)                 cost = 0.075;
else if   (number > 50)                  cost = 0.05;
else                                     cost = 0;
```

说明：

1）三种形式的 if 语句中，在 if 后面都有“(< 表达式 >)”，一般为逻辑表达式或关系表达式，但也可以是算术表达式和赋值表达式等。例如，

```
if(a == b && x == y)  printf("a=b,x=y");
```

系统对表达式的值进行判断，若为 0，按“假”处理，若为非 0，按“真”处理，执行指定的语句。例如，

```
if(3)  printf("OK");
```

这是合法的，执行输出结果“OK”，因为表达式的值为 3，按“真”处理。由此可见，表达式的类型不限于逻辑表达式，可以是任意的数值类型（包括整型，实型，字符型）。例如，下面的 if 语句：

```
if('a')  printf("%d", 'a');
```

也是合法的，执行结果：输出 'a' 的 ASCII 码 97。

2）第二、三种形式的 if 语句中，在每个 else 前面都有一个分号，整个语句结束处有一个分号。例如，

```
if(x > 0)
    printf("%f", x);   }
else                   } 各有一个分号
    printf("%f", -x);  }
```

这是由于分号是 C 语句中不可缺少的部分，它是 if 语句中的内嵌语句所要求的。如果无此分号，则出现语法错误。但应注意，不要误认为上面是两个语句（if 语句和 else 语句）。它们都属于同一个 if 语句，else 子句不能作为语句单独使用，它必须是 if 语句的一部分，与 if 语句配对使用。

3）在 if 和 else 后面可以只含一个内嵌的操作语句（如上例），也可以含有多个操作语句，此时用花括号“{ }”将几个语句括起来成为一个复合语句。例如，

```
if (a + b > c && b + c > a && c + a > b)
{
    s = 0.5 * (a + b + c);
    area = sqrt(s * (s - a) * (s - b) * (s - c));
    printf("Area=%6.2f", area);
}
else
    printf("It is not a trilateral");
```

注意：在 { } 外面不需要再加分号。因为 { } 内是一个完整的复合语句，无须外加分号。

例 5-3　输入一个整数，判断其是否为 7、11 的倍数。

```
#include<stdio.h>
int main()
{
    int a;
    scanf("%d",&a);
    if(a%7==0&&a%11==0)
```

```
        printf("a 既为 7 的倍数，又是 11 的倍数。\n");
    else if(a%7==0)
        printf("a 为 7 的倍数。\n");
    else if(a%11==0)
        printf("a 为 11 的倍数。\n");
    else
        printf("a 不是 7 的倍数，也不是 11 的倍数。\n");
    return 0;
}
```

5.4.4 if 语句的嵌套

第 22 讲

从 if 语句的格式可以看出，当条件成立或不成立时将执行某一语句，而该语句本身也可以是一个 if 语句。在 if 语句中又包含一个或多个 if 语句的现象称为 if 语句的嵌套。事实上，前面介绍的 if 语句的第三种形式就是 if 语句的嵌套，由于比较常用，把它单独列出来。但嵌套不仅仅限于此，例如，

```
if(条件 1)
    if(条件 2) 语句 1 }
    else       语句 2 }
else                      /* 内嵌 if  */
    if(条件 3) 语句 3 }
    else       语句 4 }
```

由于 if 语句中的 else 部分是可选的，因此应当注意 if 与 else 的配对关系。从最内层开始，else 总是与它上面最近的（未曾配对的）if 配对。例如，

```
if(条件 1)
    if(条件 2) 语句 1
else
    if(条件 3) 语句 2
    else       语句 3
```

编程序者把 else 写在第一个 if（外层 if）同一列上，希望 else 与第一个 if 对应，但实际上这个 else 是与第二个 if 配对，因为它们相距最近。上述语句等价于：

```
if(条件 1)
{
    if(条件 2)     语句 1
    else
    {
        if(条件 3) 语句 2
        else       语句 3
    }
}
```

因此最好使内嵌的 if 语句也包含 else 部分，这样 if 的数目和 else 的数目相同，从内层到外层一一对应，不易出错。

如果 if 与 else 的数目不一样，为实现程序设计者的设想，可以加花括号来确定配对关系。例如，

```
if(条件 1)
```

```
{
    if(条件2) 语句1
}
else
    语句2
```

这时，{ } 限定了内嵌 if 语句的范围，因此 else 与第一个 if 配对。

例 5-4　利用 if 语句的嵌套改写例 5-3。

```
#include<stdio.h>
int main()
{
    int a;
    scanf("%d",&a);
    if(a%7==0)
    {
        if(a%11==0)
            printf("a 既为 7 的倍数，又是 11 的倍数。\n");
        else
            printf("a 为 7 的倍数。\n");
    }
    else
    {
        if(a%11==0)
            printf("a 为 11 的倍数。\n");
        else
            printf("a 不是 7 的倍数，也不是 11 的倍数。\n");
    }
    return 0;
}
```

该程序是在双分支 if 语句的 if 分支和 else 分支中各嵌套了一个双分支 if 语句，利用第一个 if 语句判断输入的整数是否为 7 的倍数，如果是，则在内嵌的双分支 if 语句中判断两种情况（既为 7 的倍数，又为 11 的倍数；仅为 7 的倍数）；如果不是，则执行与第一个 if 相匹配的 else 分支，判断另外两种情况（仅为 11 的倍数；既不是 7 的倍数，也不是 11 的倍数）。

5.4.5　程序举例

第 22 讲

例 5-5　区间平移，输入一个整数，如果该整数位于区间 [5, 15] 内，将其按顺序移动到区间 [22, 32]。如果该整数位于区间 [51, 58] 内，将其按顺序移动到区间 [61, 68]。如果输入的整数不在要求的区间内，输出“输入的整数不在要求的区间内”。

程序如下：

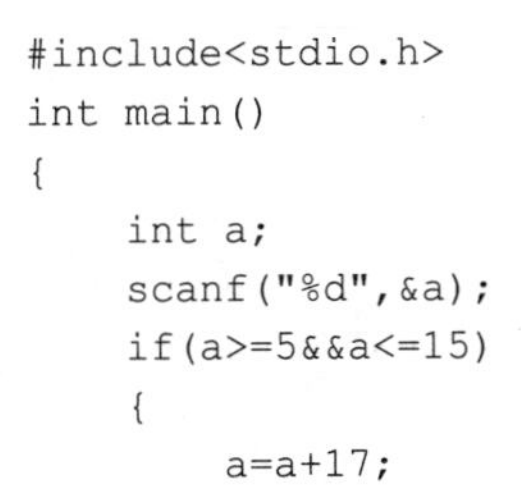

```
#include<stdio.h>
int main()
{
    int a;
    scanf("%d",&a);
    if(a>=5&&a<=15)
    {
        a=a+17;
```

```
        printf("%d\n",a);
    }
    else if(a>=51&&a<=58)
    {
        a=a+10;
        printf("%d\n",a);
    }
    else
        printf(" 输入的整数不在要求的区间内。\n");
    return 0;
}
```

该程序处理了两个不冲突区间的等长度平移，其平移距离分别为 22 - 5 = 17 与 61 - 51 = 10，经过 if 语句判断其是否在区间内，然后加上对应的平移距离，得到结果区间。如果该整数不在上述两个区间内，则在最后的 else 之后输出错误提示。

5.5 switch 分支语句

第 23 讲

if 语句只有两个分支可供选择，而实际问题中常常会用到多分支的选择。例如，学生成绩分类（90 分以上为 A 等，80～89 分为 B 等，70～79 分为 C 等）；人口统计分类（按年龄分为老、中、青、少、儿童）；工资统计分类；银行存款分类等。当然，这些都可以用嵌套的 if 语句来处理，但分支越多，则嵌套的 if 语句层数越多，这样会使程序冗长而且可读性降低。为此，C 语言提供 switch 语句，可供用户直接处理多分支选择，其一般形式为：

```
switch (<表达式>)
{
    case  <常量表达式 1>:   <语句 1>
    case  <常量表达式 2>:   <语句 2>
    ...
    case  <常量表达式 n>:   <语句 n>
    [default:               <语句 n+1>]   //[] 中的内容表示可选内容
}
```

例如，根据学生成绩打印学生成绩等级。等级划分方法为：90 分以上为优秀，80～89 分为良好，70～79 分为中等，60～69 分为及格，60 分以下为不及格。程序如下：

```
if (score < 60 && score > 0)   //score 和 grade 都是整型变量
{
    grade = 5;
}
else
{
    grade = score / 10;
}
switch(grade)
{
    case 9: printf(" 优秀 \n");
    case 8: printf(" 良好 \n");
    case 7: printf(" 中等 \n");
    case 6: printf(" 及格 \n");
```

```
    case 5: printf(" 不及格 \n");
    default: printf(" 错误 \n");
}
```

说明：

1）switch 后面括号内的表达式和 case 后的常量表达式，可以是整型表达式或字符型表达式。

2）每一个 case 的常量表达式的值必须互不相同，否则就会出现相互矛盾的现象（即对表达式的同一个值有两种或多种执行方案）。

3）default 是可选的。当所有 case 中常量表达式的值都与表达式的值不匹配时，如果 switch 中有 default，就执行 default 后面的语句。如无 default，则一条语句也不执行。

4）在执行 switch 语句时，用 switch 后面括号内的表达式的值依次与各个 case 后面常量表达式的值比较，当表达式的值与某个 case 后面常量表达式的值相等时，就从这个 case 后面的语句开始执行，不再进行比较，这称为 switch 语句的贯穿特性。如上述例子中，如果 score 的值等于 85，则将连续输出：

```
良好
中等
及格
不及格
错误
```

这与大多数实际应用要求不相符合，为了解决这种问题，可以在执行完一个 case 后面的语句后，使它不再执行其他 case 后面的语句，跳出 switch 语句，即终止 switch 语句的执行。采用的方法是：在恰当的位置增加 break 语句。break 语句的作用就是跳出 switch 语句。将上面的 switch 语句改写为：

```
switch(grade)
{
    case 9: printf(" 优秀 \n"); break;
    case 8: printf(" 良好 \n"); break;
    case 7: printf(" 中等 \n"); break;
    case 6: printf(" 及格 \n"); break;
    case 5: printf(" 不及格 \n"); break;
    default: printf(" 错误 \n"); break;
}
```

最后一个分支（default）可以不加 break 语句。修改后，如果 score 的值等于 85，则只输出“良好”。

5）多个 case 可以共用一组执行语句。还是上面的例子，最初的程序段可以去掉最开始的 if...else... 语句，而改成如下程序：

```
grade = score / 10;
switch(grade)
{
    case 9: printf(" 优秀 \n");
        break;
    case 8: printf(" 良好 \n");
```

```
        break;
    case 7: printf("中等\n");
        break;
    case 6: printf("及格\n");
        break;
    case 5:
    case 4:
    case 3:
    case 2:
    case 1:
    case 0:
        printf("不及格\n");
        break;
    default: printf("错误\n");
}
```

即 grade 的值为 5、4、3、2、1、0 都是执行同一组语句，也即代表所有这些 case 都对应的是 score 小于 60 的情况。

例 5-6　某零食店批发零食，达到不同的额度将会给予顾客不同的折扣，总价达到 50 块及以上打 9 折、150 块及以上打 8 折、300 块及以上打 7 折、400 块及以上打 6 折、500 块及以上打 5 折。据此编写程序，输入总价后得出最终价格。（注意，总价取整数，最终价格取小数点后 2 位。）

程序如下：

```
#include<stdio.h>
int main()
{
    int a,b,d;
    float p;
    scanf("%d",&a);
    b=a/50;
    switch(b)
    {
        case 0:d=10;break;
        case 1:
        case 2:d=9;break;
        case 3:
        case 4:
        case 5:d=8;break;
        case 6:
        case 7:d=7;break;
        case 8:
        case 9:d=6;break;
        case 10:d=5;break;
    }
    if(a>500)
        d=5;
    p=(float)a*(float)d/10;
    printf("%.2f\n",p);
    return 0;
}
```

switch 语句相对比较容易理解，唯一要注意的就是对于单个区间，如 50～149 这个打 9 折的区间，由于 case 语句后为空语句时，将执行之后的语句直到 break 语句出现，因此打 9 折的语句不应该写在 50 对应的第一（50/50=1）档，而是区间末尾 149 对应的第二（149/50=2）档。同理，第三档将会执行第五档的 d=8 的折扣计算。

5.6　while 循环语句

while 语句用来实现“当型”循环结构。其一般形式如下：

```
while(<表达式>)
    <语句>
```

其中“表达式”为循环控制表达式，当“表达式”的值为非 0 值时，执行 while 语句中的内嵌套语句。其流程图见图 5-9。其执行特点是：先计算“表达式”的值，若为 0，则不进入循环执行语句；若为非 0，则执行“语句”，然后再计算“表达式”的值，重复上述过程。其中“表达式”必须加括号，“语句”是循环体，即程序中被反复执行的部分，可以是一条语句，也可以是用花括号括起来的复合语句。

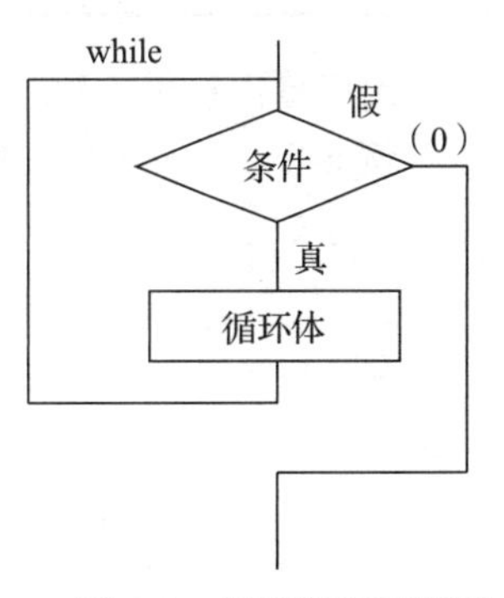

图 5-9　当型循环流程图

例 5-7　输入正整数 n，计算 n+(n-1)+(n-2)+…+2+1。

程序 1：

```
#include<stdio.h>
int main()
{
    int n,sum=0;
    scanf("%d",&n);
    while(n>0)
    {
        sum+=n;
        n--;
    }
    printf("%d",sum);
    return 0;
}
```

程序 2：

```
#include<stdio.h>
int main()
{
    int n,sum=0;
    scanf("%d",&n);
    n++;
    while(n-->0)
        sum+=n;
    printf("%d",sum);
    return 0;
}
```

上述两个程序的差异是 while 循环条件不同，如果使用（n>0）作为条件，则在循环体中一定要对 n 递减，否则 while 将会无限循环。如果以（n-->0）作为条件，要注意第一次开始时，若输入 5，那么第一次循环会先将 n-- 变为 4 进行计算，所以需要先 n++，使循环从第一个加数 5 开始累加。下面给出的是程序 1 中输入 5 时的 while 循环执行过程。

n	n>0 逻辑值	循环是否执行	循环前 sum 的数值	循环后 sum 的数值
5	1	是	0	5
4	1	是	5	9
3	1	是	9	12
2	1	是	12	14
1	1	是	14	15
0	0	否	15	15

最终输出结果：15

例 5-8 输入一个正整数，将其逆序输出，先得到其逆序对应的整数，然后再输出。

程序如下：

```
#include<stdio.h>
int main()
{
    int n,d=0;
    scanf("%d",&n);
    while(n>0)
    {
        d=d*10+n%10;
        n=n/10;
    }
    printf("%d\n",d);
    return 0;
}
```

若输入：1234，则输出：4321。

5.7 do…while 循环语句

“直到型”循环语句的一般形式为：

```
do      <语句>
while (<表达式>);
```

该语句的功能是：先执行一次 do 后面内嵌的“语句”，然后判断“表达式”，当“表达式”的值为非 0（“真”）时，返回重新执行该“语句”，如此反复，直到“表达式”的值等于 0 时结束循环。其流程图如图 5-10 所示。

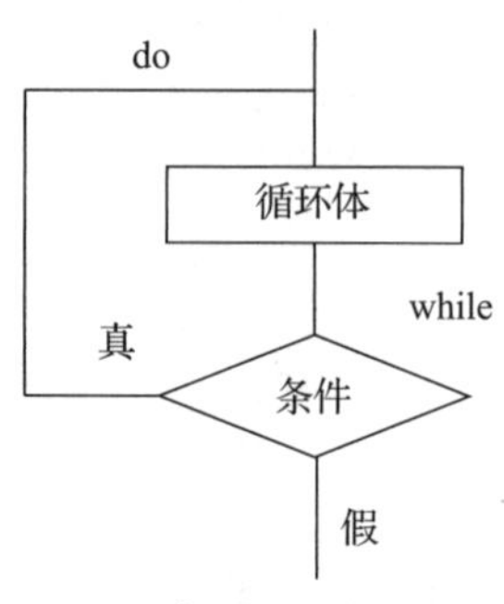

图 5-10 “直到型”循环流程图

例 5-9 利用 do…while 语句，输入正整数 n，计算 n+(n-1)+(n-2)+…+2+1。

程序如下：

```
#include<stdio.h>
int main()
```

```
{
    int n,sum=0;
    scanf("%d",&n);
    do
    {
        sum+=n;
    }while(n-->0);
    printf("%d",sum);
    return 0;
}
```

例 5-10　输入一个正整数，利用 do…while 循环，找出比该数大的最小阶乘 n！所对应的 n。

程序如下：

```
#include<stdio.h>
int main()
{
    int a,n=1,p=1;
    scanf("%d",&a);
    do
    {
        n++;
        p=p*n;
    }while(p<=a);
    printf("%d",n);
    return 0;
}
```

在上述程序中，p 表示 n 的阶乘值，do…while 的循环条件为 (p<=a)，只要 p 还未达到大于 a 的条件，循环就不会结束。但如果输入一个未在范围内的整数 0 时，就可以看出问题，也就是 while 循环与 do…while 循环的差别。请看下一例题。

例 5-11　while 循环与 do…while 循环的比较。用 while 循环和 do…while 循环分别编写例 5-10 所求程序。

（1）while 循环。

```
#include<stdio.h>
int main()
{
    int a,n=1,p=1;
    scanf("%d",&a);
    while(p<=a)
    {
        n++;
        p=p*n;
    }
    printf("%d",n);
    return 0;
}
```

（2）do…while 循环。

```
#include<stdio.h>
int main()
```

```
{
    int a,n=1,p=1;
    scanf("%d",&a);
    do
    {
        n++;
        p=p*n;
    }while(p<=a);
    printf("%d",n);
    return 0;
}
```

当输入正整数时，两程序输出结果完全相同。但当输入整数 0 时，两个程序输出的结果却不同：while 循环程序将会输出 1，而 do…while 循环程序将会输出 2。按照题目要求，while 循环所对应程序才能满足条件“找出比该数大的最小阶乘 n！所对应的 n。”出现这样差别的原因在于二者的运行机制不同：do…while 语句与 while 的语句的最大区别是第一次循环的执行，do…while 语句会先执行一次循环体，然后再判断是否再次执行，而 while 语句需要先判断是否满足循环条件，再决定是否执行循环体语句。对于本例，while 循环会先判断循环条件是否满足，在 p 与 n 的初始值都为 1 的情况下，输入 0 时，判断条件“ p<=a”为“假”，而 do…while 循环程序仍会先执行一次循环过程，使 n 和 p 的值增加。故如需将输入数范围包含 0，即输入整数为非负整数，则要将 do…while 循环程序更改为：

```
#include<stdio.h>
int main()
{
    int a,n=0,p=1;
    scanf("%d",&a);
    do
    {
        n++;
        p=p*n;
    }while(p<=a);
    printf("%d",n);
    return 0;
}
```

即将 n 初始值变更为 0。由此可见，while 与 do…while 循环程序由于其各自的逻辑不同，对于相同的问题可能需要不同的变量初始值以及不同的运算过程，从而实现题目的要求。

5.8 for 循环语句

“步长型”循环结构的一般形式为：

```
for(<表达式1>; <表达式2>;<表达式3>)
    <语句>;
```

for 语句的循环控制部分的三个成分都是表达式，三个部分之间都用“；”隔开。for 语句允许它们出现各种变化形式。其执行过程如下：

第 24 讲

1）先求解表达式 1。

2）再求解表达式 2，若其值为真（非 0），则执行 for 语句指定的内嵌语句（循环体），然后执行下面第 3 步。若表达式 2 为假（0），则转到第 5 步。

3）求解表达式 3。

4）转向上面第 2 步继续执行。

5）结束循环，执行 for 语句后面的一个语句。

其流程图如图 5-11 所示。

从上述执行过程中可以看到：

1）表达式 1 完成初始化工作，它一般是赋值语句，用来建立循环控制变量和赋初值。

2）表达式 2 是一个关系表达式，它表示一种循环控制条件，决定什么时候退出循环。

3）表达式 3 定义了循环控制变量每次循环时是如何变化的。

for 语句最简单的应用形式为：

```
for(循环变量赋值；循环条件；循环变量增值)
    循环体
```

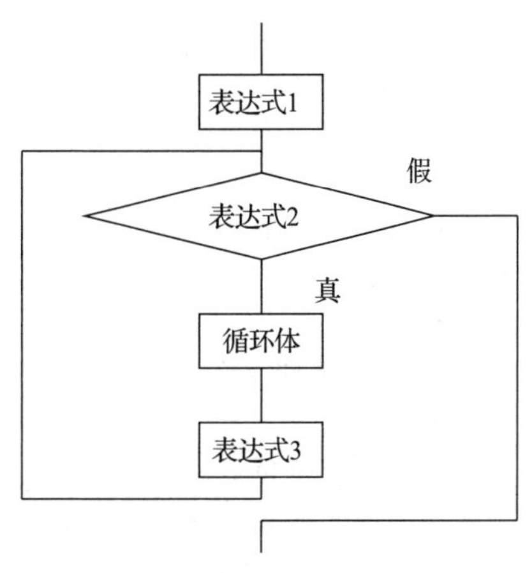

图 5-11　“步长型”for 循环流程图

其中，表达式 1 用来给循环变量赋初值。表达式 2 是循环的控制条件，满足条件，即表达式 2 的值为真（非 0）时，执行循环体；当表达式 2 的值为假（0）时，结束循环，执行 for 后面的一条语句。表达式 3 是在执行了循环体后，给循环变量增值，即增加一个步长，然后再去判断表达式 2 的值。有了循环变量的步长变化，才会改变循环变量的值，也才能确保循环变量在经过若干次循环后，使得表达式 2 的值不再为真，循环结束。表达式 3 的应用，使得循环变量会通过步长发生变化，而不需要像 while 语句和 do…while 语句那样，必须在循环体内有改变循环变量的语句。这种结构使循环的控制更简洁，所以把 for 语句称为“步长型”循环语句。

例 5-12　输入正整数 n，利用 for 循环语句，计算 n+(n-1)+(n-2)+…+2+1。

程序如下：

```
#include<stdio.h>
int main()
{
    int n,i,sum=0;
    scanf("%d",&n);
    for(i=n;i>0;i--)
        sum+=i;
    printf("%d\n",sum);
    return 0;
}
```

下面介绍 for 语句简单应用形式的几种方式。

（1）步长为正值。在步长为正值时，要求循环变量的初值小于控制表达式的终值，通过循环变量的递增，最终结束循环。

例 5-13　步长为正值，计算 1～10 中所有奇数之和。

```
#include <stdio.h>
```

```
int main()
{
    int i, sum = 0;
    for(i = 1; i <= 10; i = i + 2)
    {
        sum = sum + i;
    }
    printf("sum=%d\n", sum);
    return 0;
}
```

运行结果如下：

```
sum=25
```

该程序循环 5 次，实现 1+3+5+7+9，当执行第 6 次时，i 的值等于 11，而 11>10，故结束循环。

（2）步长为负值。在步长为负值时，要求循环变量的初值大于控制表达式中的终值，通过循环变量的递减最终结束循环。

例 5-14　步长为负值，计算 1～10 中所有奇数之和。

```
#include <stdio.h>
int main()
{
    int i, sum = 0;
    for(i = 10; i >= 1; i--)
        if(i%2)
            sum += i;
    printf("sum=%d\n", sum);
    return 0;
}
```

运行结果如下：

```
sum=25
```

该题循环的初值 i 为 10，每经过一次循环，i 的值就减 1，循环体内先判断当前整数 i 是否为奇数，若是奇数则将其累加到变量 sum 中。

（3）步长为 0。例 5-15 是步长为 0 的情况。

例 5-15　步长为 0 的情况。

```
#include <stdio.h>
int main()
{
    int i, sum = 0;
    for(i = 1; i <= 10;)
        printf("%d ", i);
    return 0;
}
```

运行结果如下：

```
1␣1␣1␣1␣1␣1␣1␣1␣1␣1 …
```

在上述程序中，由于 for 语句省略了表达式 3，程序中缺少改变循环控制变量值的语句，于是 i 始终为 1，不超过终值 10，程序将一直循环下去，重复输出 1，产生死循环，因此必须强行中断程序的执行。为了解决该问题，必修修改程序，然后再运行。

循环程序可以按条件执行若干次，也可能出现“死循环”，也可以是循环体一次也不执行。

例 5-16　循环体一次也不执行的例子。

```
#include<stdio.h>
int main()
{
    int a,i,sum=0;
    scanf("%d",&a);
    for(i=1;i>a;i++)
       sum+=i;
    printf("%d",sum);
    return 0;
}
```

若向变量 a 中输入一个大于 1 的整数，由于 i 的初值为 1，此时 i 不可能满足“ i>a”的条件，故循环体一次都不执行，最终输出 sum 为初始值，即输出 0。

事实上，for 语句中的三个表达式可以出现各种变化形式，还可以省略，它的使用十分灵活，现说明如下：

1）表达式 1 可以是设置循环变量初值的赋值表达式，也可以是和循环变量无关的其他表达式。例如，

```
i = 1;
for(sum = 0; i <= 10; i++)
    sum = sum + i;
```

其中，表达式 1 是与循环变量 i 无关的表达式，而将赋 i 初值的语句“ i = 1;”放到了循环的前面，也可以写为：

```
for(i = 1, sum = 0; i <= 10; i++)
    sum = sum + i;
```

此时表达式 1 是个逗号表达式，是由循环变量 i 赋初值的表达式和累加和变量（sum）赋初值的表达式组成的“ i = 1, sum = 0;”逗号表达式。

表达式 1 也可以省略，但其后的分号不能省略。例如，

```
for(; i <= 10; i++)
    sum = sum + i;
```

执行时，跳过“求表达式 1”这一步，其他不变。

2）表达式 2 一般是关系表达式或逻辑表达式，但也可以是其他类型的表达式，只要其值为非 0，就执行循环体。例如，

```
for(i = 0; (c = getchar()) != '\n'; i += c)
    printf("%d", i);
```

在表达式 2 中，先从终端接收一个字符 c，然后判断 c 的值是否等于 '\n'，如果不等于 '\n'，就执行循环体，输出 i 的值，该段程序的作用是不断输入字符，将它们的 ASCII

码相加并输出，直到输入一个换行符为止。

表达式 2 也可以省略，此时不进行循环条件的判断，循环将无终止地进行下去（死循环），即认为表达式 2 的值恒为真。例如，

```
for(i = 1;;i++)
    sum = sum + i;
```

相当于：

```
i = 1;
while(1)
{
    sum = sum + i;
    i++;
}
```

此时将产生死循环，可以在循环体内加 break 语句（见 5.9 节）来终止循环，并控制程序流向。

3）表达式 3 也可以省略，但此时程序设计者应另外设法保证循环能正常结束。例如，

```
for(sum = 0, i = 0; i <= 10;)
{
    sum = sum + i;
    i++;
}
```

在上述代码中，没有将“i++;”放在 for 语句的表达式 3 的位置处，而作为循环体的一部分，效果是一样的，可以使循环正常结束。

4）可以省略表达式 1 和表达式 3，只保留表达式 2。例如，

```
for(; i <= 10;)
{
    sum = sum + i;
    i++;
}
```

相当于：

```
while(i <= 10)
{
    sum = sum + i;
    i++;
}
```

5）使用逗号表达式，可以用两个或两个以上的变量共同实现对循环的控制。例如，

```
for(i = 1, j = 1; i <= 10 || j <= 10; i++)
{
    sum = sum + i + j;
    j++;
}
```

又如，

```
for(i = 1; i <= 100; i++, i++) sum = sum + i;
```

相当于：

```
for(i = 1; i <= 100; i = i + 2) sum = sum + i;
```

6）三个表达式均省略，例如，

```
for(;;)
```

相当于：

```
while(1)
```

此时也会产生死循环。

7）若 for 语句的循环体是空语句，则成为空循环体 for 语句，利用它可以实现某些特殊功能，比如产生时间延迟等。例如，

```
for(t = 0; t < value; t++);
```

5.9　break 语句和 continue 语句

在循环结构中，无论采用 while 语句、do…while 语句，还是 for 语句，都有循环条件的控制，当循环条件为非 0 值时，继续循环，当循环条件为 0 值时，结束循环。通常把这种正常结束循环的情况称为循环的正常出口。但是，在循环中还有一种情况，就是循环条件仍为非 0 值，但当满足另一条件时，将结束循环，一般地，这种条件往往写在一个 if 语句中。通常把这种非正常结束循环的方法称为循环的非正常出口。C 语言中用 break 语句来实现这一功能。

5.9.1　break 语句

第 25 讲

break 语句的一般形式为：

```
break;
```

在 switch 结构中，可以用 break 语句使流程跳出 switch 结构，继续执行 switch 下面的一条语句。使用 break 语句，还可以使流程从循环体内跳出，即提前结束循环，接着执行循环下面的语句。

例 5-17　利用 break 语句找出 1 到 5000 之间第二个既能被 5 整除，又能被 11 整除，且被 14 除余 1 的整数。

程序如下：

```
#include<stdio.h>
int main()
{
    int flag=0,i;
    for(i=1;i<=5000;i++)
    {
        if(i%5==0&&i%11==0&&i%14==1&&flag==0)
            flag=1;
        else if(i%5==0&&i%11==0&&i%14==1&&flag==1)
            break;
    }
    printf("%d\n",i);
    return 0;
}
```

对于求余数的三个条件即可得到如下三个判断语句 i%5==0、i%11==0、i%14==1，然后利用逻辑与运算，即“&&”将三者相连即可。对于题目当中的“第二个”条件，可以引入一个标识 flag 进行判断。标识是一个十分重要的工具，它可以用来判断一个条件是否已经达成。

该题的顺序就是，当某个数（即数 715）第一次达成了条件：(i%5==0&&i%11==0&&i%14==1&&flag==0) 时，标识 flag 从 0 变为 1。然后第二次遇到符合条件的数（1485）时，利用 break 语句终止循环，最后输出结果。

该程序具体运行顺序如下：

循环次数		flag
1	1	0
2	2	0
……	……	……
714	714	0
715	715	1
……	……	……
1484	1484	1
1485	1485	符合条件，break 终止循环

最后不需要循环 5000 次，在得到所求数之后，就跳出了循环，输出结果：1485。

例 5-18　将下列 for 循环写成一个循环体为空的 for 语句。

```
for(i = 2; i < n; i++)
    if(n % i == 0)  break;
```

据题意，该循环的结束条件有两个，一个是正常出口，即 i = n 时结束循环；另一个条件是非正常出口，即“n % i == 0”，当 n 能被 i 整除时也可以结束循环。因此，可以将这两个条件合并在一起，即“i < n && n % i != 0”，故可以将 for 语句写作：

```
for(i = 2; i < n && n % i != 0; i++);
```

5.9.2　continue 语句

第 25 讲

continue 语句的一般形式为：

```
continue;
```

该语句的作用是提前结束本次循环，即跳过循环体中 continue 语句后面的语句，接着执行表达式 3（在 for 语句中），进行下一次是否循环的判定。

continue 语句和 break 语句的区别是：continue 语句只结束本次循环，而不是终止整个循环的执行；而 break 语句则是结束循环，不再进行条件判断。故 break 语句可看成循环的非正常出口，而 continue 语句只是实现本次循环的“短路”。

例 5-19　利用 continue 语句，将 1 到 5000 之间既能被 5 整除，又能被 11 整除，且被 14 除余 1 的整数全部输出。

程序如下：

```
#include<stdio.h>
int main()
{
    int i;
    for(i=1;i<=5000;i++)
    {
        if(!(i%5==0&&i%11==0&&i%14==1))
            continue;
        printf("%d\n",i);
    }
    return 0;
}
```

同例 5-17 中的条件“(i%5==0&&i%11==0&&i%14==1)”。我们需要输出满足要求的数，对于不满足要求的数，则需要跳过 printf 语句，所以对于条件整体取非，即：“!(i%5==0&&i%11==0&&i%14==1)”，然后利用 continue 语句跳过这些不符合条件的数的循环，直接进入下一次循环，从而实现只输出符合条件的数的目的。

例 5-20　分析如下程序的输出结果。

```
#include <stdio.h>
int main()
{
    int k;
    for(k=1;k<5;k++){
        if(k%2)   printf("#");
        else   continue;
        printf("*");
    }
    return 0;
}
```

当 k=1 时，满足循环条件进入循环体，由于 k%2 结果是 1，为真，if 语句条件成立，执行输出语句，输出一个 # 号。继续往下执行时，else 语句不执行，最后顺序执行后面的输出语句，输出一个 * 号。然后返回 for 循环，执行 k++。

当 k=2 时，满足循环条件进入循环体，由于 k%2 结果是 0，为假，if 语句条件不成立，则执行与之对应的 else 语句，else 语句中是 continue 语句，即结束本次循环，跳过后面的输出语句，执行下一次循环，即返回 for 循环，执行 k++。

当 k=3 时，满足循环条件进入循环体，由于 k%2 结果是 1，为真，if 语句条件成立，执行输出语句，输出一个 # 号。继续往下执行时，else 语句不执行，最后顺序执行后面的输出语句，输出一个 * 号。然后返回 for 循环，执行 k++。

当 k=4 时，满足循环条件进入循环体，由于 k%2 结果是 0，为假，if 语句条件不成立，则执行与之对应的 else 语句，else 语句中是 continue 语句，即结束本次循环，跳过后面的输出语句，执行下一次循环，即返回 for 循环，执行 k++。

当 k=5 时，不满足循环条件，结束 for 循环。

因此该程序的输出结果是：#*#*。

5.10　多重循环的嵌套

第26讲

一个循环体内又包含另一个循环结构，称为循环的嵌套。内嵌循环中又可以再嵌循环，这就是多层循环。每种循环都可以进行嵌套，三种循环（for 循环、while 循环、do…while 循环）也可以相互嵌套。

例 5-21　利用嵌套 for 循环输出九九乘法表。

程序如下：

```
#include<stdio.h>
int main()
{
    int i,j;
    for(i=1;i<10;i++)
    {
        for(j=1;j<=i;j++)
            printf("%dx%d=%d ",j,i,i*j);
        printf("\n");
    }
    return 0;
}
```

执行该程序后，输出结果为：

```
1x1=1
1x2=2 2x2=4
1x3=3 2x3=6 3x3=9
1x4=4 2x4=8 3x4=12 4x4=16
1x5=5 2x5=10 3x5=15 4x5=20 5x5=25
1x6=6 2x6=12 3x6=18 4x6=24 5x6=30 6x6=36
1x7=7 2x7=14 3x7=21 4x7=28 5x7=35 6x7=42 7x7=49
1x8=8 2x8=16 3x8=24 4x8=32 5x8=40 6x8=48 7x8=56 8x8=64
1x9=9 2x9=18 3x9=27 4x9=36 5x9=45 6x9=54 7x9=63 8x9=72 9x9=81
```

该程序是利用嵌套二重 for 循环打印输出九九乘法表，用字母 x 代表乘号。外层 for 循环用来控制行，内层 for 循环用来控制列，第 i 行共有 i 列。要注意的是输出完当前第 i 行的值后，要换行输出下一行。

当 switch 语句与循环语句相互嵌套使用时，break 语句只对最接近它的那个循环语句或 switch 语句起作用，例如，

```
switch(ch)
{
    case 1:   sum = 0;
            for(;;)
            {
                sum++;
                if(sum > 100) break;
            }
        ...
}
```

本程序段中的 break 语句只对 for 语句起作用，对外层的 switch 语句不起作用。再如，

```
for(; sum < 100;)
{
```

```
    switch(ch)
    {
        case 1: sum++; break;
        case 2: sum += 3;
    }
    ...
}
```

本程序段中的break语句只对switch语句起作用，对外层的for语句不起作用。

多重循环的执行过程与单循环的执行过程是类似的，只要把内层循环看作外层循环体的一部分即可。

下面是多重循环的一些规定：

1）多重循环控制变量不得重名。例如，

```
for(i = 1; i <= 5; i++)
    for(i = 1; i <= 10; i++)
```

上述代码是错误的，因为内外循环的控制变量使用了同一个变量名i。

2）在循环语句和条件语句或break、continue语句联合使用时，可以从循环体内转到循环体外，但不允许从循环体外转入循环体内，如果是多重循环，则允许从内循环转到外循环，不允许从外循环转入内循环。

3）当有多重循环嵌套时，break只对最接近它的那个循环语句起作用。

5.11 程序举例

第27讲

例5-22 编程输出6位分段和平方数。可以将一个6位整数分解为前后两个3位数，由它的前三位构成第一个三位数，由它的后三位构成第二个三位数，如果这个6位数等于分解所得的前后两个三位数和的平方，则将该6位数称为6位分段和平方数，编写程序输出所有的6位分段和平方数。

分析：选择6位整数为穷举对象，假设用变量a来表示6位整数，那么变量a的范围是从100000到999999。因此可用一个for循环来穷举所有的6位整数a，循环体要做的就是判断当前的6位整数a是否为6位分段和平方数，根据6位分段和平方数的定义，需要先将6位整数a拆分成前后两个三位数，让6位整数a除以1000取整就可以得到第一个三位数，若用x表示第一个三位数，则x=a/1000，让6位整数a除以1000求余就可以得到第二个三位数，若用y表示第一个三位数，则y=a%1000，接下来只需要判断x加y的平方是否等于a，若等于，则6位整数a就是6位分段和平方数，输出它即可。当for循环结束时，就输出了所有的6位分段和平方数。

程序如下：

```
#include <stdio.h>
int main()
{
    int a,x,y;
    for(a=100000;a<=999999;a++)
    {
        x=a/1000;
        y=a%1000;
```

```
        if((x+y)*(x+y)==a)
            printf("%10d",a);
    }
    return 0;
}
```

该程序是对每一个 6 位整数都进行拆分操作，然后判断该 6 位整数是否为 6 位分段和平方数。其实没有必要对所有的 6 位整数都进行拆分操作，因为如果一个 6 位整数不是平方数（平方数指的是该数是另外一个数的平方），那么它就不可能是 6 位分段和平方数。因此只需要对 6 位平方数进行拆分判断就可以了。那么如何判断 6 位整数 a 是不是 6 位平方数呢？其实判断方法很简单，先求 6 位整数 a 的平方根，并对其强制取整，假设强制取整后的结果为 b，显然如果 a 是平方数的话，其平方根肯定为整数，强制取整后结果不变，而如果 a 不是平方数的话，其平方根肯定为小数，强制取整后结果变小了，那么要判断 a 是不是 6 位平方数就只需要判断 a 是否等于 b 乘以 b 了，如果 a 等于 b 乘以 b，则 a 是平方数，对这样的平方数 a 再进行拆分判断即可。如果 a 不等于 b 乘以 b，则 a 不是平方数，那更不可能是 6 位分段和平方数了，对于这样的 a 就无须进一步拆分判断。据此可对上述程序进行如下修改：

```
#include <stdio.h>
#include <math.h>
int main()
{
    int a,x,y,b;
    for(a=100000;a<=999999;a++)
    {
        b=(int)sqrt(a);
        if(a==b*b)
        {
            x=a/1000;
            y=a%1000;
            if(x+y==b)
                printf("%10d",a);
        }
    }
    return 0;
}
```

这个程序不用对所有的 6 位整数都进行拆分操作，而仅对 6 位平方数进行拆分判断，减小了一些计算量。但在效率上，这个程序并没有比第一个程序好多少，这两个程序的循环次数是一样的，都要循环 900000 次，为什么要循环 900000 次呢？这是因为选择了 6 位整数为穷举对象。

那么这个问题可不可以不选择 6 位整数为穷举对象呢？知道 6 位整数的平方根是 3 位数，因为 100 的平方是 10000，小于 100000，而 1000 的平方是 1000000，正好比 999999 大 1，因此 6 位整数的平方根就是一部分 3 位整数。可以选择一部分 3 位整数 b 为穷举对象，而 b 的平方正好是一个 6 位平方数，也就是说，不像原来那样穷举所有的 6 位整数，再从中选出 6 位平方数了，而是穷举一部分 3 位整数 b，b 的平方正好是一个 6 位平方数，通过求 b 的平方求出所有的 6 位平方数。显然，一部分 3 位整数的数目是较少的，这样就可以大大减少循环的次数了。

那么b的范围是怎样的呢？对于b的初值来说，它的平方应是最接近100000的数，由于100000不是平方数，因此可以先求100000的平方根，再对其强制取整，假设取整后的值为t，那么b从t+1开始就可以了，当b等于t+1时，b的平方就是大于100000的最小6位平方数。b的终值取到999就可以了，当b等于999时，b的平方就是小于999999的最大6位平方数。据此可对上述程序再次进行修改：

```
#include <stdio.h>
#include <math.h>
int main()
{
    int b,t,x,y,a;
    t=(int)sqrt(100000);
    for(b=t+1;b<=999;b++)
    {
        a=b*b;
        x=a/1000;
        y=a%1000;
        if(x+y==b)
            printf("%10d",a);
    }
    return 0;
}
```

由此可见，选择合适的穷举对象很重要，穷举对象选好了，就能大大减少循环的次数，从而提高程序的效率。

运行上述程序可得到6位分段和平方数只有两个，分别为494209和998001。关于分段和平方数还有一个非常有趣的结论，按照同样的方法可以求出4位分段和平方数，会发现9801是一个4位分段和平方数，再求8位分段和平方数时，会发现99980001是一个8位分段和平方数，再求10位分段和平方数时，会发现9999800001是一个10位分段和平方数。因此，可以推断，99……99800……001，这里有n个连续的9和n个连续的0，这个数一定是一个2n+2位的分段和平方数。请读者自行编程验证。

例5-23 输入一个整数n，编程输出n所对应的“箭形图案”。

若输入2，则输出

```
  *
 **
***
 **
  *
```

若输入5，则输出

```
     *
    **
   ***
  ****
 *****
******
 *****
  ****
```

```
***
 **
  *
```

分析：打印图形的一般步骤是：1）确定打印的行数，有几行就执行几次循环；2）每一行打印分三个步骤，一是打印若干个空格，二是打印若干个 * 号，三是换行。在每一行打印输出时，要找到每一行的行号与这一行需要打印的空格数和 * 号数的关系。

程序如下：

```
#include <stdio.h>
int main()
{
    int n,i,j;
    scanf("%d",&n);
    for(i=1;i<=n;i++)
    {
        for(j=1;j<=2*n+2-2*i;j++)
            printf(" ");
        for(j=1;j<=i;j++)
            printf("*");
        printf("\n");
    }
    for(i=1;i<=n+1;i++)
        printf("*");
    printf("\n");
    for(i=1;i<=n;i++)
    {
        for(j=1;j<=2*i;j++)
            printf(" ");
        for(j=1;j<=n+1-i;j++)
            printf("*");
        printf("\n");
    }
    return 0;
}
```

对图案的打印，程序通过二重循环来实现，用外循环来控制它的行，即外循环每循环一次，打印一行；用内循环控制它的列，即内循环每循环一次，打印某行中的一列，内循环结束后，某行就被打印出来了。整个程序分三部分打印给定的图案，第一个二重嵌套 for 循环打印输出图案的前 n 行，接下来的一个 for 循环用来打印输出第 n+1 行，后面的二重嵌套 for 循环打印输出图案的后 n 行。

例 5-24　统计最简真分数的数目。

对于一个分数而言，如果它的分子小于分母，则称这样的分数为真分数，如果一个真分数的分子与分母无大于 1 的公因子，即不存在大于等于 2 的公因子，则称这样的真分数为最简真分数。例如 2/3,3/7,5/9 等都是真分数，而 3/9,7/5 就不是最简真分数。编写程序统计分母在 [a,b] 区间的所有最简真分数的数目，a 和 b 由用户从键盘输入。

若输入：3,6，则输出：10。即分母在 [3,6] 区间的最简真分数共有 10 个，分别为 1/3,2/3,1/4,3/4,1/5,2/5,3/5,4/5,1/6,5/6。

分析：选择分子和分母为穷举对象进行穷举，假设用变量 i 表示分子，用变量 j 表示分母，那么 i 和 j 的范围是什么呢？显然分母 j 大于等于 a 小于等于 b，那么分子 i 又是什么范围呢？我们知道，最简真分数首先是真分数，必须满足分子小于分母，也就是 i 要小于 j，也就是小于等于 j-1，而 i 的初值显然是 1，因此 i 的取值范围就是大于等于 1 小于 j。确定了分子 i 和分母 j，就确定了当前的真分数 i/j。

要判断真分数 i/j 是不是最简真分数，还需判断分子 i 和分母 j 是否存在大于等于 2 的公因子。假设用 u 来表示 i 和 j 的一个可能的公因子，那么 u 又是什么范围呢？显然 i 和 j 的最小公因子可能是 2，最大公因子显然是分子 i，因此可能的公因子 u 的范围就是大于等于 2 小于等于 i 的。如果对于当前的 u，i 除以 u 的余数为 0 而且 j 除以 u 的余数也为 0，那么 u 就是 i 和 j 的公因子，而只要 i 和 j 存在一个大于等于 2 的公因子 u，则说明 i/j 就不是最简真分数。反之，如果 i 除以 u 的余数不为 0，或者 j 除以 u 的余数不为 0，则当前的 u 就不是 i 和 j 的公因子，可以继续判断下一个 u。如果对于所有的 u，都不能同时被 i 和 j 整除，则说明 i 和 j 不存在大于等于 2 的公因子，则 i/j 是最简真分数。

据此可给出求解程序如下：

```
#include <stdio.h>
int main()
{
    int a,b,n=0,i,j,u;
    scanf("%d,%d",&a,&b);
    for(j=a;j<=b;j++)
       for(i=1;i<=j-1;i++)
       {
          for(u=2;u<=i;u++)
             if(i%u==0&&j%u==0)
                break;
          if(u>i)
             n++;
       }
   printf("%d\n",n);
   return 0;
}
```

5.12　C 语言的基本编码规范

到目前为止，已经讲解完 C 语言一些基本的语法元素，读者已经能编写一些简单的程序。为了培养良好的编程风格，需要在编程初期就严格遵循一些编码规范。本节将简单讲解一些基本的程序编写规范。

5.12.1　程序书写规范

（1）程序应采用缩进风格编写。每层缩进使用一个制表位（Tab），函数应顶格书写，同一个语义层的语句对齐。

（2）源程序建议使用英文书写，尽量不含有中文。每行不超过 80 个字符。对于较长的语句（大于 80 个字符）要分成多行书写，长表达式要在低优先级操作符处划分新行，操作符放在新行之首，划分出的新行要进行适当的缩进，使排版整齐，语句可读，循环、判断等语句中若有较长的表达式或语句，则要进行合适的划分。

（3）左花括号最好另起一行，不要跟在上一行的行末。

（4）一个语句占一行。

（5）在独立的程序块之间、变量说明之后建议添加空行，基本思想类似于写作文，一个段落表示一个语义段。

（6）若函数的参数较长，则要进行适当的划分。

5.12.2　命名规范

（1）变量的命名。变量命名的基本原则是使得变量的含义能够从名字中直接理解，见名知意。可以用多个英文单词拼写而成，每个英文单词的首字母要大写，其中英文单词有缩写的可用缩写，变量的前缀表示该变量的类型。除循环变量和累加变量外，最好不要使用 i、j、k 等名称的变量。变量分为全局变量和局部变量，对于全局变量以加前缀“g_”来区分。

（2）考虑到习惯性和简洁性，对于按常规使用的局部变量允许采用极短的名字，如用 n、i 作为循环变量，p、q 作为指针等。另外，要注意的是：全局变量在程序中不要定义太多，能用局部变量的就用局部变量。

（3）常量的命名。常量所有的字母通常均用大写字母，并且单词之间使用下划线“_”隔开。

（4）函数的命名。函数名称应该尽量使用能够表达函数功能的英文名称，函数名称中最好不要使用如同 function1、function2 等含义不清的名称，名称包含多个单词时，单词首字母大写。

习题

一、选择题

5.1　判断字符型变量 ch 为大写字母的表达式是（　　）。

（A）'A'<=ch<='Z'

（B）(ch>='A')&(ch<='Z')

（C）(ch>='A')&&(ch<='Z')

（D）(ch>='A')AND(ch<='Z')

5.2　分析以下程序：

```
int main()
{
    int  x=5,a=0,b=0;
    if(x=a+b)     printf("** **\n");
    else          printf("## ##\n");
    return 0;
}
```

以上程序（　　）。

（A）有语法错，不能通过编译　　（B）通过编译，但不能连接

（C）输出 ** **　　（D）输出 ## ##

5.3　将下面的程序两次运行，如果从键盘上分别输入 6 和 4，则输出结果是（　　）。

```
int main()
{
    int x;
    scanf("%d",&x);
    if(x++>5)  printf("%d",x);  / 分号表示一个完整的语句，所以 ++ 起作用
    else   printf("%d\n",x--);
```

```
    return 0;
}
```

(A) 7 和 5　　(B) 6 和 3

(C) 7 和 4　　(D) 6 和 4

5.4　若有以下变量定义：

```
float  x; int   a,b;
```

则正确的 switch 语句是（　　）。

(A)
```
switch(x)
    { case 1.0:printf("*\n");
      case 2.0:printf("* *\n");
    }
```

(B)
```
switch(x)
    { case 1,2:printf("*\n");
      case 3:printf("* *\n");
    }
```

(C)
```
switch(a+b)
    { case 1:printf("*\n");
      case 2*a:printf("* *\n");
    }
```

(D)
```
switch(a+b)
    { case 1:printf("*\n");
      case 1+2:printf("* *\n");
    }
```

5.5　while 循环语句中，while 后一对圆括号中表达式的值决定了循环体是否进行，因此，进入 while 循环后，一定有能使此表达式的值变为（　　）的操作，否则，循环将会无限制地进行下去。

(A) 0　　(B) 1

(C) 成立　　(D) 2

5.6　程序段如下：

```
int k=-20;
while(k=0)  k=k+1;
```

则以下说法中正确的是（　　）。

(A) while 循环执行 20 次

(B) 循环是无限循环

(C) 循环体语句一次也不执行

(D) 循环体语句执行一次

5.7　在下列程序中，while 循环的循环次数是（　　）。

```
int main( )
{
    int  i=0;
    while(i<10)
    {
        if(i<1)  continue;
        if(i= =5)  break;
```

```
        i++;
    }
    return 0;
}
```

(A) 1　　(B) 10

(C) 6　　(D) 死循环，不能确定次数

5.8　程序段如下

```
int k=0;
while(k++<=2);    printf("last=%d\n",k);
```

则执行结果是 last=(　　)。

(A) 2　　(B) 3

(C) 4　　(D) 无结果

5.9　以下程序的输出结果是(　　)。

```
int main()
{
    int a=0,i;
        for(i=0;i<5;i++)
        {
            switch(i)
            {
                case 0:
                case 3:a+=2;
                case 1:
                case2:a+=3;
                default:a+=5;
            }
        }
    printf("%d\n",a);
    return 0;
}
```

(A) 41　　(B) 13

(C) 10　　(D) 20

二、填空题

5.10　若 i、j 和 k 已经定义为 int 类型，则下述程序片段中的循环体总执行次数为________。

```
for (i=0;i<=5;i++)
    for(j=6;j>1;j--)
    {…
    }
```

5.11　补全下面的程序，使之完成求 1!+2!+3!+…+n! 的功能，其中 n 由键盘输入。

```
int main()
{
    int n,i,s,j ;
    long int sum ;
    scanf("%d" ,_________);
    for (i=1,sum=0,s=1;i<=n;i++)
    {
```

```
    ________________
        sum+=s;
    }
    printf("n=%d,sum=%ld",n,sum);
    return 0;
}
```

5.12　以下程序段的输出结果是________。

```
int  i , j , m=0 ;
for (i=1; i<=15; i+=4)
    for (j=3; j<=19; j+=4)
m++;
printf("%d\n", m) ;
```

5.13　写出下面程序的执行结果________。

```
int main()
{
    int x=1,y=1,z=0;
    if(z<0)
    if(y>0) x=3;
    else x=5;
    printf("%d\t",x);
    if(z=y<0) x=3;
    else if(y==0 ) x=5;
    else x=7;
    printf("%d\t",x);
    printf("%d\t",z);
    return 0;
}
```

5.14　假定所有变量均已正确说明，下列程序段运行后 x 的值是________。

```
a=b=c=0;x=35;
if(!a)  x=-1;
else if(b);
if(c)  x=3;
else  x=4;
```

5.15　用 C 语言描述下列命题

（1）a 小于 b 或小于 c________

（2）a 和 b 都大于 c________

（3）a 或 b 中有一个小于 c________

（4）a 是奇数________

5.16　以下程序的输出结果是________。

```
int main()
{
    int n=0;
    while(n++<=1)
        printf("%d\t",n);
    printf("%d\n",n);
    return 0;
}
```

5.17 以下程序的输出结果是________。

```
int main()
{
    int i;
    for(i=1;i<=5;i++)
    {
        if(i%2)printf("#");
        else continue;
        printf("*");
    }
    printf("$\n");
    return 0;
}
```

三、编程题

5.18 输入一个整数，求它的平方根，输出答案向下取整，例如：$\sqrt{5}=2$，$\sqrt{45}=6$。

5.19 输入一个金额，把它兑换为零钱，而且零钱个数要尽量少（零钱包括1元、5元、和10元）。输入一个整数N（1<N<32767）表示钱数，输出兑换的三种零钱的张数。例如若输入：46，则输出

```
10yuan:4
5yuan:1
1yuan:1
```

5.20 气象意义上，通常以3～5月为春季（spring），6～8月为夏季（summer），9～11月为秋季（autumn），12月～来年2月为冬季（winter）。请根据输入的年份以及月份，输出对应的季节。
输入的数据格式是固定的YYYYMM的形式，即：年份占4个数位，月份占2个数位。
输出月份对应的季节（用英文单词表示，全部用小写字母）。

5.21 羊村的供水系统搞砸了，隔壁牛村捐赠的矿泉水刚刚送达，村长让喜羊羊们排队领水，已知有n个羊村村民正在排队取水，懒羊羊不知道他在队伍中的具体位置，但他知道有不少于a个人在他前面，有不多于b个人在他后面，你能帮忙计算一下懒羊羊有多少个可能的位置吗？输入一行包含三个整数n、a和b。输出懒羊羊可能的位置数。
例如若输入：

```
3 1 1
```

则输出：

```
2
```

5.22 大学生小A刚考完试。现在已经出了n门课的成绩，他想自己先算一下这些课的绩点是多少。设第i门课他拿到的绩点是gpa_i，而这门课的学分是sc_i，那么他的总绩点用下面的公式计算：

$$总绩点=\frac{\sum_{i=1}^{n} gpa_i \times sc_i}{\sum_{i=1}^{n} sc_i}$$

换言之，设S为sc_i的和，T为gpa_i与sc_i的乘积的和。那么小A的绩点就是T除以S的值。要求先输入n的值，然后输入n门课的绩点和学分，最后输出他的总绩点。
例如若输入：

```
3
3.7 2
4.0 2
3.7 5
```

则输出：

```
3.8
```

5.23　计算 1-2+3-4+5-6…的值。输入 n，输出算式的值。例如若输入 4，则输出 -2。

5.24　对任意的十个数进行排序，使其能够按照从小到大的顺序输出；对任意的十个数进行排序，使其能够按照从大到小的顺序输出。

5.25　输出九九乘法表，输出格式见样例。

1	2	3	4	5	6	7
	4	6	8	10	12	14
		9	12	15	18	21
			16	20	24	28
				25	30	35
					36	42
						49

5.26　情景对话如下。

小 S：终于可以开学啦！好开心啊！

小 Y：你没看新闻吗，开学日期又延后了。

小 S：NO！

小 S 知道原计划星期 X 开学，通知开学时间延期 N 天，请问开学日期是星期几（星期日用 7 表示）？

5.27　水仙花数是指一个三位数，其各个数之立方和等于该数，例如 153，即为一水仙花数，因为 $153=1^3+5^3+3^3$。编程输出所有的水仙花数。

5.28　张三、李四、王五、刘六的年龄成一等差数列，他们四人的年龄相加是 26，相乘是 880，求以他们的年龄为前 4 项的等差数列的前 20 项。

5.29　若一个口袋中放有 12 个球，其中有 3 个红的、3 个白的和 6 个黑的，问从中任取 8 个共有多少种不同的颜色搭配？设任取的红球个数为 i，白球个数为 j，则黑球个数为 8-i-j，根据题意红球和白球个数的取值范围是 0～3，在红球和白球个数确定的条件下，黑球个数取值应为 8-i-j<=6。

5.30　编程输出任意两个正整数的最大公约数和（Greatest Common Divisor，GCD）和最小公倍数（Least Common Multiple，LCM）。

5.31　分数之和。求这样的四个自然数 p、q、r 和 s（p<=q<=r<=s），使得以下等式成立：

$$\frac{1}{p}+\frac{1}{q}+\frac{1}{r}+\frac{1}{s}=1$$

5.32　将真分数分解为埃及分数。分子为 1 的分数称为埃及分数，现输入一个真分数，请将该分数分解为埃及分数。例如：8/11=1/2+1/5+1/55+1/110。

第6章　数　组

本书第 3 章介绍了整型、浮点型、字符型等基本数据类型。这些数据类型可用于定义变量。然而，在实际应用中，数据的处理量往往相当大，如果一个一个标识变量，无疑是很不方便的，特别是在处理那些数据类型相同且彼此之间还有一定联系的数据时。

6.1　为什么要引入数组

通过前面的学习，我们已经可以实现输入三个学生的成绩并降序输出。我们可以扩充这些示例，使得它们更实用一点，例如，要求输入和排序的是一个班、一个年级甚至是整个学校的学生成绩。面对这类问题，如果仅用本书前面介绍的知识，要定义这么多变量是不是感觉非常棘手？庆幸的是，对于这类问题，C 语言提供了数组这种解决方法，使用数组能一次性地定义很多个同种数据类型的变量。

数组是 C 语言的一种构造数据类型。在 C 语言中，通常通过构造数据类型来描述实际应用中更加复杂的数据结构，主要包含数组、结构、联合等类型。构造数据类型是以基本类型为基础，将一系列元素按照一定的规律组织构造。构造数据类型结构中的每一个元素相当于一个简单变量，每一个元素都可像简单变量一样被赋值或在表达式中使用。本章主要介绍数组这种构造数据类型。

数组类型是一些具有相同类型的数据的集合，数组中的数据按照一定的顺序排列存放。同一数组中的每个元素都具有相同的数据类型，有统一的标识符（即数组名），用不同的序号（即下标）来区分数组中的各元素。根据组织数组的结构不同，又将其分为一维数组、二维数组、多维数组等。另外，还有用于处理字符类型数据的字符数组。C 语言允许使用任意维数的数组。若要处理大量的同类型数据，则利用数组可以提供很大的方便。通过与循环结合，可以依序访问所有元素。

6.2　一维数组

第 28 讲

6.2.1　一维数组的定义

具有一个下标的数组称为一维数组。一维数组的定义格式为：

```
数据类型    数组标识符 [ 常量表达式 ];
```

例如，

```
int name[20];
char ch[26];
```

又如定义数组，描述 100 个整数：`int number[100];`

一年中每月的天数：`int month[12];`

100 种商品的价格：`float price[100];`

针对数组的定义，特别做以下说明：

1）数据类型用于说明数组中元素的数据类型，可以是简单类型、指针类型，也可以是结构体、联合体等构造类型。

2）数组标识符用于说明数组的名称，如上面示例中的 name、ch 均为数组标识符。定义数组标识符的规则与定义变量名相同。数组标识符的作用和变量名相似，主要用于唯一地标识一个数组。

3）常量表达式用来说明数组元素的个数，即数组的长度，它可以是正的整型常量、字符常量或有确定值的表达式。C 语言编译系统在处理该数组语句时，会根据常量表达式的值在内存中分配一块连续的存储空间。

4）数组元素的下标由 0 开始。例如，由 3 个元素组成的 name 数组，则这 3 个元素依次是：name[0]、name[1]、name[2]。

5）数组名表示数组存储区的首地址，即数组第一个元素存放的地址。

6）相同类型的数组可在同一语句行中定义，数组之间用逗号分隔，即可同时定义多个同类型数组。

7）C 语言中不允许定义动态数组，即数组的长度不能根据运行过程中变量值的变化而变化。

下面这样的数组定义是错误的：

```
int i;
scanf("%d", &i);
int array[i];
```

不难看出，定义数组时首先必须给数组取一个名字，即数组标识符；其次要说明数组的数据类型，即定义类型说明符，表明数组的数据性质；最后还要说明数组的结构，即规定数组的维数和数组元素的个数。

6.2.2 一维数组元素的引用

第 28 讲

定义数组之后，数组元素就能够被引用。但需要特别注意的是，不能将数组作为整体引用，而只能通过逐个引用数组元素来实现。因此，数组下标对数组的操作就特别重要，利用数组下标的变化，就可方便地实现对数组元素的引用。

数组元素的引用形式为：

```
数组名 [ 下标表达式 ]
```

若数组定义为：

```
int array[10];
```

则表明 array 整型数组中共有 10 个元素，array[0] 是数组中的第 1 个元素，array[9] 是数组中的第 10 个元素。数组一经定义，对各数组元素的操作，就如同对基本类型的变量操作一样。例如，

```
array[2] = 105;                        /* 对数组第 3 个元素赋值 */
scanf("%d", &array[4]);                /* 输入数组第 5 个元素的值 */
printf("%d", array[5]);                /* 输出数组第 6 个元素的值 */
```

数组下标往往对应于循环控制变量，通过循环和下标的变化完成对数组所有元素的操作，即对整个数组的操作。需要注意的是，C 语言的编译程序不进行语法检查，也就是说，如果下标越界，也不会被检查出来。

6.2.3　一维数组元素的初始化

数组元素的初始化，是指在定义数组时或在程序的开始位置为数组元素赋初值。在程序中的开始位置对数组元素进行初始化的方法如下：

1）直接用赋值语句赋初值。

2）用输入语句赋初值。

3）用输入函数赋初值。

一维数组元素在定义数组时初始化的格式为：

```
数据类型　数组标识符 [ 常量表达式 ] = { 常量表达式 };
```

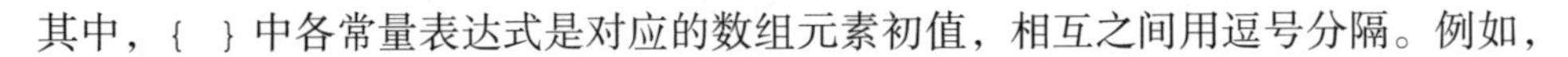
其中，{　} 中各常量表达式是对应的数组元素初值，相互之间用逗号分隔。例如，

```
int array[5] = {1, 2, 3, 4, 5};
```

相当于

```
int array[5];
array[0] = 1; array[1] = 2; array[2] = 3; array[3] = 4; array[4]= 5;
```

需要说明的是：

1）对数组元素赋初值时，可以不指定数组长度，其长度由常量表达式表中初值的个数自动确定。例如，

```
int array[ ] = {1, 2, 3, 4, 5};
```

初值有 5 个，故系统自动确定 array 数组的长度为 5。

2）不允许对数组元素整体赋值。例如，

```
int array[5] = {2 * 5};
```

这种描述在语法上是正确的，但在逻辑上是错误的，此语句只给 array[0] 赋初值为 10，其他为 0。

3）不允许数组确定的元素个数少于赋值个数。例如，

```
int array[5] = {1, 2, 3, 4, 5, 6, 7};
```

4）当数组确定的元素个数多于初值个数时，说明只给部分数组元素赋初值，未赋值的元素为相应类型的默认值。在前面的讲解中已经提到，对于变量，如果没有赋初值，其初值为随机值。但是在某些环境下，对于没有初始化的数组元素，如果是 int 类型，其初值会置为 0；如果是 char 类型，其初值会置为空字符。

例如，int array[5] = {1, 2, 3};

相当于 int array[5] = {1, 2, 3, 0, 0};

例 6-1　期末考试成绩统计。本学期高级语言程序设计课程已经结束，任课老师要把期末考试成绩总结一下。现在主要统计参加考试学生的通过人数（成绩大于等于 60 即为通过）和优秀人数（成绩大于等于 90 即为优秀）。

程序如下：

```
#include<stdio.h>
int main()
{
    int n,a[50],i,sum1=0,sum2=0;
    scanf("%d",&n);
    for(i=0;i<n;i++)
        scanf("%d",&a[i]);
    for(i=0;i<n;i++){
        if(a[i]>=60)
            sum1++;
        if(a[i]>=90)
            sum2++;
    }
    printf("Pass=%d\n",sum1);
    printf("Excellent=%d\n",sum2);
    return 0;
}
```

在该程序中，用变量 n 表示学生的人数，然后用数组 a 保存 n 个学生的成绩。通过 for 循环从前向后遍历数组 a，判断每个数组元素是否大于等于 60 或 90，进而统计通过人数和优秀人数。

若输入：

```
10
54 60 60 78 90 100 95 75 65 12
```

则输出：

```
Pass=8
Excellent=3
```

例 6-2 逆序数问题。给定一个含有 n 个元素的一维数组 a，如果对于数组中的任意两个下标 i 和 j（0⩽i⩽n-1，0⩽j⩽n-1），当 i<j 时，有 a[i]>a[j]，则数偶（a[i]，a[j]）就称为数组 a 的一个逆序。例如，对于数组 int a[5]={2,3,8,6,1} 来说，因为 a[0]=2>a[4]=1，a[1]=3>a[4]=1，a[2]=8>a[3]=6，a[2]=8>a[4]=1，a[3]=6>a[4]=1，所以数组 a 共有 5 个逆序。编写程序输出给定数组 a 中的逆序的个数。

分析：用一个 for 循环来穷举每个数偶的第一个元素的所有可能的下标位置，若用 i 表示这一下标位置，那么 i 大于等于 0 小于等于 n-2。再用一个 for 循环来穷举每个数偶的第二个元素的所有可能的下标位置，若用 j 表示这一下标位置，那么 j 大于等于 i+1 小于等于 n-1。确定了每个数偶的两个元素的下标位置，就相当于确定了一个数偶（a[i]，a[j]），接下来只需要判断数偶（a[i]，a[j]）是不是逆序数偶即可，如果 a[i]>a[j]，则数偶（a[i]，a[j]）就是一个逆序数偶，累加个数即可。

程序如下：

```
#include <stdio.h>
int main()
{
    int i,j,n,number=0;
    int a[100];
```

```
    scanf("%d",&n);
    for(i=0;i<n;i++)
        scanf("%d",&a[i]);
    for(i=0;i<=n-2;i++)
        for(j=i+1;j<=n-1;j++)
            if(a[i]>a[j])
                number++;
    printf("数组中的逆序个数为 %d\n",number);
    return 0;
}
```

例 6-3　用冒泡法将 10 个整数按由小到大的顺序排列。

排序方法是一种重要的、基本的算法。排序的方法很多，本例用“冒泡法排序”。“冒泡法”的基本思路是：每次将相邻两个数进行比较，将小的调到前面。若有 6 个数 9、8、7、6、5、4，第 1 次先将最前面的两个数 9 和 8 对调，第 2 次将第 2 和第 3 个数（9 和 7）对调……如此共进行 5 次，得到 8-7-6-5-4-9 的顺序，可以看到：最大的数 9 已“沉底”，成为最下面的一个数，而小的数“上升”。经过第 1 趟（共 5 次比较与交换），已得到最大的数 9。

然后进行第 2 趟比较，对余下的前面 5 个数（8，7，6，5，4）进行新一轮的比较，以便使次大的数“沉底”。按以上方法进行第 2 趟的比较，经过 4 次比较与交换，得到次大的数 8，顺序为 7-6-5-4-8-9。

按此规律进行下去，可以推知，对 6 个数要比较 5 趟，才能使 6 个数按大小顺序排列。在第 1 趟中要进行两个数之间的比较与交换共 5 次，在第 2 趟过程中比较 4 次……第 5 趟只需要比较 1 次。

如果有 n 个数，则要进行 n-1 趟比较。在第 1 趟比较中要进行 n-1 次两两比较，在第 j 趟比较中要进行 n-j 次两两比较。

程序如下：

```
#include <stdio.h>
int main()                                   //冒泡法排序
{
    int  i, j, t, a[10];
    printf("请输入十个数据：\n");
    for(i = 0; i < 10; i++)                  //循环输入 10 个数据
    {
        printf("a[%d]=", i);
        scanf("%d", &a[i]);
    }
    for(i = 0; i < 9; i++)                   //进行 9 次循环，实现 9 趟比较
        for(j = 0; j < 9 - i; j++)           //在每一趟中进行 9-i 次比较
        {
            if(a[j] > a[j+1])                //相邻两个数比较
            {
                t = a[j];
                a[j] = a[j+1];
                a[j+1] = t;
            }
        }
    printf("排序结果如下：\n");               //输出排序结果
    for(i = 0; i < 10; i++)
```

```
        printf("%d ", a[i]);
    printf("\n");
    return 0;
}
```

运行结果为：

请输入10个数据：

```
a[0]=9
a[1]=8
a[2]=7
a[3]=6
a[4]=5
a[5]=4
a[6]=3
a[7]=2
a[8]=1
a[9]=0
```

排序结果为：

```
0 1 2 3 4 5 6 7 8 9
```

该程序由三部分组成。第一部分是输入部分，包括第1个for循环，用于给数组a输入数据。第二部分的双重循环对数组a的元素进行冒泡排序。当执行外循环的第1次循环时，i=0，然后执行第1次内循环，此时j=0，在if语句中将a[j]和a[j+1]比较，就是将a[0]和a[1]比较。执行第2次内循环时，j=1，将a[1]和a[2]比较……执行最后一次内循环时，j=8，将a[8]和a[9]比较。这时第1趟排序过程完成了，a[9]为最大数。当执行第2次外循环时，i=1，开始第2趟排序过程。内循环继续的条件是j<9-i，由于i=1，因此相当于j<8，即j由0变到7，要执行内循环8次，第2趟排序完成后得到次大数a[8]。其他趟排序过程以此类推。第三部分用一个for循环输出排好序的数组a。

例6-4 A同学想要竞选校学生会主席，学生会主席选举是按各学院的投票结果来确定的，如果得到超过一半的学院的支持就可以当选，而每个学院的投票结果又是由该学院学生投票产生的，如果某个学院超过一半的学生支持A同学，则他将赢得该学院的支持。现在给出每个学院的学生人数，请问A同学至少需要赢得多少学生的支持才能当选校学生会主席？

输入包含多组测试数据。每组数据的第一行是一个整数N(2⩽N⩽101)，表示学院的数目，当N=0时表示输入结束。接下来一行包括N个正整数，分别表示每个学院的学生数目，每个学院的学生数目不超过100。

输出：对于每组数据，输出A同学至少需要赢得支持的学生数并换行。

例如若输入：

```
3
4 2 3
2
8 5
5
9 8 7 10 8
0
```

则输出：

```
4
8
14
```

分析：用一个一维数组来保存 n 个学院中每个学院的学生人数，要想得到 A 同学至少需要赢得支持的学生数，可以先将 n 个学院的学生人数按递增次序排序，然后取前 n/2+1 个学院，每个学院取该学院的总人数除以 2 再加 1 即可。

程序如下：

```
#include<stdio.h>
int main()
{
    int a[200],n,i,j,t,sum;
    while(scanf("%d",&n)&&n!=0){
        sum=0;
        for(i=0;i<n;i++)
            scanf("%d",&a[i]);
        for(j=1;j<n;j++)
            for(i=0;i<n-j;i++)
            if(a[i]>a[i+1])
            {
                t=a[i];  a[i]=a[i+1];  a[i+1]=t;
            }
        for(i=1;i<=n/2+1;i++)
            sum=sum+a[i-1]/2+1;
        printf("%d\n",sum);
    }
    return 0;
}
```

例 6-5　某地区 6 个商店在一个月内电视机的销售数量见表 6-1，试编写程序，计算并打印电视机销售汇总表。

表 6-1　某地区 6 个商店一个月内电视机的销售数量

商店代号	熊猫牌	西湖牌	金星牌	梅花牌
1	52	34	40	40
2	32	10	35	15
3	10	12	20	15
4	35	20	40	25
5	47	32	50	27
6	22	20	28	20

说明：用数组 a 存放一个商店四种电视机的销售量。第一个商店的四种电视机销售量输入到 a[1]～a[4] 中，要及时进行统计并打印输出，因第二个商店的四种电视机销售量一旦输入 a[1]～a[4] 中，前一组数据将被破坏掉，用数组 y 累计每种电视机的销售量之和（纵向统计），如熊猫牌销售量总量存放于 y[1]，西湖牌销售量总量存放于 y[2]，等等。用变量 s 统计每个商店的电视机销售量（横向统计），s0 为 6 个商店的电视机总销售量。由于是用一维数组实现的，为了打印出要求的效果，程序中添加了 6 行控制光标位置的相关语句。如果用后面学到的二维数组来实现，则可以将这 6 行控制光标位置的相关语句去掉。

程序如下：

```
#include <stdio.h>
#include <windows.h>
int main()
{
    int i, j, s, s0, a[5], y[5];

    /* 下面的三行主要用于控制输出时的光标位置 */
    HANDLE hOut;
    COORD pos;
    hOut=GetStdHandle(STD_OUTPUT_HANDLE);

    for(i = 1; i <= 4; i++)
    {
        y[i] = 0;
    }
        s0 = 0;
    printf(" 商店代号     熊猫牌     西湖牌     金星牌     梅花牌     合计 \n");
    printf("----------------------------------------------\n");
    for(i = 0; i < 6; i++)
    {
        s = 0;
        for(j = 1; j <= 4; j++)
        {
            scanf("%d", &a[j]);
            s = s + a[j];
            y[j] = y[j] + a[j];
        }
        s0 = s0 + s;
        /* 下面的三行主要用于控制输出时的光标位置 */
        pos.X =0;                                // 光标的 X 位置
        pos.Y= i +2;                             // 光标的 Y 位置
        SetConsoleCursorPosition(hOut,pos);      // 将光标定位到 pos 所指定的位置
        printf("%8d", i + 1);
        for(j = 1; j <= 4; j++)
            printf("%8d", a[j]);
        printf("%6d\n", s);
    }
    printf("----------------------------------------------\n");
    printf("   合计   ");
    for(j = 1; j <= 4; j++)
        printf("%8d", y[j]);
    printf("%6d\n", s0);
    return 0;
}
```

运行结果为：

```
  商店代号  熊猫牌    西湖牌    金星牌    梅花牌   合计
----------------------------------------------
       1      52      34      40      40    166
       2      32      10      35      15     92
       3      10      12      20      15     57
       4      35      20      40      25    120
       5      47      32      50      27    156
       6      22      20      28      20     90
----------------------------------------------
     合计    198     128     213     142    681
```

每次外循环对一个商店进行数据处理，其中包括以下内容：

1）将统计一个商店销售合计的变量 s 赋初值 0，即“s = 0;”，它放在外循环的里面，内循环的外面。

2）内循环用于控制每一行表格中的列，每循环一次，读入一种电视机的销售量到 a[j]，一方面用语句“s = s + a[j];”进行横向统计求和（累计每个商店的电视机销售量），另一方面用语句“y[j] = y[j] + a[j];”进行纵向统计求和。内循环过程中，随着控制变量 j 的变化，“y[j] = y[j] + a[j];”等价于：

```
y[1] = y[1] + a[1];
y[2] = y[2] + a[2];
y[3] = y[3] + a[3];
y[4] = y[4] + a[4];
```

这 4 条语句把该商店存于 a[1]、a[2]、a[3]、a[4] 中对应品牌的电视机销量数据累加到对应的品牌总数中。其中每个元素只加一次，直到外循环结束后，y[1]、y[2]、y[3]、y[4] 的值才真正是每种品牌电视机的销售量。

3）外循环中“s0 = s0 + s;”用于累计总销售量。

4）输出每一商店代号、各种品牌电视机的销售量及其总和。

5）当外循环执行 6 次后结束，跳出循环，输出各种电视机的累计和 y[1]、y[2]、y[3]、y[4]，同时也输出总销售量 s0。

6.3 二维数组

在用一维数组处理二维表格时，必须将数据输入、处理和打印输出放在一个循环中，如例 6-5，需要用到比较复杂的光标控制语句，而且程序模块化不够好，下标变量在使用时产生了覆盖。可以用两个下标的下标变量（双下标变量）来表示二维表格的元素，即二维数组。

6.3.1 双下标变量

第 30 讲

首先看一个双下标变量的例子：

```
S[2][3]
```

其中 S 是数组名，后面跟两个方框号，方框号内分别放行下标和列下标。和单下标一样，下标可以用数值，也可以用变量或表达式。下标的规则与单下标变量相同。图 6-1 给出了一个详细说明。

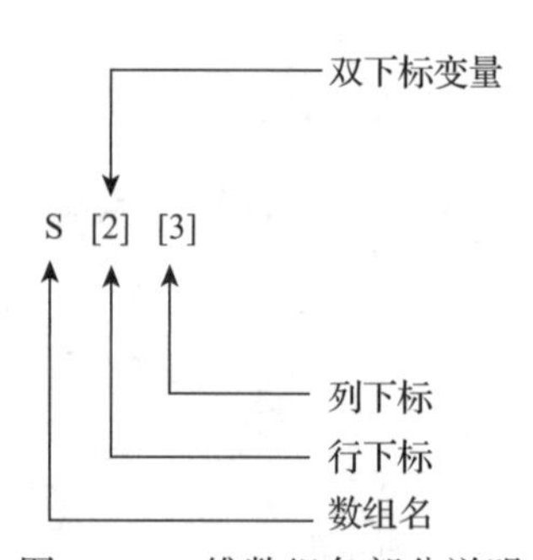

图 6-1 二维数组各部分说明

例如，以下是一个二元一次联立方程组：

$$\begin{cases} 7*x_1-4*x_2=7 \\ -2*x_1+3*x_2=-1 \end{cases}$$

它的一般表达式为：

```
a11 * x1 + a12 * x2 = b1
a21 * x1 + a22 * x2 = b2
```

其中 x1 的解为：

```
x1 = (b1 * a22 - b2 * a12) / (a11 * a22 - a21 * a12)
```

以上方程式的系数可以用双下标变量表示：

a11 可写成 a[1][1]，表示方程组第一个方程中 x1 的系数。

a12 可写成 a[1][2]，表示方程组第一个方程中 x2 的系数。

同理，a21 可写成 a[2][1]，a22 可写成 a[2][2]。

因此，求 x1 的表达式可写成以下形式：

```
x1=(b[1]*a[2][2]-b[2]*a[1][2])/(a[1][1]*a[2][2]-a[2][1]*a[1][2])
```

又如，a[2][3]，a[i+1][j]，a[b[3]][b[4]] 均为合法的双下标变量。

例 6-6 某田径队包括 3 个分队，每个分队有 4 名队员，3 个分队中每个队员的工资见表 6-2。

表 6-2 3 个分队中每个队员的工资

分队 / 队员	队员 1	队员 2	队员 3	队员 4
1	8156	8956	9203	7896
2	7585	8585	8689	8956
3	6987	7985	9205	9556

这 12 个数可以用 12 个双下标变量表组成，分为 3 行 4 列，该数组名为 k，各数据可表示为：

```
k[1][1]     k[1][2]     k[1][3]     k[1][4]
k[2][1]     k[2][2]     k[2][3]     k[2][4]
k[3][1]     k[3][2]     k[3][3]     k[3][4]
```

用双下标变量来表示一张二维表，使下标变量的行列下标正好与数据在表格中的位置相对应，形象直观地反映了二维表格。

6.3.2 二维数组及其定义

第 30 讲

由双下标变量组成的数组称为二维数组，双下标变量是数组的元素。如 6.3.1 节的 a 数组、k 数组，它们均由双下标变量组成，故称为二维数组。

二维数组定义的一般形式为：

```
<类型标识符><数组名标识符> [<常量表达式>] [<常量表达式>]
```

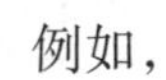

例如，

```
float a[3][4], b[5][6];
```

定义 a 为 3*4（3 行 4 列）的数组，b 为 5*6（5 行 6 列）的数组。注意：不能写成

```
float a[3,4], b[5,6];
```

一个 a[m][n] 的二维数组（m、n 均为正整数），其行下标从 0～m-1，共 m 个，注意：行下标不能等于 m；列下标从 0～n-1，共 n 个，注意：列下标不能等于 n。数组的所有元素均为 float 型。

C 语言对二维数组采用这样的定义方式，使我们可以把二维数组看成一种特殊的一维数组——该特殊一维数组中的元素又是一个一维数组。例如，对于 a[3][4]，可以把 a 看作一个一维数组，它有三个元素：a[0]、a[1]、a[2]，每个元素又是一个包含4个元素的一维数组。如下所示：

```
a[0]              a[0][0]  a[0][1]  a[0][2]  a[0][3]
a[1]              a[1][0]  a[1][1]  a[1][2]  a[1][3]
a[2]              a[2][0]  a[2][1]  a[2][2]  a[2][3]
```

把a[0]、a[1]、a[2]看作3个一维数组的名字。上面定义的二维数组可以理解为定义了3个一维数组，即相当于：

```
float a[0][4], a[1][4], a[2][4];
```

此处把a[0]、a[1]、a[2]看作3个一维数组的名字。C语言的这种二维数组降维理解方法在数组初始化和用指针表示时显得很方便，读者在以后的学习中会体会到。

在C语言中，二维数组中元素排列的顺序是：按行存放，即在内存中先顺序存放第1行的元素，再存放第2行的元素……图6-2显示了对数组a[3][4]的存放顺序。

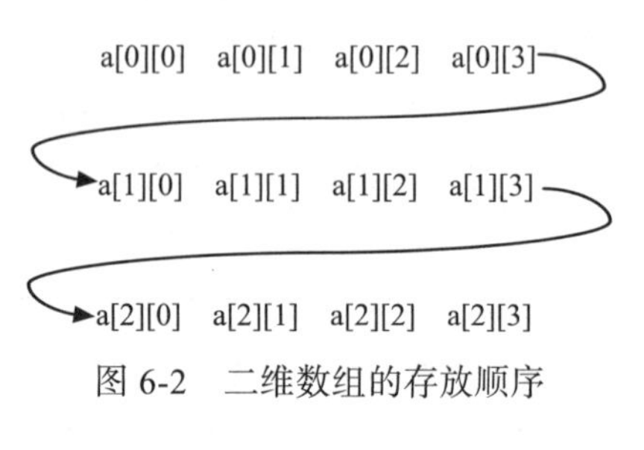

图6-2　二维数组的存放顺序

二维数组的元素是双下标变量，数组元素可以出现在表达式中，也可以被赋值，例如，

```
b[1][2] = a[1][2] / 2;
```

但是使用数组元素时，应注意下标值应在已定义的数组大小的范围内。常出现的错误是：

```
int a[5][6];
…
a[5][6] = 8;
```

这里数组元素a[5][6]是不存在的。

请读者严格区分在定义数组时用的a[5][6]和引用元素时的a[5][6]的区别。前者a[5][6]用来定义数组的维数和各维的大小；后者a[5][6]代表某一数组元素。

6.3.3　二维数组的初始化

对二维数组的初始化有以下几种方法：

1）分行给二维数组赋值。例如，

```
int a[2][3] = {{1, 2, 3}, {4, 5, 6}};
```

此语句将第1个花括号内的数据赋给第1行的元素，将第2个花括号内的数据赋给第2行的元素，即按行赋初值。

2）可将所有数据放在一个花括号内，按数组元素在内存中的排列顺序对各元素赋初值。例如，

```
int a[2][3] = {1, 2, 3, 4, 5, 6};
```

3）对部分元素赋初值。例如，

```
int a[2][3] = {{1}, {4}};
```

该语句只对各行第 1 列的元素赋初值，其余的元素值自动为 0（这里以 VC++ 6.0 环境为例）。赋初值后数组各元素为：

```
1 0 0
4 0 0
```

也可以只对某行元素赋初值：

```
int a[2][3] = {{1}};
```

赋初值后数组各元素为：

```
1 0 0
0 0 0
```

即第 2 行不赋初值，均为 0。

也可以不对第 1 行的元素赋初值：

```
int a[2][3] = {{}, {4}};
```

4）如按第 2 种方法对全部元素都赋初值，则定义数组时可以不指出第 1 维的长度，但第 2 维的长度不能省略。例如，

```
int a[2][3] = {1, 2, 3, 4, 5, 6};
```

可以写为：

```
int a[][3] = {1, 2, 3, 4, 5, 6};
```

系统会根据数据总个数分配存储空间，一共 6 个数据。每行 3 列，显然可以确定行数为 2。

在定义时，也可以只对部分元素赋初值而省略第 1 维的长度，但应分行赋初值。例如，

```
int a[][3] = {{}, {0, 0, 3}};
```

这种写法表示数组共有 2 行，每行 3 列元素，数组元素为：

```
0 0 0
0 0 3
```

6.3.4　二维数组应用示例

例 6-7　修改矩阵。给出一个 N×M 的矩阵，初始时矩阵中第 i 行第 j 列（i ∈ [1,N]，j ∈ [1,M]）位置上的值为 i+j。现在要对矩阵做 q 次修改，每次修改由三个正整数 x,y,z 描述，其含义为把第 x 行第 y 列的值修改为 z。编程输出修改后的 N 行 M 列的矩阵，矩阵中每个元素后都有一个空格。

第 31 讲

要求第一行输入三个正整数 N,M,q，接下来有 q 行，每行输入三个正整数 x,y,z，其中 1≤N≤100，1≤M≤100，1≤q≤10000，1≤x≤N，1≤y≤M，1≤z≤10000。输出修改后的 N 行 M 列的矩阵并换行，矩阵中每个元素后都有一个空格。

例如，若输入：

```
4 5 2
2 3 1
4 1 1
```

则输出：

```
2 3 4 5 6
3 4 1 6 7
4 5 6 7 8
1 6 7 8 9
```

分析：按照题目的要求模拟求解即可。编程时，二维数组的两个下标都可以从 1 开始，下标为 0 的行与下标为 0 的列空闲不用，这样对应起来比较方便。

程序如下：

```
#include <stdio.h>
int main()
{
    int a[101][101],n,m,q,x,y,z,i,j,k;
    scanf("%d%d%d",&n,&m,&q);
    for(i=1;i<=n;i++)
        for(j=1;j<=m;j++)
            a[i][j]=i+j;
    for(k=1;k<=q;k++){
        scanf("%d%d%d",&x,&y,&z);
        a[x][y]=z;
    }
    for(i=1;i<=n;i++){
        for(j=1;j<=m;j++)
            printf("%d ",a[i][j]);
        printf("\n");
    }
    return 0;
}
```

例 6-8　输入 5 个学生的"C 语言""数据结构""电路分析基础"3 门课程的成绩，输出每门课程的平均分。

分析：采用二维数组，将 5 个学生的 3 门课程成绩存储在二维数组 int score[5][3] 中，二维数组的每一行存储一个学生的三门课成绩。通过对相应数据元素的引用来计算输出每门课的平均成绩。在程序处理时，可以把数据按输入、计算和输出分别放在几个程序段中，使程序的结构更加清晰。

程序如下：

```
#include<stdio.h>
int main()
{
    int score[5][3], i, j;
    float C_sum = 0, DS_sum = 0, EA_sum = 0;
    printf("请依次输入5个学生的三门课程成绩：\n");
    for (i = 0; i < 5; i++)
        for (j = 0; j < 3; j++)
            scanf("%d", &score[i][j]);
    for (i = 0; i < 5; i++)
```

```
    {
        C_sum += score[i][0];
        DS_sum += score[i][1];
        EA_sum += score[i][2];
    }
    printf("C 语言的平均成绩为 %f\n", C_sum / 5);
    printf(" 数据结构的平均成绩为 %f\n", DS_sum / 5);
    printf(" 电路分析基础的平均成绩为 %f", EA_sum / 5);
}
```

上述程序中，5 个学生的 3 门课程，共 15 个成绩，构成一个二维数据表，可以用二维数组来存储它们。类似地，可以使用三维数组 int score[2][5][3] 来存储两个班（用第一维表示）的各 5 个学生（用第二维表示）的 3 门课程（用第三维表示）成绩等。

此外，计算的结果（3 门课程的平均成绩）也可以用一个长度为 3 的一维数组来存储。例如，可定义一维数组 float average[3] 来存放 3 门课程的平均成绩。

6.4 综合应用示例

第 31 讲

通过对 C 语言数组功能的介绍可知，C 语言的语句种类并不复杂，但它们有很强的控制功能，使用 C 语言编写的程序能充分满足结构化程序的要求。本节再讨论几个综合应用示例，以便读者进一步熟悉 C 语言的各种语句，为编写结构良好的程序打好基础。

例 6-9 给定 n 个正整数，它们各不相同。问其中有多少个数，恰好等于 n 个数中另外两个不同整数之和？例如，若有 4 个整数，分别为 2、1、4 和 3，则答案为 2，因为 4=1+3，3=2+1。再如，若有 8 个整数，分别为 2、4、5、3、6、1、10 和 12，则答案为 6，因为 4=3+1，5=2+3（或 5=4+1，只要找到一组另外两个不同数的和等于 5 即可，这时 5 就是符合条件的整数），3=2+1，6=2+4，10=4+6，12=2+10，共有 6 个整数满足条件，所以答案为 6。

输入的第一行是一个整数 n（n<=50），表示正整数的个数。第二行是 n 个正整数，相邻的两个正整数之间用一个空格隔开。要求输出一个整数并换行，为问题所要求的答案。

程序如下：

```
#include <stdio.h>
int main()
{
    int a[100],n,i,j,k,t,sum=0;
    scanf("%d",&n);
    for(i=0;i<n;i++)
        scanf("%d",&a[i]);
    for(j=1;j<n;j++)
        for(i=0;i<n-j;i++)
            if(a[i]>a[i+1])
            {
                t=a[i];  a[i]=a[i+1];  a[i+1]=t;
            }
    for(i=n-1;i>=2;i--)
        for(j=0;j<i;j++)
        {
            for(k=0;k<i;k++)
                if(k!=j&&a[j]+a[k]==a[i])
```

```
                {
                    sum++;    break;
                }
            if(k<i)
                break;
        }
    printf("%d\n",sum);
    return 0;
}
```

例 6-10　有 15 个数存放在一个有序数组中，输入一个数，要求用折半法查找是数组中第几个元素的值。如果该数不在数组中，打印出“不在表中”。

变量说明：

top、bott——查找区间两端点的下标。

loca——查找成功的下标或 -1（表示该数在表中不存在）。

flag——决定是否继续查找的特征变量。

程序如下：

```
#include<stdio.h>
#define N 15
int main()
{
    int i, num, top, bott, mid, loca, a[N], flag;
    char c;
    printf("请输入 15 个数 (a[i]>a[i-1]): \n");    //建立有序数组
    scanf("%d", &a[0]);
    i = 1;
    while(i < N)
    {
        scanf("%d", &a[i]);
        if(a[i] >= a[i-1])
            i++;
        else
            printf("++[i], 必须大于 %d\n", a[i-1]);
    }
    for(i = 0; i < N; i++)
        printf("%4d", a[i]);
    printf("\n");
    flag = 1;
    while(flag)
    {
        printf("请输入查找数据: ");
        scanf("%d", &num);
        bott = 0;
        top = N - 1;
        while(bott <= top)
        {
            if(num < a[bott] || num > a[top])
            {
                loca = -1;
                break;
            }
            mid = (bott + top) / 2;
            if(num == a[mid])
```

```
            {
                loca = mid;
                printf("%d 位于表中第 %d 个数。\n", num, loca + 1);
                break;
            }
            else if(num < a[mid])
                top = mid - 1;
            else
                bott = mid + 1;
        }
        if(loca == -1)
            printf("%d 不在表中。\n", num);
        printf("是否继续查找? Y/N ");
        fflush(stdin);                                  //清除键盘缓冲区的内容
        c = getchar();
        if(c == 'N' || c == 'n')
            flag = 0;
    }
    return 0;
}
```

运行结果为:

请输入 15 个数 (a[i]>a[i-1]):

```
1 3 4 5 6 8 12 23 34 44 45 56 57 58 68
    1    3    4    5    6    8   12   23   34   44   45   56   57   58   68
```

请输入查找数据: 7

7 不在表中。

是否继续查找? Y/N y

请输入查找数据: 12

12 位于表中第 7 个数。

是否继续查找? Y/N n

具体过程如下。首先,建立一个有 15 个元素的有序数组 a,在输入过程中,若元素无序,则要求重新输入,然后将该有序数组输出。其次,进入折半查找过程:设置特征变量 flag,用一个 while 循环语句进行控制,若 flag = 1,继续查找,flag = 0,结束查找。用特征变量 loca 表示查找成功与否,loca = -1 表示该数在表中不存在,查找不成功;若查找成功,则 loca 被赋值为该元素在表中的坐标。查找时,输入待查找的数赋给变量 num,并将查找区域的下界 bott 置为 0,上界 top 置为 N - 1,即第一个元素和最后一个元素。若查找的数小于下界单元的数据或大于上界单元的数据,将 loca 设置为 -1,表示查不到。否则,进入内循环进行折半查找,取中间单元 mid = (bott + top) / 2,若 num = a[mid],查找成功,显示该数在数组中的位置。若 num < a[mid],则到数组前半部分继续查找,这时下界不变,上界改为 mid - 1;若 num > a[mid],则到数组的后半部分查找,这时上界不变,下界改为 mid + 1。继续上述查找过程,直到找到该数或下界坐标大于上界坐标时,查找结束,最后显示查找结果。

采用折半查找法检索数据,检索源必须事先经过排序。折半检索的方法是:把数据区先进行二等分,如果中点的数据正好是被检索的数据,则查找结束。若被检索的数据大于中点数据,即被检索的数据只可能位于检索区的后半部分,对后半部分检索区再进行折半检索。

若被检索的数据小于中点的数据，即被检索的数据只可能位于数据区的前半部分，则对前半部分数据区再进行折半检索。重复以上过程，直至找到或者检索失败为止。由于每次检索范围缩小一半，因此检索速度大大提高。数据越多，折半查找速度越快。

例6-11　打印输出以下的杨辉三角形（要求打印出10行）。

```
1
1  1
1  2   1
1  3   3   1
1  4   6   4   1
1  5   10  10  5   1
…
```

杨辉三角形第n行的元素是（x+y）的n-1次幂的展开式各项的系数，例如，

第1行	n=1	$(x+y)^0$ 只有常数项1
第2行	n=2	$(x+y)^1=x+y$　x和y前面的系数各为1
第3行	n=3	$(x+y)^2=x^2+2xy+y^2$ 三项的系数分别为1,2,1
第4行	n=4	$(x+y)^3=x^3+3x^2y+3xy^2+y^3$ 四项的系数分别为1,3,3,1

……

在上面的杨辉三角形中，各行的第一列和最后一列（对角线）各元素均为1，其他各列都是上一行中同一列和前一列元素之和。如果用二维数组a[i][j]表示，则有：

```
a[i][j]  =  a[i-1][j-1]  +  a[i-1][j];
```

即当前行当前列元素 = 上一行上一列元素 + 上一行当前列元素

按上述原则编写程序如下：

```
/* 打印杨辉三角形 */
#include <stdio.h>
#define N 11
int main()
{
    int i, j, a[N][N];
    for(i = 1; i < N; i++)
    {
        a[i][i] = 1;
        a[i][1] = 1;
    }
    for(i = 3; i < N; i++)
        for(j = 2; j <= i - 1; j++)
            a[i][j] = a[i-1][j-1] + a[i-1][j];
    for(i = 1; i < N; i++)
    {
        for(j = 1; j <= i; j++)
            printf("%6d", a[i][j]);
        printf("\n");
    }
    return 0;
}
```

运行结果：

```
1
1     1
```

```
1    2    1
1    3    3    1
1    4    6    4    1
1    5   10   10    5    1
1    6   15   20   15    6    1
1    7   21   35   35   21    7    1
1    8   28   56   70   56   28    8    1
1    9   36   84  126  126   84   36    9    1
```

定义 N 为 11。首先用一个单循环将每行的对角线元素和第 1 个元素置为 1；然后用一个双重循环产生杨辉三角形其他元素的值，这里外循环控制行，内循环控制列；最后用一个双重循环输出杨辉三角形。

6.5　字符数组

字符数组是每个元素存放一个字符型数据的数组。该数组元素的数据类型为字符型。

字符数组的定义形式和元素引用方法与一般数组相同，例如，

```
char line[80];
```

这是定义了一个长度为 80 的一维字符数组。

```
char m[2][3];
```

这是定义了一个 2 行 3 列的二维字符数组。

如下所示的字符数组：

T	h	i	s		i	s		a		b	o	o	k	.

表示一个长度为 15 的一维数组，其元素下标从 0 开始到 14，共有 15 个元素，每个数组元素存放：

```
a[0]='T',a[1]='h',a[2]='i',a[3]='s',a[4]='',a[5]='i',a[6]='s',a[7]='',a[8]='a',
a[9]='',a[10]='b',a[11]='o',a[12]='o',a[13]='k',a[14]='.';
```

初始化字符数组的方法有以下两种：

1）将字符逐个赋给数组中的每个元素，例如，

```
char c[5] = {'C', 'h', 'i', 'n', 'a'};
```

把 5 个字符分别赋给 c[0] 到 c[4] 这 5 个元素。

2）直接用字符串常量给数组赋初值，例如，

```
char c[6] = "China";
```

无论用哪种方法对字符数组进行初始化，若提供的字符个数大于数组长度，则系统会进行语法错误处理；如提供的字符个数小于数组长度，则只将这些字符赋给数组中前面的那些元素，其余的元素自动设置为 0（即 '\0'）。例如，

```
char a[10] = {'C', 'h', 'i', 'n', 'a'};
```

上述数组的状态如下所示：

C	h	i	n	a	\0	\0	\0	\0	\0

可以通过赋初值默认数组长度。例如，

```
char str[] = "China";
```

默认 str 数组的长度为 6，即 str[6]，系统自动在末尾加一个 '\0'。

也可以定义和初始化一个二维数组，例如，

```
char a[3][3] = {{'0', '1', '2' }, {'1', '2', '1'}, {'2', '3', '2'}};
```

对字符数组的处理可以通过引用字符数组的一个个元素来实现，不过这时处理的对象是一个字符。

例 6-12　输出一个字符串。

```
#include <stdio.h>
int main()
{
    char str[14] = "China Beijing";
    int i;
    for(i = 0; i <13; i++)
        putchar(str[i]);
    printf("\n");
    return 0;
}
```

运行结果为：

```
China Beijing
```

6.5.1　字符串和字符串结束标志

第 32 讲

前面已经知道，字符常量是用单引号括起来的一个字符。在 C 语言中，把用双引号括起来的一串字符称为字符串常量，简称字符串。C 语言约定用 '\0' 作为字符串的结束标志，它占内存空间，但不计入串的长度。如果有一个字符串 "China"，则字符串的有效长度为 5，但实际上还有第 6 个字符为 '\0'，它不计入有效长度，也就是说，在遇到 '\0' 时，表示字符串结束，由它前面的字符组成字符串。

在程序中，常用 '\0' 来判断字符串是否结束，当然，所定义的字符数组长度应大于字符串的实际长度，这样才足以存放相应的字符串。应当说明的是：'\0' 代表 ASCII 码值为 0 的字符，这是一个不可显示的字符，表示一个“空字符”，即它什么也没有，只是一个供识别的标志。

于是，前面提到的给字符数组初始化的第 2 种方法，实际上是直接对字符数组元素赋值。对省略长度的字符数组初始化，也可写成：

```
char str[] = "China";
```

这时数组的长度不是 5，而是 6，因为字符串常量的最后由系统自动加一个 '\0'。这时，数组的元素为：

```
str[0] = 'C'  str[1] = 'h'  str[2] = 'i'  str[3] = 'n'  str[4] = 'a'  str[5] = '\0'
```

相当于：

```
char str[] = {'C', 'h', 'i', 'n', 'a', '\0'};
```

或

```
char str[6] = {'C', 'h', 'i', 'n', 'a', '\0'};
```

需要说明的是，字符数组并不要求它的最后一个字符必须为 '\0'，甚至可以不包括 '\0'，但只要是字符串常量，它就会自动在末尾加一个 '\0'。因此，当用字符数组表示字符串时，为了便于测定字符串的长度，以及用字符串相关的函数在程序中作相应的处理，在字符数组中也需要人为地加一个 '\0'。

6.5.2 字符数组的输入 / 输出

第 32 讲

与整型数组等一样，字符数组不能用赋值语句整体赋值。例如，

```
char str[12];
str[12] = "the string";
```

是错误的。一般字符数组的输入只能对数组元素逐个进行，字符数组的输出可以逐个进行，也可以一次性成串输出。

1）逐个字符输入 / 输出。在逐个字符输入 / 输出中用标准输入 / 输出函数 scanf/printf 时，使用格式符“%c”，或使用 getchar() 和 putchar() 函数。例如，

```
for(i = 0; i < 10; i++)
    scanf("%c", &str[i]);        /* 或 str[i] = getchar();*/
for(i = 0; i < 10; i++)
    printf("%c", str[i]);        /* 或 putchar(str[i]);*/
```

2）字符串整体输入 / 输出。与其他类型的数组不一样，字符数组的输入 / 输出能够逐个元素进行，也可以整体输入 / 输出。在用标准输入 / 输出函数 scanf/printf 时，使用格式符“%s”，这时函数中的输入 / 输出参数必须是数组名。例如，

输入形式：

```
char str[6];
scanf("%s", str);
```

其中 str 是一个已经定义的字符数组名，它代表 str 字符数组的首地址。输入时系统自动在每个字符串后加入结束符 '\0'，若同时输入多个字符串，则以空格或回车符分隔。例如，

```
char s1[6], s2[6], s3[6], s4[6];
scanf("%s%s%s%s", s1, s2, s3, s4);
```

输入数据：This is a book.

输入后，s1、s2、s3 和 s4 数据如下所示：

```
s1  This\0
s2  is\0
s3  a\0
s4  book.\0
```

注意：在字符串整串输入时，字符数组名不加地址符号 &，例如，

```
scanf("%s", &str);
```

是错误的。

输出：

```
char str[] = "china";
printf("%s", str);
```

数组 str 在内存中的状态如下所示。

C	h	i	n	a	\0

输出时，遇到结束符 '\0' 就停止输出，输出结果为“China”。

应当指出的是：

1）输出字符不包括结束符 '\0'。

2）用格式符“%s”时，输出项应是数组名，不是数组元素，以下写法是错误的：

```
printf("%s", str[0]);
```

3）如数组长度大于字符串实际长度，也只输出到 '\0' 结束。例如，

```
char str[10] = {"china"};
printf("%s", str);
```

输出结果也是 china 这 5 个字符。

4）如字符数组中包含一个以上 '\0'，则遇到第一个 '\0' 时即结束输出。

5）还可以用字符串处理函数 gets 和 puts 实现字符串整串的输入 / 输出。

6.5.3　字符串函数

C 语言有一批字符串处理函数，它们包含在头文件 string.h 中。使用时，应用 #include <string.h> 进行文件包含（gets 和 puts 除外）。下面介绍常用的 8 个字符串函数。

第 33 讲

1. 整行输入函数 gets()

其一般形式为：

```
gets(字符数组)
```

该函数用于从终端输入一个字符串到字符数组，并得到一个函数值，其函数值是字符数组的起始地址。这里的“字符数组”一般用字符数组名表示，例如，

```
gets(str);
```

执行上述语句时，gets 函数从键盘读入一串字符，直到遇到换行符 '\n' 为止。注意：换行符不是字符串的内容。字符串输入后，系统自动用 '\0' 置于串的尾部，以代替换行符。若输入字符串的长度超过字符数组定义的长度，系统会显示出错信息。

2. 整行输出函数 puts()

其一般形式为：

```
puts(字符数组)
```

该函数用于将字符串的内容显示在终端的屏幕上。这里的“字符数组”是一个已存放有字

符串的字符数组名。在输出时，遇到第一个字符串结束符 '\0' 则停止输出并自动换行。例如，

```
char str[] = "string";
puts(str);
```

则输出：

```
string
```

用 puts 函数输出的字符串中可以包含转义字符，用以实现某些格式控制。例如，

```
char str[] = "Zhe jiang\nHang zhou";
puts(str);
```

输出：

```
Zhe jiang
Hang zhou
```

在输出结束时，将字符串结束标志符 '\0' 转换成 '\n'，即输出字符串后自动换行。

3. 字符串长度函数 strlen()

其一般形式为：

```
strlen(字符数组)
```

该函数用于测试字符串的长度，即计算从字符串开始到结束标志 '\0' 之间的 ASCII 码字符的个数，此长度不包括最后的结束标志 '\0'。这里的“字符数组”可以是字符数组名，也可以是一个字符串。例如，

```
strlen("string"); /* 直接测试字符串常量的长度 */
```

该字符串的长度是 6 而不是 7。

又如，

```
char str[10] ="string";
printf("%d", strlen(str));
```

输出结果不是 10，也不是 7，而是 6。

4. 字符串连接函数 strcat()

其一般形式为：

```
strcat(字符数组1, 字符数组2)
```

该函数用于连接两个字符数组中的字符串。也就是说，将字符数组 2 的字符串接到字符数组 1 的后面，自动删去字符数组 1 中字符串后面的结束标志 '\0'，并将结果放在字符数组 1 中。该函数的函数值是字符数组 1 的地址。例如，

```
char str1[15] = {"I am "};
char str2[] = {"student"};
printf("%s", strcat(str1, str2));
```

输出：

```
I am student
```

连接前后的状况如下：

```
str1  I am \0 \0 \0 \0 \0 \0 \0 \0 \0 \0
str2  student\0
str1  I am student\0 \0 \0
```

注意：字符数组 1 的长度应足够大，以能够容纳字符数组 2 中的字符串。若字符数组 1 的长度不够大，连接会产生错误。

5. 字符串复制函数 strcpy()

其一般形式为：

```
strcpy(字符数组 1, 字符数组 2)
```

该函数用于将字符数组 2 中的字符串复制到字符数组 1 中，函数值是字符数组 1 的首地址。例如，

```
strcpy(str1, "China");
```

将一个字符串 "China" 复制到 str1 中去。注意：不能直接用赋值语句对一个数组整体赋值，下面的语句是非法的：

```
str1 = "China";
```

如果想把 "China" 这 5 个字符放到字符数组 str1 中，可以逐个对字符赋值。例如，

```
str[0] = 'C'; str[1] = 'h'; str[2] = 'i'; str[3] = 'n'; str[4] = 'a'; str[5] = '\0';
```

当字符数组元素很多时，这显然不方便，此时可以用 strcpy 函数给一个字符数组赋值。

说明：

1）在向 str1 数组复制（或认为是“赋值”）时，字符串结束标志 "\0" 也一起被复制到 str1 中。假设 str1 中原有字符 "computer&c"，如图 6-3a 所示，在执行“strcpy(str1,"China");”语句后，str1 数组中的情况如图 6-3b 所示，可以看到，str1 中的前 6 个字符被取代了，后面 5 个字符保持原状。此时 str1 中有两个 '\0'，如果用“printf("%s", str1);”输出 str1，则只能输出 "China"，后面的内容不输出。

2）可以将一个字符数组中的一个字符串复制到另一个字符数组中去，如定义两个字符数 str1 和 str2，则可执行：

```
strcpy(str1, str2);
```

设 str2 的内容如图 6-3b 所示，str1 原来全是空格，在执行了 strcpy 函数后，str1 的内容如图 6-3c 所示。注意：不能用以下语句来实现赋值（将 str2 的值传给 str1）：

```
str1 = str2;
```

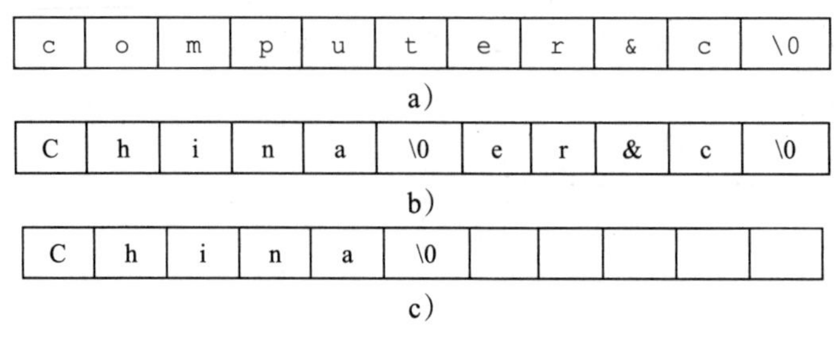

图 6-3　字符串复制示例

6. 字符串比较函数 strcmp()

其一般形式为：

```
strcmp(字符串1, 字符串2)
```

该函数用于比较两个字符串。

- 如果字符串 1= 字符串 2，则函数值为 0。
- 如果字符串 1> 字符串 2，则函数值为一正数。
- 如果字符串 1< 字符串 2，则函数值为一负数。

字符串的比较规则是：对两个字符串自左向右逐个字符进行比较（按 ASCII 码值大小比较），直到出现不同字符或遇到 '\0' 为止。如全部字符相同，则认为相等；若出现不同的字符，则以第一个不同的字符的比较结果为准。对于汉字，按其内码进行比较。比较的结果由函数值返回。

例 6-13 编写一个能实现 strcmp() 函数功能的程序。

程序如下：

```
#include<stdio.h>
#include<string.h>
int main()
{
    char a[20], b[20];
    int i = 0, k = 0;
    int m, n;
    scanf("%s", a);
    scanf("%s", b);
    m = strlen(a);
    n = strlen(b);
    while (a[i] != '\0' && a[i] == b[i]) {
        i++;
    }
    if (a[i] == '\0' && b[i] == '\0') {
        printf("0");  //字符串a等于字符串b
    }
    else {
        k = a[i] - b[i];
    }
    if (k > 0) {
        printf("1");  //字符串a大于字符串b
    }
    else if(k < 0) printf("-1");  //字符串a小于字符串b
    return 0;
}
```

若输入 Hello 和 Boy，则输出 1。

若输入 Boy 和 Hello，则输出 −1。

若输入 Boy 和 Boy，则输出 0。

7. 字符串中的大写字母转换成小写字母函数 strlwr()

strlwr() 函数用于将字符串中的大写字母转换成小写字母。lwr 是 lowercase（小写）的缩写。

8. 字符串中的小写字母转换成大写字母函数 strupr()

strupr() 函数用于将字符串中的小写字母转换成大写字母。upr 是 uppercase（大写）的缩写。

至此，常用字符串处理函数已全部介绍完毕。应当再次强调的是，库函数并非C语言本身的组成部分，而是人们为使用方便编写、提供给用户使用的公共函数。每个系统提供的函数数量和函数名、函数功能都不尽相同，使用时应谨慎，必要时查一下库函数手册。当然，对于一些基本函数（包括函数名和函数功能），不同的系统所提供的都是相同的，这就为程序的通用性提供了便利。

6.5.4　二维的字符数组

第 34 讲

一个字符串可以放在一个一维数组中，若有多个字符串，可以用一个二维数组来存放它们。可以认为二维数组由若干个一维数组组成，因此一个 m×n 的二维字符数组可以存放 m 个字符串，每个字符串最大长度为 n-1（因为还要保留一个位置存放 '\0'）。

例如，

```
char str[3][6] = {"China", "Japan", "Korea"};
```

上述代码定义了一个二维字符型数组 str，内容如下所示：

C	h	i	n	a	\0
J	a	p	a	n	\0
K	o	r	e	a	\0

可以引用其中某一行某一列的元素，例如，str[1][2] 是字符 p，可以将它单独输出，也可以输出某一行的所有元素，即某一个字符串。例如，想输出 "Japan"，可用下面的 printf 函数语句：

```
printf("%s", str[1]);
```

例 6-14　分析如下两个程序的运行结果。

程序一：

```
#include<stdio.h>
int main()
{
    char c[3][5] = { "Apple","Orange","Pear" };
    int i;
    for (i = 0; i < 3; i++)  printf("%s\n", c[i]);
    return 0;
}
```

程序二：

```
#include<stdio.h>
int main()
{
    char c[3][7] = { "Apple","Orange","Pear" };
    int i;
```

```
    for (i = 0; i < 3; i++)  printf("%s\n", c[i]);
    return 0;
}
```

用表格来表示第一个程序的数组中的各元素如下：

	0	1	2	3	4
c[0]	A	p	p	l	e
c[1]	O	r	a	n	g
c[2]	P	e	a	r	\0

此时程序一是无法输出的，因为数组的空间不足以容纳字符串。

用表格来表示第二个程序的数组中的各元素如下：

	0	1	2	3	4	5	6
c[0]	A	p	p	l	e	\0	
c[1]	O	r	a	n	g	e	\0
c[2]	P	e	a	r	\0		

此时数组能够容纳下字符串

运行结果为：

```
Apple
Orange
Pear
```

例 6-15 使用字符串处理函数实现如下功能：从键盘任意输入 5 个学生姓名，编程输出按字典顺序排在最前面的学生姓名，即输出 5 个字符串中最小的。

若输入：

```
Wang Gang
Liu Ninghao
Zhou Yu
Zhao Lili
Li Junfeng
```

则输出：

```
Li Junfeng
```

程序如下：

```
#include "stdio.h"
#include "string.h"
int main()
{
    char str[5][25],min[25];
    int i;
    for(i=0;i<5;i++)
        gets(str[i]);
    strcpy(min,str[0]);
    for(i=1;i<5;i++)
        if(strcmp(str[i],min)<0)
```

```
            strcpy(min,str[i]);
    printf("%s",min);
    return 0;
}
```

通过本例再次说明，字符串比较不能直接使用关系运算符，而必须用字符串比较函数 strcmp()，字符串赋值不能直接使用赋值运算符，而必须使用字符串复制函数 strcpy()。

6.5.5 字符数组应用举例

第34讲

例6-16 编写一个程序，将两个字符串连接起来，不要用 strcat 函数。

程序如下：

```
/* 连接两个字符串（不用 strcat）*/
#include <stdio.h>
int main()
{
    char s1[80], s2[40];
    int i = 0, j = 0;
    printf("请输入字符串1: ");
    scanf("%s", s1);
    printf("请输入字符串2: ");
    scanf("%s", s2);
    while(s1[i] != '\0')
        i++;
    while(s2[j] != '\0')
        s1[i++] = s2[j++];
    s1[i] = '\0';
    printf("连接后的字符串为: %s\n", s1);
    return 0;
}
```

运行结果为：

请输入字符串 1：country

请输入字符串 2：side

连接后的字符串为：countryside

该程序先输入两个字符串 s1 和 s2，然后通过循环，移动字符数组 s1 的元素下标到字符串的末尾，再通过第 2 个循环将字符数组 s2 各元素的字符赋到 s1 数组的后面，直到 s2 数组赋完为止，最终实现两个字符串的连接。

例6-17 对于一个全部由小写字符组成的字符串来说，它的音量值定义为最长的连续元音字母的长度，元音是指 a,e,i,o,u 五个字母。例如，对于字符串 helloworld，其音量值为 1；对于字符串 henyoujingshen，其音量值为 2；对于字符串 aerobraoia，其音量值为 4。

输入的第一行是一个整数 n，表示有 n 个字符串，接下来每一行是一个字符串。对于输入的每个字符串，输出它的音量值并换行。

例如若输入：

```
2
aebdioac
wooooow
```

则输出：

```
3
5
```

程序如下：

```
#include <stdio.h>
#include <string.h>
int main()
{
    char ch[51];
    int i,j,k,n,len,m,t;
    scanf("%d",&n);
    getchar();
    for(t=1;t<=n;t++)
    {
        gets(ch);
        m=strlen(ch);
        len=0;
        for(i=0;i<m;i++)
            for(j=i;j<m;j++)
            {
                for(k=i;k<=j;k++)
                    if((ch[k]=='a')||(ch[k]=='e')||(ch[k]=='i')
                        ||(ch[k]=='o')||(ch[k]=='u'))
                        continue;
                    else
                        break;
                if(k>j&&j-i+1>len)
                  len=j-i+1;
            }
        printf("%d\n",len);
    }
    return 0;
}
```

在上述程序中，注意在输入一个整数 n 后，要用 getchar() 函数吸收掉输入 n 后按下的回车符。

例 6-18　输入一个英文单词，若该单词是回文，则输出是回文的提示信息。若该单词不是回文，则生成相应的回文字符串。例如，若输入：level，则输出："YES"，若输入：hello，则输出：helloolleh。

程序如下：

```
#include <stdio.h>
#include <string.h>
int main()
{
    char ch[20],t[20];
    int i,n,k=0,j;
    gets(ch);
    n=strlen(ch);
    for(i=1;i<=n/2;i++)
        if(ch[i-1]!=ch[n-i])
            break;
```

```
    if(i>n/2)
        printf("yes\n");
    else
    {
        for(j=n-1;j>=0;j--)
        {
            t[k]=ch[j];
            k++;
        }
        t[k]='\0';
        strcat(ch,t);
        puts(ch);
    }
    return 0;
}
```

在上述程序中，如果输入的字符串不是回文串，则用数组 t 来保存最终生成的回文串，注意在将数组 t 连接到数组 ch 中时，要保证数组 t 中存放的是字符串。

例 6-19　输入一行字符，统计其中有多少个单词，单词之间用空格分隔开。

程序如下：

```
#include <stdio.h>
int main()
{
    char string[81];
    int i, num = 0, word = 0;
    char c;
    gets(string);
    for(i = 0; (c = string[i]) != '\0'; i++)
        if(c == ' ') word = 0;
        else if(word == 0)
        {
            word = 1;
            num++;
        }
    printf("There are %d words in the line.\n", num);
    return 0;
}
```

运行情况如下：

```
I am a boy.
There are 4 words in the line.
```

在上述程序中，变量 i 作为循环变量；num 用于统计单词个数；word 作为判别当前是否开始了一个新单词的标志。若 word=0，表示未出现新单词；若 word=1，表示出现新单词。

分析：判断是否出现新单词，可以由是否有空格出现来决定（对于连续的若干空格，程序会自动进行处理，将其与只有一个空格的情况等同处理）。如果测出某一个字符为非空格，而它前面的字符是空格，则表示新的单词开始了，此时使 num（单词数）加 1。如果当前字符为非空格而其前面的字符也是非空格，则意味着仍然是原来那个单词的继续，num 不应再累加 1。前面一个字符是否为空格可以从 word 的值看出来，若 word=0，则表示前一个字符是空格；若 word=1，则表示前一个字符为非空格。

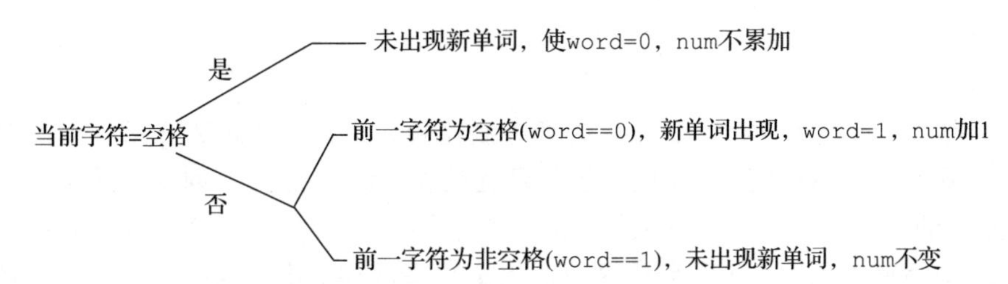

如输入“I am a boy.”，对每个字符的有关参数见表 6-3。

表 6-3 统计单词个数参数变化

当前字符		I		a	m		a		b	o	y	.
是否空格	是	否	是	否	否	是	否	是	否	否	否	否
word 原值	0	0	1	0	1	1	0	1	0	1	1	1
开始新单词	未	是	未	是	未	未	是	未	是	未	未	未
word 新值	0	1	0	1	1	0	1	0	1	1	1	1
num 值	0	1	1	2	2	2	3	3	4	4	4	4

程序中 for 语句的循环条件为：

```
(c = string[i] ) != '\0'
```

其作用是先将字符数组的某一元素（一个字符）赋给字符变量 c，此时赋值表达式的值就是该字符，然后再判定它是不是字符串结束标志 '\0'。这个循环条件包含了一个赋值操作和一个关系运算。可以看到，for 循环可以使程序简练。

例 6-20 shell 排序。

下面给出 shell 排序函数，对整数数组排序。其基本思想是：早期对相隔较远的元素进行比较，这样做可以很快消除大量不按顺序排列的情况，从而使后期要做的工作减少。若被比较元素之间的区间逐次减少直到为 1，则进入最后阶段，相邻元素互相比较并排序。在下面的程序中，相比较元素之间的间距从数组长度的 1/2 开始，然后逐次减半，当减少到 0 时，排序操作全部结束。

程序如下：

```
/*shell 排序函数 */
#include <stdio.h>
int main()
{
    int v[] = {3, 78, 45, 94, 74, 100, 91}, n = 7;
    int gap, i, j, temp;
    for(gap = n / 2; gap > 0; gap /= 2)
        for(i = gap; i < n; i++)
            for(j = i - gap; j >= 0 && v[j] > v[j+gap]; j -= gap)
            {                                /* 交换排序 */
                temp = v[j];
                v[j] = v[j+gap];
                v[j+gap] = temp;
            }
    for(i = 0; i < 7; i++)
```

```
        printf("%4d", v[i]);
    printf("\n");
    return 0;
}
```

程序中有 3 个嵌套的循环。最外层循环控制比较元素之间的距离 gap，每次除以 2 以后，从 n/2 开始一直缩小到 0，中间一层循环比较相互距离为 gap 的每对元素，最内层循环把未排好序的排好序。由于 gap 最终要减为 0，因此所有元素最终都能正确排好顺序。

例 6-21　字符串判等。编程判断两个由大小写字母和空格组成的字符串在忽略大小写且忽略空格后是否相等。

输入包括两行，每行给出一个字符串，字符串的长度不超过 100。若两个字符串在忽略大小写且忽略空格后相等，输出“YES”并换行，否则输出“NO”并换行。

例如，若输入：

```
d    Ddc  CaA
D dDC   caa
```

则输出：

```
YES
```

若输入：

```
adg  ag
AG D ADd
```

则输出：

```
NO
```

程序如下：

```
#include<stdio.h>
#include<string.h>
int main()
{
    char a[101],b[101],c[101],d[101];
    int i,j,k=0,t=0;
    gets(a);
    gets(b);
    for(i=0;i<strlen(a);i++)
        if(a[i]!=' '){
            c[k]=a[i];
            if(c[k]>='A'&&c[k]<='Z')
                c[k]=c[k]+32;
            k++;
        }
    c[k]='\0';
    for(i=0;i<strlen(b);i++)
        if(b[i]!=' '){
            d[t]=b[i];
            if(d[t]>='A'&&d[t]<='Z')
                d[t]=d[t]+32;
            t++;
        }
```

```
    d[t]='\0';
    if(strcmp(c,d)==0)
        printf("YES\n");
    else
        printf("NO\n");
    return 0;
}
```

习题

一、选择题

6.1 以下对一维整型数组 a 的正确说明是（　　）。

(A) int a(10);

(B) int n=10,a[n];

(C) int n; scanf("%d",&n); int a[n];

(D) #define SIZE 10　　int a[SIZE];

6.2 以下能对一维数组 a 进行正确初始化的语句是（　　）。

(A) int a[10]=(0,0,0,0,0);　　(B) int a[10]={ };

(C) int a[ ]={0};　　(D) int a[10]={10*1};

6.3 设有 char str[10]，下列语句正确的是（　　）。

(A) scanf("%s",&str);　　(B) printf("%c",str);

(C) printf("%s",str[0]);　　(D) printf("%s",str);

6.4 下列说法正确的是（　　）。

(A) 在 C 语言中，可以使用动态内存分配技术定义元素个数可变的数组

(B) 在 C 语言中，数组元素的个数可以不确定，允许随机变动

(C) 在 C 语言中，数组元素的数据类型可以不一致

(D) 在 C 语言中，定义了一个数组后，就确定了它所容纳的具有相同数据类型元素的个数

6.5 假设 array 是一个有 10 个元素的整型数组，则下列写法中正确的是（　　）。

(A) array[0]=10　　(B) array=0

(C) array[10]=0　　(D) array[-1]=0

6.6 执行以下程序段后，b 的值是（　　）。

```
int  a[]={5,3,7,2,1,5,4,10};
    int b=0,k;
    for(k=0;k<8;k+=2)
    b+=a[k];
```

(A) 17　　(B) 27

(C) 13　　(D) 有语法错误，无法确定

6.7 分析下列程序

```
int main()
{
    int n[3],i,j,k;
    for(i=0;i<3;i++)
        n[i]=0;
    k=2;
    for(i=0;i<k;i++)
        for(j=0;j<k;j++)
            n[j]=n[i]+1;
```

```
    printf("%d\n",n[1]);
    return 0;
}
```

上述程序运行后，输出的结果是（　　）。

（A）2　　（B）1

（C）0　　（D）3

6.8　若有以下定义：

```
int   a[5]={ 5, 4, 3, 2, 1 } ;
char  b= 'a', c, d, e;
```

则下述表达式中数值为 2 的是（　　）。

（A）a[3]　　（B）a[e-c]

（C）a[d-b]　　（D）a[e-b]

6.9　下面几个字符串处理表达式中能用来把字符串 str2 连接到字符串 str1 后的一个是：（　　）。

（A）strcat(str1,str2);　　（B）strcat(str2,str1);

（C）strcpy(str1,str2) ;　　（D）strcmp(str1,str2);

6.10　设有两字符串 "Beijing" 和 "China" 分别存放在字符数组 str1[10] 和 str2[10] 中，下述语句中能把 "China" 连接到 "Beijing" 之后的为：（　　）。

（A）strcpy(str1,str2);　　（B）strcpy(str1, "China");

（C）strcat(str1, "China");　　（D）strcat("Beijing", str2);

6.11　若有二维数组 a[m][n]，则数组中 a[i][j] 之前的元素的个数为（　　）。

（A）j*m+i　　（B）i*n+j+1

（C）i*m+j+1　　（D）i*n+j

6.12　下列字符串赋值语句中，不能正确地把字符串 C program 赋给数组的语句是：（　　）。

（A）char　a[]={'C', ' ', 'p', 'r', 'o', 'g', 'r', 'a', 'm'};

（B）char　a[10]; strcpy(a2, "C　program");

（C）char　a[10]; a= "C　program";

（D）char　a[10]={"C　program"};

6.13　以下不能对二维数组 a 进行正确初始化的语句是（　　）。

（A）int　a[2][3] = {0};

（B）int　a[ ][3]={{1,2},{0}};

（C）int　a[2][3]={{1,2},{3,4},{5,6}};

（D）int　a[ ][3]={1,2,3,4,5,6};

6.14　下述程序的运行结果是（　　）。

```
char  c[5]={ 'a','b','\0','c','\0'};    printf("%s",c);   }
```

（A）'a''b'　　（B）ab\0c\0

（C）ab c　　（D）ab

6.15　判断字符串 a 和 b 是否相等，应当使用（　　）。

（A）if(a= =b)　　（B）if(a=b)

（C）if(strcpy(a,b))　　（D）if(strcmp(a,b))

6.16　有字符数组 a[80] 和 b[80]，则正确的输出语句是（　　）。

（A）puts(a,b);

（B）printf("%s,%s",a[],b[]);

（C）putchar(a,b);

(D) puts(a),puts(b);

6.17 若有如下定义和语句：

```
char  s[12]= "a  book!";
printf("%d",strlen(s) );
```

则输出结果是：(　　)。

(A) 12　　(B) 10

(C) 7　　(D) 6

6.18 若有说明 int a[3][4] = {0}；则下面正确的叙述是：(　　)。

(A) 只有元素 a[0][0] 可以得到初值 0

(B) 此说明语句不正确

(C) 数组 a 中的每个元素均可得到初值 0

(D) 数组 a 中的每个元素均可得到初值，但值不一定为 0

二、编程题

6.19 津津上初中了。妈妈认为津津应该更加用功学习，所以津津除了上学之外，还要参加妈妈为她报名的各科辅导班。另外每周妈妈还会送她去学习朗诵、舞蹈和钢琴。但是津津如果一天上课超过八个小时就会不高兴，而且上得越久就会越不高兴。假设津津不会因为其他事不高兴，并且她的不高兴不会持续到第二天。请你帮忙检查一下津津下周的日程安排，看看下周她会不会不高兴；如果会的话，哪天最不高兴。

输入描述：

包括七行数据，分别表示周一到周日的日程安排。每行包括两个小于 10 的非负整数，用空格隔开，分别表示津津在学校上课的时间和妈妈安排她上课的时间。

比如：

```
5 3
6 2
7 2
5 3
5 4
0 4
0 6
```

输出描述 ：

包括一行，这一行只包含一个数字。如果不会不高兴则输出 0，如果会则输出最不高兴的是周几（用 1、2、3、4、5、6 和 7 分别表示周一、周二、周三、周四、周五、周六和周日）。如果有两天或两天以上不高兴的程度相当，则输出时间最靠前的一天。例如上述输入数据对应的结果是：3

6.20 编写一个程序，求由 200×200 个整数组成的 200×200 方阵的对角线元素之和。

6.21 螺旋方阵。螺旋方阵将从 1 开始的自然数由方阵的最外圈向内以螺旋方式顺序排列。如 4 阶的螺旋方阵形式为：

```
1     2     3     4
12    13    14    5
11    16    15    6
10    9     8     7
```

编程输出 4 阶的螺旋方阵。

6.22 计算分数的精确值。使用数组精确计算 M/N(0<M<N<=100) 的值。如果 M/N 是无限循环小数，则计算并输出它的第一循环节，同时要求输出循环节的起止位置（小数位的序号）。

6.23 从键盘上输入 10 个评委的分数，去掉一个最高分，去掉一个最低分，求出其余 8 个评委的平均分，输出平均分、最高分和最低分。

6.24 编写程序输出矩阵 **A** 的转置矩阵 **B**。

$$\boldsymbol{A}=\begin{bmatrix}9 & 7 & 5\\3 & 1 & 2\\4 & 6 & 8\end{bmatrix} \qquad \boldsymbol{B}=\begin{bmatrix}9 & 3 & 4\\7 & 1 & 6\\5 & 2 & 8\end{bmatrix}$$

6.25 给定二维数组 a[4][3]= {1, 2, 3, 4, 5, 6, 7, 8, 9, 10, 11, 12}，编程输出该二维数组中的最大元素的值及其所在位置（行、列）。

6.26 有 n 个人 (n<50) 围成一圈，顺序排号。从第一个人开始报数（从 1 到 3 报数），凡报到 3 的人退出圈子，问最后留下的是原来的第几号？

6.27 一个自然数如果恰好等于它的所有真因子之和（小于自身的因子称为真因子），则将其称为完美数，例如 6=1+2+3，所以 6 是完美数。编程输出 1000 以内的所有完美数。

6.28 编写程序将两个给定的字符串连接起来，要求不能使用字符串连接函数。

6.29 某个公司采用公用电话传递数据，数据是四位的整数，在传递过程中是加密的，加密规则如下：每位数字都加上 5，然后用和除以 10 的余数代替该数字，再将第一位和第四位交换，第二位和第三位交换。请编程实现。

6.30 有一个已经排好序的数组。现输入一个数，将它插入数组中并要求插入后的数组仍然有序。

6.31 如果字符串的一个子串（其长度大于 1）的各个字符均相同，则称之为等值子串。编写程序，输入字符串 s，以“!”作为结束标志。如果字符串 s 中不存在等值子串，则输出信息“无等值子串”，否则输出一个长度最大的等值子串。

例如，若输入：

```
asdf123!
```

则输出：

```
无等值子串
```

若输入：

```
abceebccadddddaaadd!
```

则输出：

```
ddddd
```

第7章 函　　数

在学习C语言函数之前，读者首先需要了解什么是模块化程序设计方法，以及它与C语言函数间的关系。

7.1 模块化程序设计及其与函数的关系

第35讲

人们在求解一个复杂问题时，通常采用的是逐步分解、分而治之的方法，也就是把一个大问题分解成若干个比较容易求解的小问题，然后分别求解。程序员在设计一个复杂的应用程序时，往往也是把整个程序划分为若干功能较为单一的程序模块，然后分别予以实现，最后再把所有程序模块像搭积木一样装配起来，这种在程序设计中分而治之的策略，被称为模块化程序设计方法。在C语言中，函数是程序的基本组成单位，因此可以很方便地用函数作为程序模块来实现C语言程序。利用函数，不仅可以实现程序的模块化，完成大型程序的组织，使程序设计变得简单和直观，提高程序的易读性和可维护性，还可以把程序中经常用到的一些计算或操作编成通用的函数，进而构建函数库，以供随时调用，这样可以大大地减少编写代码的工作量，提高开发效率。同时，被经常使用的函数由于经过了大量的测试，因此相对成熟，引入错误的概率极低。

一个C程序可由一个主函数和其他若干个函数组成，各个函数在程序中形成既相对独立又互相联系的模块。主函数可调用其他函数，其他函数之间也可以互相调用，同一函数可以被一个或多个函数调用任意多次。目前为止，大家可能还只见到过主函数 `main`，它是C语言中一个比较特殊的函数，任何程序都一定有而且只能有一个 `main` 函数，C语言程序都开始于 `main` 函数，结束于 `main` 函数。因此，从这个层面，可以认为任何一个函数一定会直接或间接地被 `main` 函数调用。

先来看一个函数调用的简单示例。

例7-1 无参数调用。

```
#include<stdio.h>
void three()
{
    printf("Function three is called.\n ");
}
void two()
{
    printf("Function two is called.\n");
    three();
}
int main()
{
    two();
```

```
    return 0;
}
```

运行结果为：

```
Function two is called.
Function three is called.
```

这种函数调用很简单，只需把被调用函数的函数名直接写出来，用函数语句调用，两次调用的过程如下：

第一次：main 函数调用 two 函数。

第二次：two 函数调用 three 函数。

two 函数是嵌套调用，嵌套形式的函数调用与函数的编写顺序无关。

说明：

1）一个源程序文件由一个或多个函数组成。一个源程序文件是一个编译单位，而不是以函数为单位进行编译的。

2）不管 main 函数放在程序的什么位置，C 程序的执行总是从 main 函数开始，调用其他函数后返回到 main 函数，在 main 函数结束整个程序的运行。main 函数是系统规定的，任何一个 C 语言程序中有且必须有一个 main 函数。

3）所有函数都是平行的，在定义时互相独立，一个函数不属于另一个函数。函数不可以嵌套定义，但可以相互调用，还可以嵌套调用和递归调用。但其他函数不能调用 main() 函数。

从用户使用的角度来看，C 语言的函数可以分为如下两类：

1）库函数。这是由系统提供的，用户不必自己定义而可以直接使用的函数。如前面学过的 printf、scanf 就是这种类型。每个系统提供的库函数的数量和功能是不同的。但一些基本函数是相同的。系统提供了很多库函数，分为数学函数、输入 / 输出函数、字符函数、字符串函数、动态存储管理函数、时间函数和其他函数，还包括一些专用库函数。

2）用户自己定义的函数。这些函数是程序中实现某些功能的模块，由用户定义函数名和函数体，以满足用户的专门需要。

从函数在调用时有无参数传递的角度来看，C 语言的函数可以分为如下两类：

1）无参函数。如例 7-1 中的 two 和 three 就是无参函数。在调用无参函数时，主调函数不传数据给被调函数，一般用来执行指定的一组操作。无参函数可以返回或不返回函数值。

2）有参函数。在函数调用时，主调函数将数据以参数的形式传递给被调函数，这种传递是以值的方式单向进行的。

7.2　函数的定义

函数定义的一般格式为：

```
<类型标识符><函数标识符>(<带类型说明的形参表>)
{
    数据描述
    数据处理
}
```

例如：

```
int max(int a, int b)
{
    int c;                          /* 函数体内的声明部分 */
    c = a > b ? a : b;
    return(c);
}
```

如上所述，函数定义通常都包括四个部分，即函数标识符、类型标识符、函数参数和函数体，各部分需要说明的地方如下：

1）函数标识符。函数标识符也就是函数名，其与变量名类似，只要满足 C 语言的标识符命名规范即可。通常函数名的命名应该有一定的含义，以提高程序的可读性。

2）类型标识符。这里类型标识符用于指定函数返回值的类型，可以是任何 C 语言给定或定义的有效数据类型，比如 int、float、double 等，也可以是用 struct 自定义的新数据类型（见第 10 章）。如果省略类型标识符，系统默认函数的返回值为整型。若函数只完成特定操作而无须返回函数值，则需要用类型名 void 进行说明，而不是省略类型标识符。类型标识符通常需要与 return 后面的表达式的类型一致，如 max 函数定义中的最后一条 return 语句中的 c 与定义时所指定的类型标识符一致，都是 int 类型。

3）函数参数。函数定义的时候可以有参数也可以没有参数，但是无论有无参数，一对小括号都不能省略。在函数定义的地方出现的参数，称之为形式化参数，简称形参。形参定义在函数名后面的括号中，一个函数可以有 0 个、1 个、2 个、多个，甚至个数不定的参数列表。每个参数定义时，都需要通过类型说明符进行说明，多个参数之间用逗号隔开，特别需要注意的是，即使两个相邻的参数有相同的数据类型，第二个参数前的类型说明符也不能省略。如上例中改成如下形式，则是错误的。

```
int max(int a, b)
{
    int c;                          /* 函数体内的声明部分 */
    c = a > b ? a : b;
    return(c);
}
```

4）函数体。两个花括号“{”和“}”之间是函数体，它由数据描述和数据处理两部分组成，其含义与 main 函数中的两部分功能相同，数据描述部分包括多种标识符的定义和声明；数据处理部分通常是通过 C 语言的一些表达式和函数调用对数据进行处理，如 max 函数定义中的函数体。

特别注意，如果函数参数表为空，称之为无参函数。例如，

```
int PrintMenu()
{
    printf("请选择以下功能\n");
    printf("1 插入\n");
    printf("2 删除\n");
    return 0;
}
```

如果函数参数表和函数体都是空的，称之为“空函数”。例如，

```
input() {}
```

调用此函数时，什么工作也不做。在主调函数中写“ input();”，表明“这里要调用一个函数”，而现在这个函数不起作用，等以后扩充函数功能时再补充。这在程序调试时是很有用处的。

7.3 函数的一般调用

上一节主要介绍了函数定义的一些基本概念，这节将详细介绍函数的一般调用过程。一个函数定义后，只有被其他函数使用才有意义。一个函数使用其他函数主要是通过函数调用来实现的。

7.3.1 函数调用方法

第 36 讲

函数调用的一般形式为：

```
函数标识符(实参表);
```

该语句可实现一个函数对另一个函数的调用，调用者称为主调函数，被调用者称为被调函数。在主调函数中使用“函数标识符(实参表);”语句，即可调用“函数标识符”标识的被调函数，在调用过程中还可以实现从主调函数的实参到被调函数的形参之间的参数传递。

函数的返回语句是 return，它写在被调函数中，表示一个被调函数执行的结束，并返回主调函数。C 语言允许在被调函数中有多个 return 语句，但总是在执行到某个 return 语句时返回主调函数。若被调函数中没有 return 语句，则在整个被调函数执行结束，即遇到其函数体的右“}”后返回主调函数。

7.3.2 形参和实参

第 36 讲

调用函数时，主调函数和被调函数之间往往有数据传递关系，这主要是通过形参和实参来完成。如前所述，形参是指函数定义时出现在圆括号内的变量列表，简称形参，把它作为被调函数使用时，用于接收主调函数传递来的数据。实参是指在调用函数时，主调函数的函数调用语句的函数名后面圆括号中的表达式，简称实参。主调函数通过实参将值传递给被调函数的形参。

例 7-2 形参与实参示例。

```
#include<stdio.h>
int min_3(int m,int n,int h)
{
    int min;
    min=(m>n?n:m);
    min=(min>h?h:min);
    return min;
}
int main()
{
    int a,d,c,min;
    scanf ("%d %d %d",&a,&d,&c);
    min=min_3(a,d,c)  ;
    printf ("min=%d\n",min);
```

```
    return 0;
}
```

运行结果为：

```
5 9 8
min=5
```

程序中 min_3 是被调函数，主调函数中的第 3 行是一个函数调用语句，表示调用函数 min_3，此处函数名 min_3 后面的圆括号中的 a、b 和 c 是实参。a、b 和 c 是主调函数 main 中定义的变量，m、n 和 h 是被调用函数 min_3 中的形参变量，通过函数调用，使这两个函数的数据发生联系。

主调函数在执行调用语句“min=min_3(a,b,c);”时，将实参变量 a、b 和 c 的值按顺序对应传递给被调函数 min_3(m,n,h) 的形参 m、n 和 h，即 a 传给 m，b 传给 n，c 传给 h。在执行被调函数 min_3 后，其返回值 min 作为函数的返回值返回给主调函数，进而作为 min_3(a,b,c) 的值赋给变量 min。

例 7-3　给定一个整数，编程判断这个数的回文数是否为素数（13 的回文数是 131，127 的回文数是 12721）。如果这个数的回文数是素数，则输出“Prime”，否则输出 "Noprime"。

```
#include<stdio.h>
int plalindrome(int x)
{
    int ans=x;
    do{
        x=x/10;
        ans=ans*10+x%10;
    }while(x>10);
    return ans;
}
int Isprime(int k)
{
    int i;
    for(i=2;i*i<k;i++)
    {
        if(k%i==0) return 0;
    }
    return 1;
}
int main()
{
    int t;
    scanf("%d",&t);
    if(Isprime(plalindrome(t)))
        puts("Prime");
    else
        puts("Noprime");
    return 0;
}
```

运行结果为：

```
17
Noprime
```

素数定义为在大于1的自然数中，除了1和本身以外不再有其他因数。在上述程序中，求回文数的函数plalindrome()的形参为x，判断是否为素数的函数Isprime()的形参为k，这两个参数用来接收主调函数传递来的变量或表达式的值。调用Isprime()时，用plalindrome(t)作为实参；调用plalindrome()时，用形参x来接收变量t的值。

关于形参和实参的说明如下：

1）在未出现函数调用时，函数定义中指定的形参变量并不占用内存中的存储单元。只有在发生函数调用时，才为被调函数的形参分配存储单元。调用结束后，形参所占的存储单元被自动释放。

2）函数一旦被定义，就可多次调用，C语言允许调用函数时形参和实参类型不一致，谨慎使用这类规定可以提高编程的技巧性，但如果由于不小心造成调用类型不一致，可能会出现意想不到的结果。函数声明的使用有助于捕捉这类错误信息。

3）实参可以是常量、变量或表达式，如“gcd(x, x + y);”，但要求它们有确定的值。在调用时，将实参的值赋给形参变量。

整个调用过程分三步实现：

第一步，计算实参表达式的值。

第二步，按对应关系顺序传递给形参变量。

第三步，形参变量参与被调函数执行，将函数的返回值传递给主调函数。

4）在定义函数时，必须指定形参的类型。在调用函数时，实参前面一定不能有类型说明符。

5）特别要强调的是：C语言规定，实参对形参变量的数据传递是“值传递”，即单向传递，只由实参传给形参，而不能由形参传回来给实参。其实质是：在内存中，实参单元与形参单元是不同的单元。同时，形参和实参的类型和个数需要一一对应。

在调用函数时，给形参分配存储单元，并将实参对应的值传递给形参；调用结束后，形参所占的存储单元被释放，实参所占的存储单元仍保留并维持原值。

因此，在执行被调函数时，形参的值如发生变化，并不改变主调函数实参的值，即不能从形参向实参进行反向传递。

6）在C语言中，可以声明一个形参的数量和类型可变的函数，如常用到的库函数printf()就是一个例子。为了“告诉”编译器传送到函数的参数个数和类型待定，必须用3个点号来结束形参定义。

例7-4　定义形参个数可变函数，计算一个通用多项式的值。当x=3时，计算下列两个多项式的值：

$$y=x^4+2x^3+3x^2+4x+5$$
$$y=1.5x^2+2.5x+3.5$$

程序如下：

```
#include <stdio.h>
#include <stdlib.h>
/* 函数 f()-- 计算并返回一个通用多项式的值 */
double f(double x, int n, double a1, ...)
{
    double s, *p;
    for(p = &a1, s = *p++; n > 0; --n)
```

```
    {
        s = s * x + *p;
        ++p;
    }
    return(s);
}
int main()
{
    double y;
    y = f(3.0, 4, 1.0, 2.0, 3.0, 4.0, 5.0);      /* 用 7 个参数调用函数 */
    printf("%.2f\n", y);
    y=f(3.0, 2, 1.5, 2.5, 3.5);                  /* 用 5 个参数调用函数 */
    printf("%.2f\n", y);
    exit(0);
}
```

在上述程序中，函数 f() 的形参有 3 个是确定的，其余参数调用时待定。用 3 个点号（...）来结束形参定义，表示后面的参数待定。在声明一个形参可变数量和类型的函数时，必须至少有一个形参是定义好的。上述程序中用到了停止函数 exit()，现说明如下：

1）exit 是标准库中的一个函数。其作用是立即停止当前程序，并退回到操作系统状态。它也常常作为一个特殊的表达式语句，控制程序停止执行。

2）使用 exit() 函数，应在程序开始部分使用以下的预编译命令：

```
#include <stdlib.h>
```

3）exit() 是带参数调用的，参数是 int 型。参数为 0 时，说明这个停止属于正常停止；当参数为其他值时，用参数指出造成停止的错误类型。

例 7-4 中出现的 p 为指针变量（关于指针的内容详见第 9 章）。

7.3.3　函数返回值

第 36 讲

通常希望通过函数调用，使主调函数能从被调函数得到一个确定的值，这就是函数的返回值。下面对函数的返回值做一些说明：

1）函数的返回值是由 return 语句传递的。return 语句可以将被调函数中的一个确定值带回到主调函数中去。

return 语句的一般形式有 3 种：

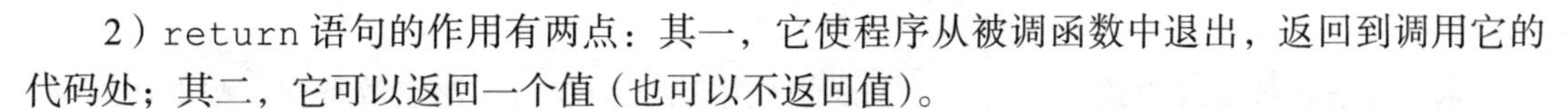

```
return(< 表达式 >);  // 这种情况 return 后面可以没有空格
return < 表达式 >;   // 这种情况 return 后面必须有空格
return;
```

2）return 语句的作用有两点：其一，它使程序从被调函数中退出，返回到调用它的代码处；其二，它可以返回一个值（也可以不返回值）。

如果需从被调函数带回一个函数值（供主调函数使用），被调函数中必须包含 return 语句且 return 中带表达式；如果不需要从被调函数带回函数值，应该用不带表达式的 return 语句，也可以不要 return 语句，这时被调函数一直执行到函数体的末尾，然后返回主调函数，在这种情况下，也有一个不确定的函数值被带回，一般不提倡用这种方法返回。

3）一个函数中可以有多个 return 语句，执行到哪一个 return 语句，哪一个语句就起作用。

4）return后面的圆括号可有可无，例如，c是表达式，(c)也是表达式，用return(c)是为了使表达清晰。即“return c;”与“return(c);”等价。

return后面的值可以是一个表达式，例如，例7-2中的函数max可以改写为：

```
max(int a, int b)
{ return(a > b ? a : b); }
```

这样的函数更加简短，只要一个return语句就把求值和返回问题都解决了。

5）C语言中，函数值的类型由定义该函数时指定的函数返回值类型决定。例如，

```
int max(int x, int y)                              /* 函数值为整型 */
float solute(float a, float b, float c)            /* 函数值为单精度浮点型 */
double add(double u, double v)                     /* 函数值为双精度浮点型 */
```

如果定义函数时未声明类型，自动按整型处理，也就是默认函数返回值类型为int，比如max(x, y)就是int max(x, y)，即函数max()的返回值为整型。

在定义函数时声明的函数值类型一般应与return后表达式的类型一致，若不一致，则以定义时的函数值的类型为准。即return后表达式的类型自动转为定义函数时声明的函数值类型。

例7-5　return语句示例。

```
#include<stdio.h>
func(double a, double b, double c)
{
    double k;
    k = a + b + c;
    return k;
}
int main()
{
    double a, b, c;
    int z;
    scanf("%lf%lf%lf", &a, &b, &c);
    z = func(a, b, c);
    printf("%d", z);
}
```

运行结果为：

```
5.8 9.2 45.06
60
```

函数func被定义为整型，而return语句中的k为双精度浮点数类型，按上述原则，应将k转换为整型，即func(a,b,c)将带回一个整数60，若将main函数中的z定义成双精度浮点数类型，用%.7lf格式输出，也是输出60.0000000。

6）根据函数返回值的类型，可将函数分为以下三类：

①计算型函数。它根据输入的参数进行某种计算，并返回一个结果，返回值的类型就是计算结果的类型。计算型函数有时称为纯函数，如库函数sin()、cos()等。

②过程型函数。它没有明显的返回值，这类函数主要完成的是一个过程，不产生任何

值，习惯上把这类函数的返回值定义为 void 类型。void 类型的函数不能用于表达式中，从而避免了在表达式中的误用。

例如，将 printstar() 函数和 print_message() 函数定义为 void 类型，则下面的用法是错误的：

```
a = printstar();
b = print_message();
```

如库函数 exit() 就是过程型函数，其作用就是中断程序执行。

③操作型函数。与过程型函数相似，这类函数也是完成一个过程，但有返回值，其返回值一般都是整型，以表示操作的成功或失败。

7.3.4　函数调用的形式

第 37 讲

按调用函数在主调函数中出现的位置和完成的功能来分，函数调用有下列 4 种形式：

1）作为函数语句，完成特定的操作。一般为过程型函数或操作型函数。

例 7-6　函数调用示例。

```
#include<stdio.h>
void room(int a)
{
    printf("I'm in room%d\n",a);
}
int main()
{
    int a,b;
    scanf("%d %d",&a,&b);
    int k=a;
    while(k<=b){
        room(k);
        k++;
    }
}
```

对于这种没有返回值的函数调用语句，被调用执行完后，返回至主调函数调用语句的下一条语句处。在上述代码中，执行完 room() 语句后，返回到 room() 语句的下一条语句“k++;”处。

2）在赋值表达式中调用函数。如例 7-5 中的“z = func(a, b, c);”。

3）在一般的运算表达式中调用函数。例如，

```
y = 5.0 * fpow(3.5, 2) + 4.5 * fpow(5.5, 2);
```

4）将函数调用作为另一函数调用的实参。例如，

```
printf("%f\n", fpow(2.5, 4));
```

第 2～4 种情况将调用函数作为一个表达式，一般允许出现在任何允许表达式出现的地方。在这种情况下，被调函数运行结束后，返回到调用函数处，并带回函数的返回值，参与运算。

7.3.5　主调函数和被调函数的相对位置关系

与变量的定义和使用一样，函数的调用也要遵循“先定义或声明，后调用”的原则。在一个函数调用另一个函数时，需具备以下条件：

1）被调函数必须已经存在。

2）如使用库函数，一般还应该在本文件开头用 #include 命令将调用有关库函数时所需用到的信息包含到本文件中去，例如，

```
#include <math.h>
```

其中 <math.h> 是一个头文件，在 math.h 中存放数学库函数所用到的一些宏定义信息和声明，如果不包含 <math.h> 文件中的信息，就无法使用数学库中的函数。同样，使用输入输出库中的函数，应该用：

```
#include <stdio.h>
```

.h 是头文件所用的扩展名，表示文件类型为头文件。

3）如果是用户自己定义的函数，并且该函数与主调函数在同一个文件中。这时，一般被调用函数应放在主调函数之前定义。若被调函数的定义在主调函数之后出现，就必须在主调函数中或在主调函数的定义体之前对被调函数加以声明，函数声明的一般形式为：

```
<类型标识符><被调函数的函数标识符>(形参类型说明);
```

因此，在 C 语言中，主调函数和被调函数之间可进行下列位置安排：

1）被调函数写在主调函数的前面。

例 7-7　判断大小写。

```
#include<stdio.h>
int judge(char k)
{
    if (k <= 'z' && k >= 'a') return 2;
    if (k <= 'Z' && k >= 'A') return 1;
    return 0;
}
int main()
{
    char ch;
    printf("input a character:\n");
    ch = getchar();
    if (judge(ch) == 1)
        printf("%c is a uppercase letter", ch);
    else if (judge(ch) == 2)
        printf("%c is a lowercase letter", ch);
    else
        printf("%c is a other character", ch);
    return 0;
}
```

将被调函数放在主调函数之前，主调函数中可以不另加类型声明。

2）被调函数写在主调函数的后面。

例 7-8　例 7-7 的另一种形式。

```
#include<stdio.h>
```

```
int main()
{
    int judge(char k);
    char ch;
    printf("input a character:\n");
    ch = getchar();
    if (judge(ch) == 1)
        printf("%c is a uppercase letter", ch);
    else if (judge(ch) == 2)
        printf("%c is a lowercase letter", ch);
    else
        printf("%c is a other character", ch);
    return 0;
}
int judge(char k)
{
    if (k <= 'z' && k >= 'a') return 2;
    if (k <= 'Z' && k >= 'A') return 1;
    return 0;
}
```

若被调函数放在主调函数的后面，则在主调函数中必须声明被调函数的类型，如例 7-8 所示。

3）如果已在所有函数定义之前，在文件的开头、函数的外部声明了函数类型，则在各个主调函数中不必对所调用的函数再做类型声明。

例 7-9　判断大小写。

```
#include<stdio.h>
int judge(char k);
int main()
{
    char ch;
    printf("input a character:\n");
    ch = getchar();
    if (judge(ch) == 1)
        printf("%c is a uppercase letter", ch);
    else if (judge(ch) == 2)
        printf("%c is a lowercase letter", ch);
    else
        printf("%c is a other character", ch);
    return 0;
}
int judge(char k)
{
    if (k <= 'z' && k >= 'a') return 2;
    if (k <= 'Z' && k >= 'A') return 1;
    return 0;
}
```

在文件的开头、函数的外部声明了函数类型，则在主调函数中不必对所调用的函数再做类型说明。

7.3.6　函数调用时值的单向传递性

在函数调用时，参数是按值单向传递的。即先计算各实参表达式的值，再按对应关系顺序传给形参，而形参的值不能传回给实参。这种值传递具有单向性，如例 7-10 所示。

例 7-10　在函数内不能改变实参的值。

第 37 讲

```
#include<stdio.h>
void swap(int a, int b);
int main()
{
    int x,y ;
    x = 10;
    y = 20;
    swap(x, y);
    printf("x=%d y=%d\n", x, y);
    return 0;
}
void swap(int a, int b)
{
    int tmp;
    tmp = a;
    a = b;
    b = tmp;
    printf("a=%d b=%d\n",a,b);
}
```

运行结果为：

```
a=20 b=10
x=10 y=20
```

例 7-10 的运行结果说明：虽然在函数 swap() 内部交换 a 和 b 的值，但函数返回后，实参 x 和 y 的值并没有改变，原因是 C 语言的参数是通过值传递的，而不是通过地址传递的，所以 a、b 只是接收 x、y 的值，而 a、b 的值不能再传回给 x、y。因此，不能用这种方法在被调函数中改变实参的内容，如果要在被调函数内改变实参的值，只要把实参变量的地址作为参数值传递给函数即可（具体在第 9 章介绍）。

7.3.7　函数调用应用举例

例 7-11　输入一个正整数 n，求正整数范围中第 n 小的质数。

第 37 讲

程序如下：

```
#include<stdio.h>
int isPrime[100000]={0};  //isPrime[i]==0 表示：i 是素数
int Prime[6005];          //Prime 存质数
int cnt = 0;
void GetPrime(int n)
{
    int i,j;
    isPrime[1] = 1;
    for(i = 2; i <= n; i++)
    {
        if(! isPrime[i])
        Prime[++cnt] = i;
        for(j = 1; j <= cnt && i*Prime[j] <= n; j++)
        {
            isPrime[i*Prime[j]] = 1;
```

```
                if(i % Prime[j] == 0)    break;
            }
        }
}
int main()
{
    GetPrime(100000);
    int k;
    while(scanf("%d", &k)!=EOF)
        printf("%d\n", Prime[k]);
    return 0;
}
```

运行结果为：

```
1
2
5
11
99
523
105
571
```

上述程序中调用的函数是 `GetPrime( )`，对质数的判断使用了欧拉筛素数的方法，这种方法可以保证范围内的每个合数都被删掉，而且任一合数只通过："最小质因数 × 最大因数（非自己）= 这个合数"的途径删掉，未被筛的则是质数，把质数存入 Prime 数组中。

例 7-12　设 s_k 表示直线 l_{k1}：$y = kx + k - 1$，l_{k2}：$y = (k+1)x + k$ 与 x 轴围成的三角形的面积，求：

$$\sum_{i=1}^{n} s_i$$

输入一个整数 t，表示有 t 组测试数据。接下来 t 行，每行输入一个整数 n，再输出一个数表示你所求得的答案。结果可能是分数，请约分至最简分数。

```
#include<stdio.h>
int Gcd(int a,int b)
{
    int t;
    while(b != 0){
        t = a%b;
        a = b;
        b = t;
    }
    return a;
}
int main()
{
    int t,a,b,tmp;
    scanf("%d", &t);
    while(t--){
        int n;
        scanf("%d", &n);
        if(n == 0) printf("0\n");
```

```
        else{
            a = n;
            b = (n+1)*2;
            tmp = Gcd(a,b);
            printf("%d/%d\n", a/tmp, b/tmp);
        }
    }
    return 0;
}
```

运行结果：

```
2
0
0
1
1/4
```

联立两直线得到方程组：

$$\begin{cases} y = kx + k - 1 \\ y = (k+1)x + k \end{cases}$$

可得 $x = -1$，$y = -1$，所以三角形的高为 1。

对于直线 l_1、l_2，令 $y = 0$，可得 $x_1 = \frac{1-k}{k}, x_2 = \frac{-k}{k+1}$，则三角形的底为 $\frac{1}{k(k+1)}$。因此列出一个方程：$\sum_{i=1}^{n} s_i = \frac{1}{2} \times 1 \times \left(\frac{1}{1\times 2} + \cdots + \frac{1}{n\times(n+1)}\right)$，裂项后，得答案为 $\frac{n}{2(n+1)}$。

要求对答案进行约分，约分其实就是求两个数的最大公因数。程序中调用的函数是 Gcd(a,b)，它是求出 a 和 b 的最大公因数的函数，运用辗转相除法可得到最大公因数。

7.4　函数的嵌套调用

第 38 讲

与其他程序控制语句可以嵌套一样，函数调用亦可以嵌套，即主函数调用一个函数，该函数又调用第二个函数，第二个函数又调用第三个函数……一个接一个地调用下去，这就称为函数的嵌套调用。

图 7-1 表示的是两层嵌套（连 main 函数共 3 层函数），其执行过程如下：

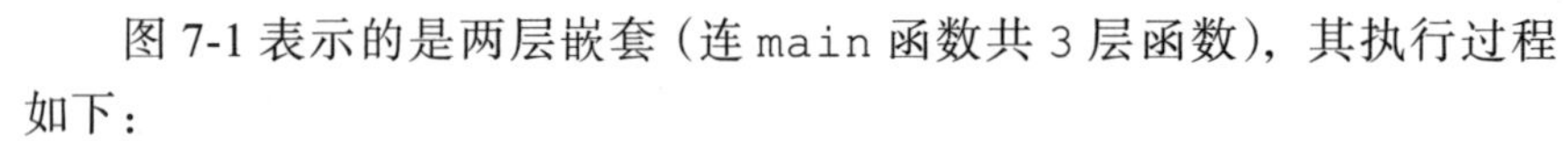

1）执行 main 函数的开头部分。

2）遇到函数调用语句，调用 a 函数，程序执行流程转去 a 函数。

3）执行 a 函数的开头部分。

4）遇到函数调用语句，调用 b 函数，程序执行流程转去 b 函数。

5）执行 b 函数，如果再无其他嵌套函数，则完成 b 函数的全部操作。

6）返回到 a 函数中调用 b 函数的位置，即返回 a 函数。

7）继续执行 a 函数中尚未执行的部分，直到 a 函数结束。

8）返回 main 函数中调用 a 函数的位置。

9）继续执行 main 函数中尚未执行的部分直到结束。

C 语言可以嵌套调用函数，但不能嵌套定义函数。也就是说，C 语言的函数定义相互平行、独立，在一个函数内不能包含另一个函数的定义，即不能嵌套定义。

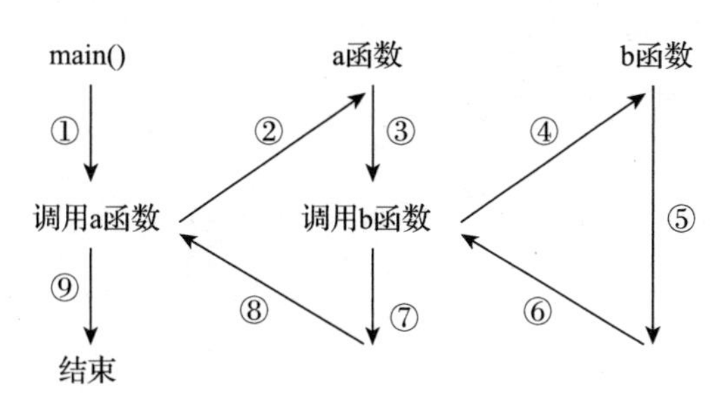

图 7-1　函数的嵌套调用

例 7-13　演示函数的嵌套调用。

假定有一个程序由 main()、f1()、f2()、f3() 这 4 个函数构成，如果在 main() 函数中依次调用 f1()、f2() 和 f3() 函数，则这种调用的方法称为函数的顺序调用（见图 7-2a）。如果在函数 main() 中调用 f1() 函数，在 f1() 函数中调用 f2() 函数，在 f2() 函数中调用 f3() 函数，以此类推，则这种线性调用称为函数的嵌套调用（见图 7-2b）。C 语言对函数的嵌套调用的层数没有限制。程序如下：

函数的顺序调用：	函数的嵌套调用：

main()
{
  …
  f1();
  f2();
  f3();
  …
}
f1()
{
  …
}
f2()
{
  …
}
f3()
{
  …
}
	main()
	{
	  …
	  f1();
	  …
	}
	f1()
	{
	  …
	  f2();
	}
	f2()
	{
	  …
	  f3();
	}
	f3()
	{
	  …
	}

a)	b)

图 7-2　函数的顺序调用与嵌套调用

```
#include <stdio.h>
void f1(int count);
void f2(int count);
void f3(int count);
int main()
{
    int count = 0;
    printf("the main:count=%d\n", count);
    f1(count);
```

```
    return 0;
}
void f1(int count)
{
    printf("the first call:count=%d\n", count++);
    f2(count);
}
void f2(int count)
{
    printf("the second call:count=%d\n", count++);
    f3(count);
}
void f3(int count)
{
    printf("the third call:count=%d\n", count++);
}
```

运行结果为：

```
the main:count=0
the first call:count=0
the second call:count=1
the third call:count=2
```

例 7-14　用弦截法求下面方程的根。

$$x^3-5x^2+16x-80=0$$

方法如下：

1）取两个不同点 x_1，x_2，如果 $f(x_1)$ 和 $f(x_2)$ 符号相反，则 (x_1,x_2) 区间内必有一个根。如果 $f(x_1)$ 和 $f(x_2)$ 同符号，则应改变 x_1、x_2，直到 $f(x_1)$ 和 $f(x_2)$ 异号为止。注意：x_1、x_2 的值不应差太大，以保证 (x_1,x_2) 区间只有一个根。

2）连接 $f(x_1)$ 和 $f(x_2)$ 两点，此线（即弦）交 x 轴于 x，如图 7-3 所示。

3）若 $f(x)$ 与 $f(x_1)$ 同符号，则根必在 (x,x_2) 区间内，此时将 x 作为新的 x_1，若 $f(x)$ 与 $f(x_2)$ 同符号，则表示根在 (x_1,x) 区间内，将 x 作为新的 x_2。

4）重复步骤 2 和步骤 3，直到 $|f(x)|<\varepsilon$ 为止，ε 为一个很小的数，例如 10^{-6}。此时认为 $f(x)\approx 0$。

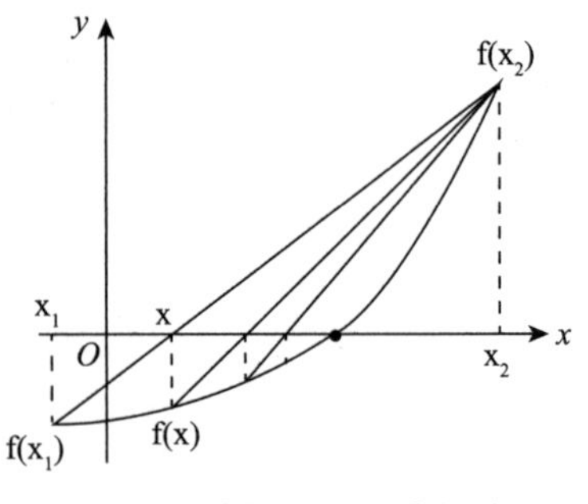

$$x=\frac{x_1\cdot f(x_2)-x_2\cdot f(x_1)}{f(x_2)-f(x_1)}$$

图 7-3　弦截法求方程的根

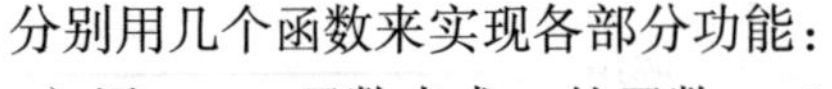

分别用几个函数来实现各部分功能：

1）用 f(x) 函数来求 x 的函数：$x^3-5x^2+16x-80$。

2）用 $xpoint(x_1,x_2)$ 函数来求 $f(x_1)$ 和 $f(x_2)$ 的连线与 x 轴的交点 x 的坐标。

3）用 $root(x_1,x_2)$ 函数来求 (x_1,x_2) 区间的那个实根。显然，执行 root 函数过程中要用到函数 xpoint，而执行 xpiont 函数过程中要用到 f 函教。

试先分析下面的程序。

```
#include <math.h>
#include <stdio.h>
```

```
float f(float x)                    /*  定义 f 函数   */
{
    float y;
    y=((x - 5.0) * x + 16.0) * x - 80.0;
    return(y);
}
float xpoint(float x1, float x2) /* 定义函数，求出弦与 x 轴交点 */
{
    float y;
    y=(x1 * f(x2) - x2 * f(x1))  / (f(x2) - f(x1));
    return(y);
}
float root(float x1, float x2)    /*  定义 root 函数，求近似根 */
{
    float x, y, y1;
    y1 = f(x1);
    do
    {
        x = xpoint(x1, x2);
        y = f(x);
        if(y * y1 > 0)              /*  f(x) 与 f(x1) 同符号  */
        {
            y1 = y;
            x1 = x;
        }
        else
            x2 = x;
    }while(fabs(y) >= 0.0001);
    return(x);
}
int main()                          /*  主函数   */
{
    float x1, x2, f1, f2, x;
    do
    {
        printf("input x1,x2:\n");
        scanf("%f,%f", &x1, &x2);
        f1 = f(x1);
        f2 = f(x2);
    }while(f1 * f2 >= 0);
    x = root(x1, x2);
    printf("A root of equation is %8.4f\n", x);
    return 0;
}
```

运行结果为：

```
input x1,x2:
2,6
A root of equation is   5.0000
```

从上述程序可以看到：

1）在定义函数时，函数名为 f、xpoint、root 的三个函数是互相独立的，并不互相从属。这几个函数均定义为实型。

2）三个函数的定义均出现在 main 函数之前，因此在 main 函数中不必对这三个函数进行类型声明。

3）程序从 main 函数开始执行。先执行一个 do…while 循环，其作用是：输入 x1 和 x2，判别 f(x1) 和 f(x2) 是否异号，如果不是异号，则重新输入 x1 和 x2，直到满足 f(x1) 与 f(x2) 异号为止。然后用“root(x1, x2)”求根 x。调用 root 函数过程中，要调用 xpoint 函数来求 f(x1) 与 f(x2) 的交点 x。在调用 xpoint 函数过程中要用到函数 f 来求 x1 和 x2 的相应的函数值 f(x1) 和 f(x2)。这就是函数的嵌套调用。

7.5　函数的递归调用

7.5.1　函数递归调用的概念

一个函数直接或间接地调用本身，称为函数的递归调用，前者称为直接递归调用，后者称为间接递归调用。例如，

```
int f(int x)
{
    int y, z;
    …
    if(条件)
        z = f(y);
    …
    return(z * z);
}
```

在调用函数 f 的过程中，又要调用 f 函数，这是直接调用本函数，如图 7-4 所示。间接调用函数过程如图 7-5 所示。

迭代和递归是解决一类递增和递减问题的常用方法。以计算 n! 为例，以往用循环的方法来计算时，是先赋初值为 1，然后做 2!，(即 1×2)，再做 3!（即 1×2×3），直到 1×2×3×…×10，整个过程用循环来实现，程序如下：

```
#include <stdio.h>
int main()
{
    int i, s = 1;
    for(i = 1; i <= 10; i++)
        s = s * i;
    printf("10!=%d\n", s);
    return 0;
}
```

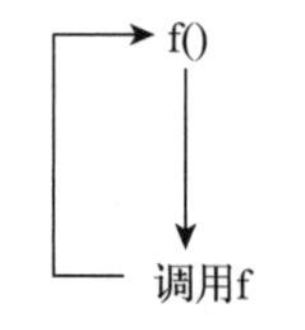

图 7-4　直接递归调用

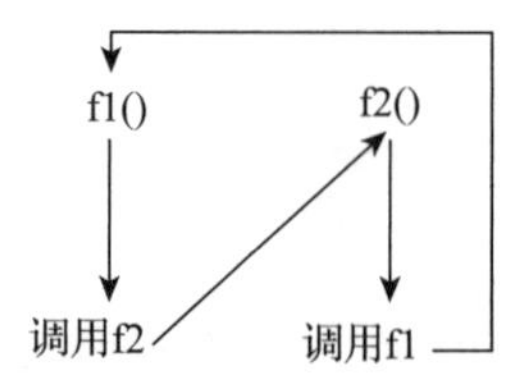

图 7-5　间接递归调用

这里，乘积 s 随着 i 的增加不断被迭代，从小到大，最后计算出结果。其过程如下：

```
乘积s                    变量i                 赋值表达式
s=1                      i=1                   s=1*1=1!
```

```
s=1!                    i=2                s=1!*2=2!
s=2!                    i=3                s=2!*3=3!
…
s=(n-1)!                i=n                s=(n-1)!*n=n!
```

而用递归的方法计算 10!，基本思想是将原式写成递归的表达式：

$$n! = \begin{cases} 1 & (n = 0) \\ n \times (n-1)! & (n > 0) \end{cases}$$

由公式可知，求 n! 可以化为 n×(n-1)! 的解决方法。这仍与求 n! 的解法相同，只是处理对象比原来的递减了 1，变成了 n-1，对于 (n-1)!，又可转化为 (n-1)×(n-2)!，…，当 n=0 时，n!=1，这是结束递归的条件，从而使问题得到解决。

一个问题要采用递归方法来解决时，必须符合以下 3 个条件：

1）可以把一个问题转化为一个新的问题，而这个新问题的解决方法与原问题的解法相同，只是处理的对象有所不同，但它们也只是有规律的递增或递减。

2）可以通过转化过程使问题得到解决。

3）必定有一个明确的结束条件，否则递归将会无休止地进行下去。也就是说，必须要有某个终止递归的条件。

对上面求 n! 的递归公式，很容易写成以下的递归函数 rfact()：

```
#include <stdio.h>
long rfact(int n)
{
    if(n == 0) return(1);
    return(rfact(n - 1) * n);
}
int main()
{
    printf("10!=%d\n", rfact(10));
    return 0;
}
```

7.5.2 递归调用应用举例

第 38 讲

下面通过一些示例来说明递归调用的过程及其应用。

例 7-15 递归计算 n! 的函数 rfact()

```
#include <stdio.h>
#include <stdlib.h>
long rfact(int n)
{
    if(n < 0)
    {
        printf("Negative argument to fact ! \n");
        exit(-1);
    }
    else if(n <= 1)
        return(1);
    else
        return(n * rfact(n - 1));/* 自己调用自己 */
}
```

请注意，当形参值大于 1 时，函数的返回值为 n*rfact(n-1)，又是一次函数调用，而调用的正是 rfact 函数，这就是一个函数调用自身函数的情况，即函数的递归调用。这种函数称为递归函数。

返回值是 n*rfact(n-1)，而 rfact(n-1) 的值当前是未知的，要调用完才能知道。例如，当 n=5 时，返回值是 5*rfact(4)，而 rfact(4) 调用的返回值是 4*rfact(3)，仍然是个未知数，还要先求出 rfact(3)，而 rfact(3) 也是未知的，它的返回值是 3*rfact(2)，而 rfact(2) 的值为 2*rfact(1)，现在 rfact(1) 的返回值为 1，是一个已知数。然后回过头来根据 rfact(1) 求出 rfact(2)，将 rfact(2) 的值乘以 3 求出 rfact(3)，将 rfact(3) 的值乘以 4 得到 rfact(4)，再将 rfact(4) 乘以 5 得到 rfact(5)。

可以看出，递归函数在执行时，将引起一系列的递推和回归的过程。当 n=4 时，其递推和回归过程如图 7-6 所示。从图中可以看出，递推过程不应无限制地进行下去，当递推若干次后，就应当到达递推的终点——得到一个确定值（例如本例中的 rfact(1)=1），然后进行回归，回归的过程是从一个已知值推出下一个值。实际上这也是一个递推过程。

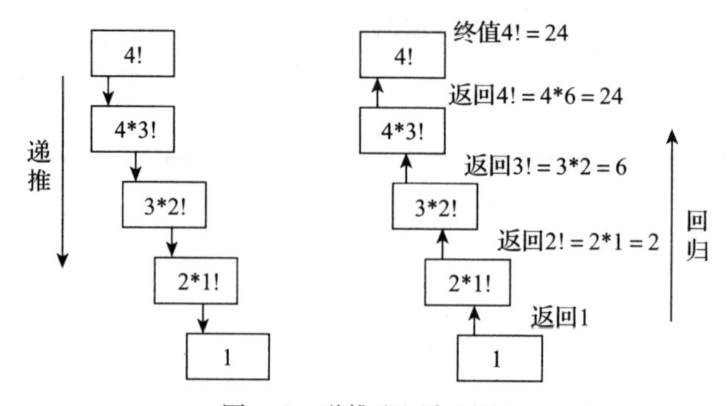

图 7-6　递推和回归过程

在设计递归函数时应当考虑到递归的终止条件，在本例中，下面就是使递归终止的条件：

```
if(n <= 1)
    return(1);
```

所以，任何有意义的递归总是由两部分组成的：递归方式与递归终止条件。

递归是一种有效的数学方法。本例的算法就是基于如下的递归数学模型的：

$$\text{fact}(n)=\begin{cases}1 & (n\leqslant 0)\\ n\times\text{fact}(n-1) & (n>0)\end{cases}$$

再如求 a、b 两数的最大公约数的过程也可以递归地描述为：

$$\gcd(a,b)=\begin{cases}b & (a\%b=0)\\ \gcd(b,a\%b) & (a\%b!=0)\end{cases}$$

由这一模型，也很容易写出一个 C 程序来。递归是一种非常有用的程序设计技术，当一个问题中蕴涵递归关系且结构比较复杂时，采用递归算法往往可使程序更加自然、简洁、容易理解。

例 7-16　汉诺塔（Tower of Hanoi）问题。

约在 19 世纪末，在欧洲的玩具商店里出现了一种称为“汉诺塔”的游戏。游戏的装置是一块板，上面有3根杆，最左侧的杆上自下而上、由大到小地穿有64个盘子，呈一个塔形（见图7-7）。游戏的目的是把左侧杆上的盘子全部移到最右侧的杆上，条件是一次只能移动一个盘子，并且不允许大盘压在小盘上面。容易推出，n个盘子从一根杆移到另一根杆需要 2^n-1 次，所有64个盘子的移动次数为 $2^{64}-1=$ 18 446 774 073 709 511 615，这是一个天文数字，即使用一台功能很强大的现代计算机来解决汉诺塔问题，每微秒可能计算（不打印出）一次移动，那么也需要几乎100万年。而如果每秒移动一次，则需要近5800亿年，目前从能源的角度推算，太阳系的寿命也只有150亿年。下面设计一个模拟移动盘子的算法。假定要把n个盘子按题中的规定由a杆借助c杆移动到b杆。模拟这一过程的算法称为Hanoi(n，a，b，c)。那么，很自然的想法是：

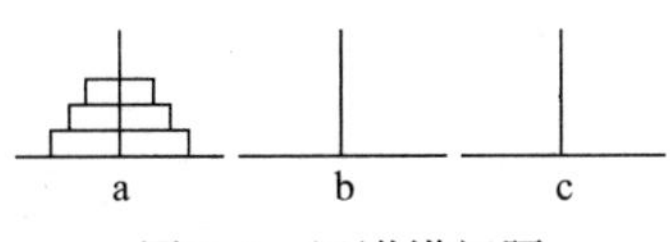

图 7-7 汉诺塔问题

第一步：先把n-1个盘子设法借助b杆放到c杆，记作Hanoi(n-1，a，c，b)。

第二步：把第n个盘子从a杆移到b杆。

第三步：把c杆上的n-1个盘子借助a杆移到b杆，记作Hanoi(n-1，c，b，a)。

由上述三步便可以直接写出如下程序：

```
#include <stdio.h>
int main()
{
    int n;
    void Hanoi(int n, char a, char b, char c);
    printf("\n* * * * * * * * * * * * * * * * * * * * *  * ");
    printf("\n*   Program for simulation the solution   *");
    printf("\n*   of the game of the tower of  Hanoi   *");
    printf("\n* * * * * * * * * * * * * * * * * * * *  * * ");
    printf("\n Please enter the number of disks to be moved: ");
    scanf("%d", &n);
    Hanoi(n, 'a', 'b', 'c');
    return 0;
}
void Hanoi(int n, char a, char b, char c)
{
        if(n > 0)
        {
            Hanoi(n-1, a, c, b);
            printf("\nMove disc %d from pile %c to %c", n, a, b);
            Hanoi(n-1, c, b, a);
        }
}
```

运行结果为：

```
* * * * * * * * * * * * * * * * * *  * * * *
*   Program for simulation the solution    *
*    of the game of the tower of Hanoi     *
* * * * * * * * * * * * * * * *  * * * * * *
Please enter the number of disks to be moved:4
Move disc 1 from pile a to c
Move disc 2 from pile a to b
Move disc 1 from pile c to b
Move disc 3 from pile a to c
```

```
Move disc 1 from pile b to a
Move disc 2 from pile b to c
Move disc 1 from pile a to c
Move disc 4 from pile a to b
Move disc 1 from pile c to b
Move disc 2 from pile c to a
Move disc 1 from pile b to a
Move disc 3 from pile c to b
Move disc 1 from pile a to c
Move disc 2 from pile a to b
Move disc 1 from pile c to b
```

请读者仔细阅读以上程序，理解递归算法的思路，学会用递归解决问题。有的问题既可以用递归方法解决，也可以用迭代方法解决（如求 n!），而有的问题不用递归方法是难以得到结果的（如汉诺塔问题）。

例 7-17　把 m 个同样的苹果放在 n 个同样的盘子里，允许有的盘子空着不放，问共有多少种不同的分法。（5，1，1 和 1，5，1 是同一种分法。）

分析：定义函数 func（m，n）为 m 个苹果放在 n 个盘子的方法数目。若盘子个数大于苹果个数，那么一定会有盘子空出来，那么 func（m，n）=func（m，m）。若盘子个数小于苹果个数，方法可以分成两种，有至少一个盘子空着，即相当于 func(m,n)=func(m,n-1)；所有盘子都有苹果，相当于可以从每个盘子中拿掉一个苹果，不影响不同放法的数目，即 func(m,n)=func(m-n,n)；而总的放苹果的方法数目等于两者的和，即 func(m,n)=func(m,n-1)+func(m-n,n)。

程序如下：

```
#include<stdio.h>
int func(int m,int n)
{
    if(m==0||n==1)
        return 1;
    if(n>m)
        return func(m,m);
    else
        return func(m,n-1)+func(m-n,n);
}
int main()
{
    int t,m,n;
    scanf("%d",&t);
    while(t--)
    {
        scanf("%d%d",&m,&n);
        printf("%d\n",func(m,n));
    }
}
```

例 7-18　间接递归调用示例。

这是一个用间接递归调用解决八皇后问题的例子。八皇后问题是在 8×8 的国际象棋盘上，安放 8 个皇后，要求没有一个皇后可以“吃”其他任一的皇后，即没有两个皇后在同一行、同一列或同一对角线上。

定义并调用函数 eightqueen(i) 和 revise(i,j)，用来寻找第 i 行的皇后和修改（i，j）位置的信息。其中函数 eightqueen 执行中调用函数 revise，而在函数 revise 执行中又调用了函数 eightqueen。这就是间接递归调用。

用 Queen 数组记录皇后所在的列号，Queen[i] 表示第 i 行的皇后在第 j 列上。那么 j 列上都不能放皇后，用 c[j]=0 来表示。同时（i，j）上的两条对角线也不能放皇后，对角线上的行列符合以下规律：

行 + 例 = 常数

行 - 例 = 常数

用 l[i+j]=0 和 r[i-j+9]=0 来表示（i，j）的两条对角线上不能放置皇后。用 c 数组表示列上的安全性，c[i]=0 表示 i 列上不能放置皇后。

因此只要满足 ((c[j] == 1)　&& (l[i - j + 9] == 1)&& (r[i + j] == 1)) 就表示（i，j）上可以放置皇后。如果 i<8 则递归调用 eightqueen（i+1）。i 为 8 表示求出了一个解，输出这个解。

程序如下：

```
#include<stdio.h>
int num=0;
int Queen[9];
int c[9];
int l[17], r[17];
void eightqueen(int i);
void revise(int i, int j);
int main()
{
    for (int i = 0; i < 9; i++)
    {
        c[i] = 1;

    }
    for (int i = 0; i < 17; i++)
    {
        l[i] = 1;
        r[i] = 1;
    }
    eightqueen(1);
}
void eightqueen(int i)
{
    int j;
    for (j = 1; j <= 8; j++)
    {
        if ((c[j] == 1)  && (l[i - j + 9] == 1 )&& (r[i + j] == 1))
        {
            revise(i,j);
        }
    }
}
void revise(int i, int j)
{
    Queen[i] = j;
    c[j] = 0;
```

```
        l[i - j + 9] = 0;
        r[i + j] = 0;
        if (i < 8)
        {
            eightqueen(i+1);
        }
        else
        {
            printf("programme%2d\n",++num);
            for (int k = 1; k <= 8; k++)
                printf("(%d,%d)", k, Queen[k]);
            printf("\n");
        }
        c[j] = 1;
        l[i - j + 9] = 1;
        r[i + j] = 1;
    }
```

运行结果:
编译上述程序可得 92 个解，这里只列出 6 个解:

```
programme 1
(1,1)(2,5)(3,8)(4,6)(5,3)(6,7)(7,2)(8,4)
programme 2
(1,1)(2,6)(3,8)(4,3)(5,7)(6,4)(7,2)(8,5)
programme 3
(1,1)(2,7)(3,4)(4,6)(5,8)(6,2)(7,5)(8,3)
programme 4
(1,1)(2,7)(3,5)(4,8)(5,2)(6,4)(7,6)(8,3)
programme 5
(1,2)(2,4)(3,6)(4,8)(5,3)(6,1)(7,7)(8,5)
programme 6
(1,2)(2,5)(3,7)(4,1)(5,3)(6,8)(7,6)(8,4)
```

7.6　数组作为函数参数

前面提到，可以用变量作为函数参数，事实上，也可以用数组元素作为函数参数（其用法与变量相同）。另外，数组名也可以作为函数的实参和形参，不同的是这时传递的是数组的首地址。

第 39 讲

7.6.1　用数组元素作为函数实参

由于实参可以是表达式形式，而数组元素可以是表达式的组成部分，因此数组元素当然可以作为函数的实参，这与用变量作为实参一样，是单向传递，即“值传递”方式。

例 7-19　给定一个含有 n 个元素的数组 a，要求按照从小到大的方式输出这 n 个元素。

程序如下:

```
#include<stdio.h>
int cmp(int a, int b);
int main()
{
    int n,i,j,t,f[1000];
    scanf("%d", &n);
```

```
    for (i = 1; i <= n; i++)
    {
        scanf("%d", &f[i]);
    }
    for (i = 1; i <= n - 1; i++)
    {
        for (j = 1; j <= n - i; j++)
        {
            if (cmp(f[j + 1], f[j]))
            {
                t = f[j + 1];
                f[j + 1] = f[j];
                f[j] = t;
            }
        }
    }
    for(i = 1; i <= n; i++)
        printf("%d ",f[i]);
}
int cmp(int a, int b)
{
    if(a < b) return 1;
    return 0;
}
```

运行结果为：

```
5
5 4 3 2 1
1 2 3 4 5
```

程序采用的排序方式为冒泡排序，交换条件为函数 cmp 的返回值是否为 1。

7.6.2 用数组名作为函数参数

第 39 讲

可以用数组名作为函数参数，此时实参与形参都要用数组名（或用指针，见第 9 章）。

例 7-20 请编写一个程序，计算数组值的标准差。数组的元素从终端读取，使用函数来计算标准差和平均值。

数列 n 的标准差如下表示：

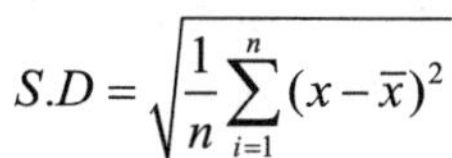

$$S.D=\sqrt{\frac{1}{n}\sum_{i=1}^{n}(x-\overline{x})^2}$$

其中 $\overline{x}$ 为数列的平均值。

程序如下：

```
#include<stdio.h>
#include<math.h>
int n;    //n 为全局变量
float TAV(float a[])
{
    int i;
    float sum = 0.0;
    for(i = 0; i < n; i++) sum += a[i];
```

```
    printf("The average value is %lf\n", sum / (n*1.0));
    return sum / (n*1.0);
}
float SD(float a[])
{
    int i;
    float average, ans = 0;;
    average = TAV(a);
    for(i=0;i<n;i++)
    {
        ans += (a[i] - average) * (a[i] - average);
    }
    ans =ans/(n*1.0);
    return (ans);
}
int main()
{
    int i;
    float value[10000];
    scanf("%d", &n);
    for(i = 0; i < n; i++)
        scanf("%f", &value[i]);
    printf("Standard Deviation is %lf", SD(value));
}
```

运行结果为：

```
5
126 48 97 21 56
The average value is 69.600000
Standard Deviation is 1389.040039
```

上述程序中涉及了 TAV 函数计算数列的平均值，SD 函数计算标准差，返回值都为 float 类型。

说明：

1）用数组名作为函数参数，应该在主调函数和被调用函数中分别定义数组，例中 a 是形参数组名，value 是实参数组名，分别在其所在函数中定义，不能只在一方定义。

2）实参数组与形参数组类型应一致，如不一致，结果将出错。

3）实参数组与形参数组大小可以一致，也可以不一致，C 编译对形参数组的大小不做检查，只是将实参数组的首地址传递给形参数组。如果要求形参数组得到实参数组的全部元素值，则应当指定形参数组与实参数组大小一致。形参数组也可以不指定大小，在定义数组时在数组名后跟一个空的方括号，为了在被调用函数中处理数组元素的需要，可以另设一个参数，传递元素的个数。

4）最后应当强调一点，数组名作为函数参数时，不是“值传递”，不是单向传递，而是把实参数组的起始地址传递给形参数组，这样两个数组就共占一段内存单元。如图 7-8 所示，假如 a 的起始地址为 1000，则 b 数组的数组起始地址也是 1000，显然 a 和 b 同占一段内存单元，a[0] 和 b[0] 同占一个单元……这种传递方式叫“地址传递”。由此可以看到，形参数组中各元素的值如发生变化，会使实参数组元素的值同时发生变化，从图 7-8 来看，这是很容易理解的。注意：这点与普通变量作为函数参数的情况是不同的。在程序设计中，可有意识地利用这一特点改变实参数组元素的值（如排序）。

a[0]	a[1]	a[2]	a[3]	a[4]	a[5]	a[6]	a[7]	a[8]	a[9]
2	4	6	8	10	12	14	16	18	20
b[0]	b[1]	b[2]	b[3]	b[4]	b[5]	b[6]	b[7]	b[8]	b[9]

图 7-8　数组参数传递

7.6.3　用多维数组作为函数参数

多维数组可以作为实参，这一点与前述相同。

可以用多维数组作为实参和形参，对于在被调函数中对形参数组的定义，可以指定每一维的大小，也可以省略第一维的大小。例如，

```
int array[3][10]
```

或

```
int array[][10]
```

二者都合法且等价。但不能把第二维以及其他维的大小省略。如下面的示例是不合法的：

```
int array[][]
```

因为从实参传递来的是数组起始地址，在内存中按数组排序规则存放（按行存放），并不区分行和列，所以如果在形参中不声明列数，那么系统无法决定应为多少行多少列。不能只指定第一维而省略第二维，下面写法是错误的：

```
int array[3][]
```

实参数组可以大于形参数组。例如，实参数组定义为：

```
int score[5][10]
```

而形参数组定义为：

```
int array[3][10]
```

这时形参数组就只取实参数组的一部分，其余部分不起作用。请读者从“传递地址”这一特点出发来思考这个问题。

7.7　变量的作用域——局部变量和全局变量

C 语言的变量定义可以在函数内部、所有函数的外部以及函数形参表中进行。相应的，这些变量分别称为局部变量、全局变量和形参。

7.7.1　局部变量

局部变量就是在函数内部定义的变量。局部变量的定义一般都在函数体的前部，即函数的花括号“{”之后语句之前。这可以使阅读程序的人清楚地知道使用了哪些局部变量。局部变量也可以定义在函数体内的任何一个复合语句的花括号“{”之后语句之前。局部变量只在定义它的本函数范围内有效，也就是说，只有在本函数内才能使用它们。因此，在复合语句中定义的局部变量，只在该复合语句内有效。

函数的形参也可以看作局部变量，退出该函数时无效。总之，局部变量只在进入它所属

的模块时才能使用，退出该模块后无法使用。

应用局部变量，在需要时建立，不需要时清除，频繁的建立和清除看似麻烦，但它只在建立它的函数或复合语句中有效，可以提高程序模块的清晰度、函数作用的独立性和专一性，为结构化程序设计提供了一种良好的手段。

下面看一个示例。

例 7-21　局部变量示例。

```
#include<stdio.h>
void func1()
{
    int a, b;
}
void func2()
{
    int a, b;
}
int main()
{
    int a, b, c;
    {
        int d;
        d = a * b + c;
    }
    return 0;
}
```

说明：

1）主函数 main 中定义的变量在主函数中有效，而不会在其他函数中有效。各函数不能使用其他函数中定义的变量。

2）不同的函数中，可以使用相同名字的局部变量，它们代表不同的对象，互不干扰。形参、局部变量和函数内复合语句中的局部变量同名时，在复合语句中，其内部中的变量起作用，而本函数的同名局部变量、形参变量被屏蔽。

上述程序中，主函数内定义的 a、b 和 c 只在主函数内有效，而 d 则是在复合语句中有效。函数 func1 中定义的 a、b 只在函数 func1 中有效，函数 func2 中定义的 a、b 只在函数 func2 中有效。

例 7-22　在函数 found() 中，使用了形参，形参的作用范围也是整个函数内（实参给形参传值的过程也就是给局部变量赋值的过程）；局部变量 i、ch1 和 ch2 只在 for 循环中可用。

```
#include<stdio.h>
char found(int k,char ch)
{
    ch = ch + k > 'z' ? ch - 'z' + k : ch + k;
    return ch;
}
int main()
{
    for (int i = 1; i <= 5; i++)
    {
        char ch1,ch2;
```

```
        scanf("%c", &ch2);
        getchar();
        ch1= found(i,ch2);
        printf("The %d after %c is %c\n", i , ch2 , ch1);
    }
}
```

运行结果为：

```
4
The 1 after 4 is 5
6
The 2 after 6 is 8
a
The 3 after a is d
B
The 4 after B is F
r
The 5 after r is w
```

7.7.2 全局变量

第 40 讲

全局变量（又称为外部变量）是在函数外部定义的变量，为文件中其他函数所共用。其有效范围是从变量定义的位置开始至本源文件结束。例如，

```
int p = 1, q = 5;                    /* 全局变量 */
float f1(int a)                      /* 定义函数 f1*/
{
    int b, c;
    ...
}
char c1, c2;                         /* 全局变量 */
char f2(int x, int y)                /* 定义函数 */
{
    i, j;
    ...
}
int main()
{
    int m, n;
    ...
}
```

在上述程序中，p、q、c1、c2 都是全局变量，但它们的作用范围不同，在 main 函数和函数 f2 中可以使用全局变量 p、q、c1、c2，但在函数 f1 中只能使用全局变量 p、q，而不能使用 c1 和 c2。在一个函数中，既可以使用本函数中的局部变量，又可以使用有效的全局变量，打个通俗的比喻：国家有统一的法律和法令，各地方政府还可以根据需要制定地方性法规。一个地方的居民既要遵守国家统一的法律和法令，又要遵守所属地方的法规，如例 7-23 所示。

例 7-23 全局变量示例。

```
#include<stdio.h>
int a = 0;
```

```
void func(int k)
{
    a += ++k;
}
int main()
{
    int a1=2, b1=3;
    func(a1);
    printf("%d %d\n", a, a1);
    func(b1);
    printf("%d %d\n", a, b1);
    return 0;
}
```

运行结果为：

```
3 2
7 3
```

从上述程序可以看到，由于a1、b1是局部变量，在执行“func(a1);”和“func(b1);”语句调用函数func(k)后，值的传递是单向的，即a1、b1的值不变，仍是2和3。而a是全局变量，当执行“func(a1);”和“func(b1);”语句调用函数func(k)后，a的值会发生变化。

利用全局变量可以减少函数实参的个数，从而减少存储空间以及传送数据时的时间消耗。但是不在必要时不要使用全局变量，原因如下：

1）全局变量在程序的全部执行过程中都占用存储单元，而不是仅在需要时才开辟存储单元。

2）全局变量使函数的通用性降低了，因为函数在执行时依赖于其所在的外部变量。如果将一个函数移到另一个文件中，还要把有关的外部变量及其值一起移过去。而且若与其他文件的变量相同时，就会出现问题，降低程序的可靠性和通用性。在程序设计中，在划分模块时要求模块的“内聚性”强，与其他模块的“耦合性”弱，即模块的功能要单一（不要把许多不相干的功能放到一个模块中），与其他模块的相互影响尽量少。而用全局变量是不符合这个原则的。一般要求C程序中的函数做成一个封闭体，除了可以通过“实参—形参”的方式与外界发生联系外，没有其他方式。这样的程序移植性好，可读性强。

3）使用全局变量过多，会降低程序的清晰性，使人往往难以清楚地判断各个瞬间外部变量的值。在各个函数执行时都可能改变外部变量的值，程序容易出错。因此，要限制使用全局变量。

如果全局变量在文件的开头定义，则在整个文件范围内都可以使用该全局变量，如在文件中的某一位置定义全局变量（必须在函数外部），其作用范围只限于定义点到文件结束。如果定义点之前的函数要使用后面定义的全局变量，应在使用的函数中用“extern”进行“全局变量声明”，表示该变量在函数的外部定义，在函数的内部可以使用它们。

全局变量定义和全局变量声明并不是一回事。全局变量的定义只能有一次，它的位置在所有函数之外；而同一个文件中的全局变量声明可以有多次，它的位置在某个函数中（哪个函数要用，就在哪个函数中声明）。系统根据全局变量的定义（而不是根据全局变量的声明）分配存储单元。对全局变量的初始化只能在“定义”时进行，而不能在“声明”中进行。“声明”的作用是：说明该变量是一个已在外部定义过的变量，仅仅是为了引用该变量而做的

“申请”。原则上，所有函数都应该对所用的全局变量进行声明（用 extern），只是为了简化起见，允许在全局变量的定义之后的函数可以不写这个“声明”。

如在同一文件中，全局变量和局部变量同名，则在局部变量的作用范围之内，局部变量起作用，全局变量被屏蔽。也就是说，当全局变量、函数内的局部变量和复合语句内的局部变量同名时，在当前的小范围内，其作用的优先级为：复合语句中的局部变量 > 函数内的变量 > 全局变量，如例 7-24 所示。

例 7-24　全局变量作用的优先级。

```
#include<stdio.h>
int x = 3, y = 4;
int min(int x, int y)
{
    return(x > y ? y: x);
}
int main()
{
    int x = 2;
    printf("%d", min(x, y));
    return 0;
}
```

运行结果为：

```
2
```

在上述程序中，故意以 x、y 重复用作变量名，请读者区别不同 x、y 的含义和作用范围。第二行定义了全局变量 x、y，并赋初值。第三行定义函数 min，x、y 是形参，全局变量 x、y 在 min 函数中不起作用。最后六行是 main 函数，它定义了一个局部变量 x，因此全局变量 x 在 main 函数中不起作用，但全局变量 y 有效。因此运行结果为 2。

由于全局变量在所有函数中有效，因此，当程序在很多函数中要用到某些相同的数据时，全局变量就变得很有用，避免了大量通过形参传递数据。但是，过多地使用全局变量也会带来消极的后果。

7.8　变量的存储类别和生存期

7.8.1　变量的存储类别

第 41 讲

从空间的角度看，变量的作用域分为局部变量和全局变量。

从变量的生存期（即变量的存在时间）看，可以分为静态变量和动态变量。静态变量和动态变量是按其存储方式来区分的。静态存储方式是指在程序运行期间分配固定的存储空间，待程序执行完毕后才释放。动态存储方式是在程序运行期间根据需要动态地分配存储空间，一旦动态过程结束，不论程序是否结束，都会释放变量所占用的存储空间。

内存提供给用户使用的空间分为 3 个部分：程序区、静态存储区和动态存储区。程序区用于存放用户程序；静态存储区用于存放全局变量、静态局部变量和外部变量；动态存储区用于存放局部变量和函数形参变量。另外，CPU 中的寄存器存放的是寄存器变量。

C 语言有 4 种变量存储类别声明符，用来“通知”编译程序采用哪种方式存储变量，这 4 种变量的存储类别声明符是：

- 局部（自动型）变量声明符 auto（一般可以省略）
- 静态变量声明符 static
- 全局变量声明符 extern
- 寄存器变量声明符 register

在C语言中，每个变量和函数都有两个属性：数据类型和存储类别。在定义变量时，存储类别声明符要放在数据类型的前面，一般格式为：

```
<存储类别> 数据类型 变量标识符;
<存储类别> 数据类型 函数标识符;
```

7.8.2　动态变量

第41讲

动态变量是在程序中执行的某一时刻被动态地建立并在某一时刻又可被动态地释放的一种变量，它们存在于程序的局部，也只在局部可用。动态变量有3种类型：局部（自动）变量、寄存器变量和函数形参变量。本节只讲述前两种动态变量，第3种已经在前面讲述过，此处不再赘述。

1. 局部（自动）变量

自动变量是C语言中使用最多的一种变量。因为建立和释放这种类型的变量，都是由系统自动进行的，所以称为自动变量。在一个函数中定义自动变量，在调用此函数时才能给变量分配存储单元，当函数执行完毕后，这些存储单元将被释放。声明局部变量的一般形式为：

```
[auto] 类型标识符 变量标识符[=初始表达式], ...;
```

其中，auto是自动变量的存储类别声明符，一般可以省略。省略auto，系统默认此变量为auto。因此省略auto的变量实际上都是自动变量。例如，

```
auto int a, b = 5;  与     int a, b = 5; 等价。
```

下面对局部变量（自动）变量说明如下：

1）自动变量是局部变量。

2）自动变量只在定义它的那个局部范围才能使用。例如，在一个函数中定义了一个x，那么它的值只有在本函数内有效，其他函数不能通过引用x而得到它的值。

3）未进行初始化时，自动变量的值是不定的。

下面以例7-25和例7-26进行说明。

例7-25　局部变量示例。

```
#include<stdio.h>
void cout()
{
    int x = 4;
    printf("%d\n", x);
}
int main()
{   /*******A*******/
    int x = 2;
    {       /*********C********/
        int x = 3;
```

```
        cout();
        printf("%d\n", x);
    }       /*********D*******/
    printf("%d", x);
    return 0;
}  /*******B*******/
```

运行结果为：

```
4
3
2
```

上述程序先后定义了 3 个变量 x，都是局部变量，都只在本函数或复合语句中有效。main 函数中定义的 x 只在 A～B 范围可用，但当程序执行到 C 是，又定义了一个 x，它的作用范围是 C～D，即复合语句范围内。因为外层的 x 和内层的 x 不是同一个变量，故内层的 x 是 3，而外层的 x 是 2。cout 函数定义的 x 只在函数内有效，它与前两个 x 互不相干。

应用局部（自动）变量有如下好处：

1）“用之则来，用完即撤”，可以节省大量存储空间。

2）“同名不同义”，程序员无须关心程序的其他局部使用了什么变量，可以独立地给本区域命名变量。对于使用了其他区域同名的变量，系统也把他们看作不同的变量。

3）在同一个局部中定义所需的变量，便于阅读、理解程序。

例 7-26　使用未赋值的自动变量。

```
#include <stdio.h>
int main()
{
    int  i;
    printf("i=%d\n", i);
    return 0;
}
```

运行结果为：

```
i=62（运行结果也可能不是该值）
```

这里的 62 是一个不可预知的数，由 i 所在的存储单元当时的状态决定。

因此，要引用自动变量，必须对其初始化或对其赋值，才能引用它。自动变量的初始化是在程序执行过程中运行。若在定义变量时含有初始化表达，系统在为该自动变量开辟存储空间的同时，会按初始化表达式的计算结果赋一个初始值。对自动变量初始化时，要注意以下问题：

1）一个变量只能对其初始化一次。

2）自动变量允许用表达式初始化，但该初始化表达式中的变量必须已具有确定值。

```
binary(float x, int v, int n)
{
    int low = 0, high = n - 1;
    …
}
```

上述程序是合法的，因为在给 low 和 high 分配存储单元时，形参 n 已获得一个确定值。

3）允许用相当的赋值表达式替代初始化。例如，上述程序可以改为：

```
binary(float x, int v, int n)
{
    int low, high;
    low = 0;
    high = n - 1;
    …
}
```

其作用与上面初始化完全相同。

4）对同一函数的两次调用之间，自动变量的值不保留，因为其所在的存储单元已被释放。

2. 寄存器变量

寄存器变量具有与自动变量完全相同的性质。当把一个变量指定为寄存器存储类型时，系统将它放在CPU中的一个寄存器中。通常把使用频率较高的变量（如循环次数较多的循环变量）定义为register类型。

例7-27 寄存器变量示例。

```
#include<stdio.h>
int main()
{
    void square(int a, int b);
    int i = 1, j = 50;
    square(i, j);
    return 0;
}
void square(int a, int b)
{
    register int i = a;
    for (i; i <= b; i++)
    {
        printf("%d ", i * i);
        if((i-a+1)%5==0) printf("\n");
    }
}
```

运行结果为：

```
1 4 9 16 25
36 49 64 81 100
121 144 169 196 225
256 289 324 361 400
441 484 529 576 625
676 729 784 841 900
961 1024 1089 1156 1225
1296 1369 1444 1521 1600
1681 1764 1849 1936 2025
2116 2209 2304 2401 2500
```

在上述程序中，由于频繁使用变量i，故将它放在寄存器中。函数的形参也可以使用寄存器变量，例如，

```
fun(register int nar1, register int nar2)
{
    …
}
```

应当注意的是，由于各种计算机系统中的寄存器数目不等，寄存器的长度也不同。C标准对寄存器存储类别只作为建议提出，不做硬性统一规定，在实现时，各系统有所不同。例如有的计算机有7个寄存器，有的只有3个。在程序中如遇到指定为register类别的变量，系统会努力去实现它。但如果因条件限制（例如，只有3个寄存器，而程序中定义了8个寄存器变量）不能实现时，系统会自动将它们（即未实现的那部分）处理成自动变量。

7.8.3 静态变量

静态变量有以下特点：

1）静态变量的初始化是在编译时进行的，在定义时只能用常量或常量表达式进行显式初始化。在未显式初始化时，编译系统把它们初始化为：

```
0          （对整型）
0.0        （对实型）
空串        （对字符型）
```

静态变量的定义采用下面格式：

```
static 类型标识符变量标识符 [=初始化常数表达式],…;
```

例如，

```
int main()
{
    static int a[5] = {1, 3, 5, 7, 9};
    …
}
```

2）静态变量的存储空间在程序的整个运行期间是固定的（static），而不像动态变量那样在程序运行当中被动态建立、动态释放。一个变量被指为静态（固定），在编译时即分配存储空间，程序一开始便被建立，在整个运行阶段都不释放。

3）静态局部变量的值具有可继承性。当变量在函数内被指定为静态时，该函数运行结束后，静态局部变量仍保留该次运行的结果，下次运行时，该变量在上次运行的结果基础上继续工作。如例7-28所示。这是它与一般局部（自动）变量生存期上最大的区别。

例7-28 比较下面两个循环。

```
#include <stdio.h>
void main( )
{
    void increment(void);
    increment( );
    increment( );
    increment( );
}
void increment(void)
{
    int x = 0;/*auto*/
```

```
#include <stdio.h>
void main( )
{
    void increment(void);
    increment( );
    increment( );
    increment( );
}
void increment(void)
{
    static int x = 0;/*static*/
```

```
    x++;
    printf("%d\n", x);
}
```

运行结果：

1
1
1
（变量 x 的值未被继承）

```
    x++;
    printf("%d\n", x);
}
```

运行结果：

1
2
3
（increment 函数中的 x 的值被继承）

4）静态局部变量的值只能在本函数（或复合语句）中使用。在一个函数（或复合语句）中定义的变量是局部变量，它们只能在本局部范围内被引用，这是不言而喻的。前面介绍过，static 类别的变量在函数调用结束后其存储单元不释放，其值具有继承性，即在下一次调用该函数时，此静态变量的初值就是上一次调用结束时变量的值。但是，不释放不等于说其他函数可以引用它的值。生存期（存在期）是一个时间概念，而作用域是空间概念，两者不可混淆。定义静态局部变量只是为了在多次调用同一函数时使变量能保持上次调用结束时的结果。例如在例 7-28 的第二个程序中，在 increment 函数中的变量 x 是静态的，也是局部的，这个 x 不能为 main 函数引用。

除了静态局部变量之外，还有静态外部变量，这将在下一节进行介绍。

7.8.4　外部变量

第 41 讲

在一个文件中，定义在函数外部的变量称为外部变量，外部变量是全局变量。外部变量编译时分配在静态存储区，它可以为程序中各个函数所引用。

一个 C 程序可以由一个或多个源程序文件组成，外部变量就是全局变量，前面已经介绍了它的使用方法。如果由多个源程序组成，那么某一个文件中的函数能否引用另一个文件中的外部变量呢？有两种情况：

1）限定本文件的外部变量只在本文件使用（静态外部变量）。如果有的外部变量只允许在本文件使用而不允许其他文件使用，则可以在外部变量前加一个 static，即为静态外部变量。例如，

```
static int x = 3, y = 5;
main()
{...}
f1()
{...}
f()
{...}
```

在本文件中，x、y 为外部变量，但由于加了 static，故为静态外部变量，其作用域也仅限于本文件。注意：外部变量是在编译时分配存储单元的，它不随函数的调用与退出而建立和释放，即它的生存期是整个程序的运行周期，并不是因为外部变量加了 static 才是不释放的。使用静态外部变量的好处是：当多人分别编写一个程序的不同文件时，可以按照需要命名变量而不必考虑是否会与其他文件中的变量同名，以保证文件的独立性。

例 7-29　产生一个随机数序列。

采取以下公式来产生一个随机数序列：

```
r = (r * 123 + 59) % 65535
```

只要给出一个 r 初值，就能计算出下一个 r（值在 0～65534 范围内）。编写以下源文件：

```
#include <stdio.h>
static unsigned int r;
random(void)
{
    r = (r * 123 + 59) % 65535;
    return(r);
}
/* 产生 r 的初值 */
unsigned random_start(unsigned int seed)
{
    r = seed;
    return(r);
}
```

r 是一个静态外部变量，其初值为 0。在需要产生随机数的函数中先调用一次 random_start 函数以产生 r 的第一个值，然后再调用 random 函数，每调用一次 random 函数，就得到一个随机数。例如，可以用以下函数调用：

```
int main()
{
    int i, n;
    printf("please enter the seed:");
    scanf("%d", &n);
    random_start(n);
    for(i = 1; i < 10; i++)
        printf("%u ", random());
    return 0;
}
```

运行结果为：

```
please enter the seed:5
674 17426 46337 63500 11894 21251 58067 64520 6284
please enter the seed:3
428 52703 60098 52193 62903 3998 33068 4253 64433
```

把产生随机数的两个函数和一个静态外部变量单独组成一个文件，单独编译。这个静态变量 r 是不能被其他文件直接引用的，即使别的文件中有同名的变量 r 也互不影响。r 的值是通过 random 函数返回值带到主函数中的。因此，在编写程序时，往往将用到某一个或几个静态外部变量的函数单独编成一个小文件。可以将这个文件放在函数库中，用户可以调用函数，但不能使用其中的静态外部变量（这个外部变量只供本文件中的函数使用）。静态外部变量可以使程序的一部分相对于另一部分不可见。static 存储类别便于建立一批可供放在函数库中的通用函数，而不致导致数据上的混乱。善于利用外部静态变量对于设计大型的程序是有用的。

例 7-30 编程计算 s=(1)*(1+2)*(1+2+3)*...*(1+2+3+4+...+n) 的值。

程序如下：

```
#include<stdio.h>
static int m = 0;
int sum(int i)
{
    m += i;
    return m;
}
int main()
{
    int i, n;
    int s = 1;
    scanf("%d", &n);
    for (i = 1; i <= n; i++)
    {
        s *= sum(i);
    }
    printf("%d", s);
    return 0;
}
```

运行结果为：

```
3
18
```

本题是个累乘问题，累乘问题的形式就是“s=s*t”，为实现从第 1 项到第 n 项的累乘，可以使用以下语句：

```
for (i = 1; i <= n; i++)
{
    s *= sum(i);
}
```

1）sum 函数的功能是为得到第 i 次的累加项，所以定义 m 为静态外部变量，保留上次的结果。

2）可将普通外部变量的作用域扩展到其他文件，允许其他文件中的函数引用。这时需要在使用这些外部变量的文件中用 extern 声明变量。

例 7-31　程序的作用是：给定 b 的值，输入 a 和 m，求 a*b 和 a^m 的值。

程序包括两个文件 file1.c 和 file2.c。

文件 file1.c 中的内容为：

```
#include <stdio.h>
int a;
void main()
{
    int power(int n);
    int b = 3, c, d, m;
    printf("enter the number a and its power:\n");
    scanf("%d,%d", &a, &m);
    c = a * b;
    printf("%d * %d = %d\n", a, b, c);
    d = power(m);
    printf("%d ** %d = %d", a, m, d);
}
```

文件 file2.c 中的内容为：

```
extern int a;
power(int n)
{
    int i, y=1;
    for(i = 1; i <= n; i++)
        y *= a;
    return y;
}
```

可以看到，file2.c 文件中的开头有一个 extern 声明（注意：这个声明不是在函数的内部。函数内用 extern 声明使用本文件中的全局变量的方法，前面已做了介绍），它声明了本文件中出现的变量 a 是一个已经在其他文件中定义过的外部变量，本文件不必再次为它分配存储空间。本来外部变量的作用域是从它的定义点到文件结束，但可以用 extern 声明将其作用域扩大到有 extern 声明的其他源文件。假如一个 C 程序有 5 个源文件，只在一个文件中定义了外部整型变量 a，那么其他 4 个文件都可以引用 a，但必须在每一个文件中都加一个 “extern int a;” 声明。在各文件经过编译后，将各目标文件链接成一个可执行的目标文件。

但是用这样的全局变量应十分慎重，因为在执行一个文件中的函数时，可能会改变该全局变量的值，从而影响到另一个文件中的函数执行结果。

综上所述，对于一个数据的定义，需要指定两种属性：数据类型和存储类型，分别用两个关键字进行定义。例如，

```
static int a;          (静态内部变量或静态外部变量)
auto char c;           (自动变量，在函数内定义)
register int d;        (寄存器变量，在函数内定义)
```

此外，在对变量作声明时，可以用 extern 声明某变量为已定义的外部变量，例如，

```
extern int b;          (声明 b 是一个已定义的外部变量)
```

下面从不同角度进行一些归纳：

1）从作用域角度来区分，有局部变量和全局变量。它们采取的存储类别如下：

局部变量
- 自动变量，即动态局部变量（离开函数，值就消失）
- 静态局部变量（离开函数，值仍保留）
- 寄存器变量（离开函数，值就消失）
- 形参可以定义为自动变量或寄存器变量

全局变量
- 静态外部变量（只限于本文件使用）
- 外部变量（即非静态的外部变量，允许其他文件引用）

2）从变量存在的时间来区分，有动态存储和静态存储两种类型。静态存储是在程序整个运行时间都存在，动态存储则是在调用函数时临时分配内存单元。

动态存储
- 自动变量（本函数内有效）
- 寄存器变量（本函数内有效）
- 形参（本函数内有效）

静态存储
- 静态局部变量（函数内有效）
- 静态外部变量（本文件内有效）
- 外部变量（其他文件可以引用）

3）从变量值存在的位置来区分，可分为：

内存中静态存储区
- 静态局部变量
- 静态外部变量（函数外部静态变量）
- 外部变量（可被其他文件引用）

内存中动态储区：自动变量和形参。

CPU中的寄存器：寄存器变量。

4）关于作用域和生存期的概念。对于变量的性质可以从两个方面分析：一是从变量的作用域，二是从变量值存在时间的长短，即生存期。前者是从空间的角度，后者是从时间的角度，两者有联系，但不是一回事。图7-9是作用域的示意图。图7-10是生存期的示意图。如果一个变量在某个文件或函数范围内是有效的，则称该文件或函数为该变量的作用域，在此作用域内可以引用该变量，所以又称变量在此作用域可见，这种性质又称为变量的可见性。例如变量a、b在函数f1中“可见”。如果一个变量值在作用域某一时刻是存在的，则认为这一时刻属于该变量的“生存期”，或称该变量在此时刻“存在”。

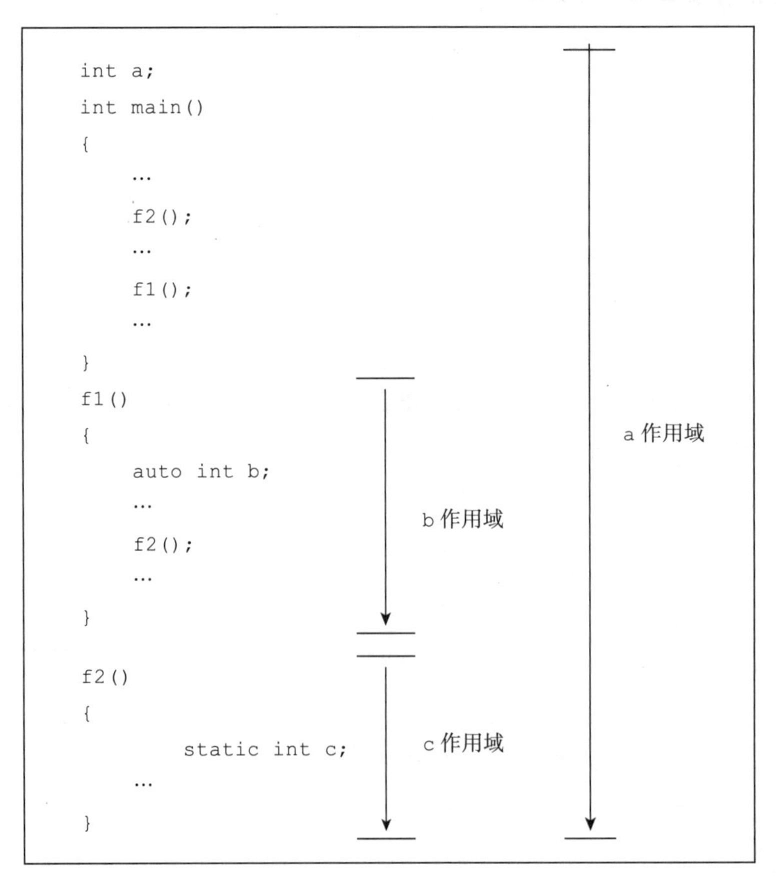

图7-9　作用域的示意图

```
main    →    f2 → main → f1 → f2 → f1 → main
a 生存期 | ← ------------------------- → |
b 生存期      <->              <->
c 生存期 | ← ------------------------- → |
```

图 7-10　生存期的示意图

图 7-10 所示的 b 生存期，表示执行函数 f2 的时候变量 b 存在。各种变量存储类别作用域和生存期见表 7-1。

表 7-1　各种变量存储类别作用域和生存期

存储类别	变量声明的位置	变量作用域	变量生存期
static	函数外部	文件内的定义点到结束	程序的整个执行过程
	函数内 / 复合语句内	函数内 / 复合语句内	程序的整个执行过程
extern	函数外部	文件内的定义点到结束	程序的整个执行过程
	函数内 / 复合语句内	函数内 / 复合语句内	程序的整个执行过程
auto	函数内 / 复合语句内	函数内 / 复合语句内	进入函数内时 / 进入复合语句时
register	函数内 / 复合语句内	函数内 / 复合语句内	进入函数内时 / 进入复合语句时
定义变量时无存储类型声明	函数外部	文件内的定义点到结束，或有外部声明的文件的外部声明点到文件结束	程序的整个执行过程
	函数内 / 复合语句内	函数内 / 复合语句内	进入函数内时 / 进入复合语句时

7.9　内部函数和外部函数

C 语言的每个函数都是独立的代码块，函数中的语句是函数本身独有的，不受函数外语句的影响，除非调用函数。C 语言函数的地位平等，不能在函数内部再定义函数，这正是 C 语言不是技术上的结构化语言的原因。

如前面所述，函数定义格式为：

```
存储类别 类型标识符 函数标识符 (带类型说明的形参表)
{
    函数体
}
```

函数本质上是全局的（外部的），因为一个函数要被另一个函数调用。但是，根据函数能否被其他源文件调用，将函数区分为内部函数和外部函数。

7.9.1　内部函数

用存储类别 static 定义的函数称为内部函数，其一般形式为：

```
static 类型标识符 函数标识符 (带类型说明的形参表)
```

例如，

```
static int func(int x, int y)
```

内部函数又称静态函数。内部函数只能被本文件中的其他函数所调用，而不能被其他外部文件调用。使用内部函数，可以使函数局限于所在文件。如果在不同的文件中有同名的内部函数，则互不干扰。这样，不同的程序员可以分别编写不同的函数，而不必担心所用函数是否会与其他文件中的函数同名，通常把只有同一文件使用的函数和外部变量放在同一文件中，冠以 static 使之局部化，其他文件不能引用。

7.9.2　外部函数

按存储类别 extern（或没有指定存储类别）定义的函数，作用域是整个程序的各个文件，可以被其他文件的任何函数调用，这样的函数称为外部函数。本书前面所用的函数因没有指定存储类别，故默认为外部函数。

在需要调用外部函数的文件中，一般要用 extern 声明所用函数是外部函数。

例 7-32　有一个字符串，内有若干字符，现输入一个字符，程序将字符串中的该字符删去，用外部函数实现。

```
file1.c(文件 1)
#include <stdio.h>
int main()
{
    extern input_str(char str[]), del_str(char str[], char ch);
    extern print_str(char str[]);        //声明本文件要用到其他文件中的函数
    char c;
    static char str[80];
    input_str(str);
    scanf("%c", &c);
    del_str(str, c);
    print_str(str);
    return 0;
}
file2.c(文件 2)
#include<stdio.h>
extern input_str(char str[])             /*定义外部函数 input_str*/
{
    gets(str);
}
file3.c(文件 3)
extern del_str(char str[], char ch)      //定义外部函数 del_str
{
    int i, j;
    for(i = j = 0; str[i] != '\0'; i++)
        if(str[i] != ch)
            str[j++] = str[i];
    str[j] = '\0';
}
file4.c (文件 4)
#include <stdio.h>
extern print_str(char str[])             /*定义函数 print_str*/
{
    printf("%s", str);
}
```

运行结果为：

```
abcdefgc  (输入 str)
```

```
c          （输入删去的字符）
abdefg     （输出已删去指定字符的字符串）
```

整个程序由 4 个文件组成。每个文件包含一个函数。主函数是主控函数，由 4 个函数调用语句组成，其中 scanf 是库函数。另外 3 个是用户自己定义的函数，它们都定义为外部函数。当然，定义时 extern 不写也可以，系统默认它们为外部函数。在 main 函数中用 extern 声明在 main 函数中用到的 input_str、del_str、print_str 是外部函数。在有的系统中，也可以不在调用函数中对被调用的函数进行“外部声明”。

del_str 函数用于根据给定的字符串 str 和要删除的字符，对 str 做删除处理。算法是这样的：对 str 的字符逐个检查，如果不是被删除的字符就将它存放在数组中。从 str[0] 开始逐个检查数组元素值是否等于要删除的字符，若不是就留在数组中，若是就不留。

在用一般方法进行编译连接时，先分别对 4 个文件进行编译，得到 4 个 .OBJ 文件。然后用 link 把 4 个目标文件（.OBJ 文件）链接起来。

习题

一、选择题

7.1　以下说法中正确的是：（　　）。

(A) C 语言程序总是从第一个函数开始执行

(B) 在 C 语言程序中，要调用的函数必须在 main() 函数中定义

(C) C 语言程序总是从 main() 函数开始执行

(D) C 语言程序中的 main() 函数必须放在程序的开始部分

7.2　以下程序的运行结果是：（　　）。

```
int main( )
{
    int a=2, i ;
    for(i=0;i<3;i++)     printf("%4d",f(a));
    return 0;
}
int f( int a)
{
    int  b=0,c=3;
    b++;  c++;
    return(a+b+c);
}
```

(A) 7　10　13　　　(B) 7　7　7

(C) 7　9　11　　　(D) 7　8　9

7.3　以下函数定义正确的是：（　　）。

(A) double　fun(int x, int y)

(B) double　fun(int x; int y)

(C) double　fun(int x, int y) ;

(D) double　fun(int　x , y)

7.4　C 语言规定，简单变量作实参，它与对应形参之间的数据传递方式是：（　　）。

(A) 地址传递　　　(B) 单向值传递

(C) 双向值传递　　　(D) 由用户指定传递方式

7.5　以下关于C语言程序中函数的说法正确的是：(　　)。

(A) 函数的定义可以嵌套，但函数的调用不可以嵌套

(B) 函数的定义不可以嵌套，但函数的调用可以嵌套

(C) 函数的定义和调用均不可以嵌套

(D) 函数的定义和调用都可以嵌套

7.6　以下说法不正确的是：(　　)。

(A) 实参可以是常量、变量或表达式

(B) 形参可以是常量、变量或表达式

(C) 实参可以是任意类型

(D) 形参应与其对应的实参类型一致

7.7　若用数组名作为函数调用的实参，传递给形参的是(　　)。

(A) 数组的首地址　　(B) 数组第一个元素的值

(C) 数组中全部元素的值　　(D) 数组元素的个数

7.8　以下正确的说法是(　　)。

(A) 在C语言中，实参和与其对应的形参各占用独立的存储单元

(B) 在C语言中，实参和与其对应的形参共占用一个存储单元

(C) 在C语言中，只有当实参和与其对应的形参同名时才共占用存储单元

(D) 在C语言中，形参是虚拟的，不占用存储单元

7.9　有如下程序

```
int runc(int a,int b)
{
    return(a+b);
}
int main( )
{
    int x=2,y=5,z=8,r;
    r=func(func(x,y),z);
    printf("%\d\n",r);
    return 0;
}
```

该程序的输出结果是(　　)。

(A) 12　　(B) 13

(C) 14　　(D) 15

7.10　有如下程序

```
int fib(int n)
{
    if(n>2) return(fib(n-1)+fib(n-2));
    else return(2);
}
int main( )
{
    printf("%d\n",fib(3));
    return 0;
}
```

该程序的输出结果是(　　)。

(A) 2　　(B) 4

(C) 6　　(D) 8

7.11 以下函数的功能是：通过键盘输入数据，为数组中的所有元素赋值。

```
#define N 10
void arrin(int x[N])
{
    int i=0;
    while(i<N)
    scanf("%d",_____);
}
```

在下划线处应填入的是（ ）。

（A）x+i （B）&x[i+1]

（C）x+(i++) （D）&x[++i]

7.12 以下叙述中正确的是（ ）。

（A）全局变量的作用域一定比局部变量的作用域范围大

（B）静态（static）类别变量的生存期贯穿于整个程序的运行期间

（C）函数的形参都属于全局变量

（D）在定义语句中未赋初值的 auto 变量和 static 变量的初值都是随机值

7.13 一个数据类型为 void 的函数中可以没有 return 语句，那么函数被调用时（ ）。

（A）没有返回值 （B）返回一个系统默认值

（C）返回值由用户临时决定 （D）返回一个不确定的值

二、编程题

7.14 实现函数 Squeeze(char s[], char c)，其功能为删除字符串 s 中所出现的与变量 c 相同的字符。

7.15 编写两个函数，分别求两个整数的最大公约数和最小公倍数，用主函数调用这两个函数，并输出结果。两个整数由键盘输入。

7.16 编写一个判断素数的函数，在主函数输入一个整数，输出是否为素数的信息。

7.17 编写一个函数，使输入的一个字符串按反序存放，在主函数中输入和输出字符串。

7.18 编写一个函数，将两个字符串连接。

7.19 编写一个函数，输入一个 4 位数字，要求输出其对应的 4 个数字字符，且输出时，每两个字符间空一个空格。如对于 2016，应输出 2 0 1 6，要求从主函数中输入该 4 位数字。

7.20 编写一个函数，用“选择排序法”对输入的 10 个字符从小到大排序。要求从主函数输入字符并输出排序结果。

7.21 编写一个函数，由实参传来一个字符串，统计此字符串中字母、数字、空格和其他字符的个数，在主函数中输入字符串以及输出上述的结果。

7.22 编写一个函数，输入一行字符，将此字符串中最长的单词输出。

7.23 用递归法将一个整数 n 转换成字符串。例如，输入 789，应输出字符串 "789"。n 的位数不确定，可以是任意位数的整数。

7.24 编写一个函数实现如下功能，当输入 n 为偶数时，计算 1/2+1/4+…+1/n 的值；当输入 n 为奇数时，计算 1/1+1/3+…+1/n 的值。

7.25 有一字符串，包含 n 个字符。编写一个函数，将此字符串从第 m 个字符开始的全部字符复制成另一个字符串。要求在主函数中输入字符串及 m 值并输出复制结果。

7.26 编写一个函数，利用参数传入一个十进制数，返回相应的二进制数。

7.27 求方程 $ax^2+bx+c=0$ 的根，用 3 个函数分别求当：b^2-4ac 大于 0、等于 0 和小于 0 时的根并输出结果。从主函数输入 a，b，c 的值。

7.28 用递归方法求 n 阶勒让德多项式的值，递归公式为：

$$P_n(x)=\begin{cases}1 & (n=0)\\ x & (n=1)\\ ((2n-1)\cdot x-P_{n-1}(x)-(n-1)\cdot P_{n-2}(x))/n & (n\geqslant 2)\end{cases}$$

7.29　请统计某个给定范围 [L, R] 的所有整数中，数字 2 出现的次数，用函数来实现。比如给定范围 [2, 22]，数字 2 在数 2 中出现了 1 次，在数 12 中出现 1 次，在数 20 中出现 1 次，在数 21 中出现 1 次，在数 22 中出现 2 次，所以数字 2 在该范围内一共出现了 6 次。输入两个正整数 L 和 R，之间用一个空格隔开。输出数字 2 出现的次数。

7.30　给出年、月、日，计算该日是该年的第几天。

7.31　输入 10 个学生 5 门课的成绩，分别用函数实现下列功能：

1）计算每个学生的平均分。

2）计算每门课的平均分。

3）找出所有 50 个分数中最高的分数所对应的学生和课程。

7.32　编写以下几个函数：

1）输入 10 个职工的姓名和职工号。

2）按职工号由小到大顺序排序，姓名顺序也随之调整。

3）要求输入一个职工号，用折半查找法找出该职工的姓名，从主函数输入要查找的职工号，输出该职工姓名。

三、分析程序运行结果

7.33　写出下面各程序运行结果：

（1）

```c
#include <stdio.h>
fun(int x, int y);
void main()
{
    int j = 4, m = 1, k;
    k = fun(j, m);
    printf("%d,", k);
    k = fun(j, m);
    printf("%d\n", k);
}
fun(int x, int y)
{
    static int m = 0, i = 2;
    i += m + 1;
    m = i + x + y;
    return(m);
}
```

（2）

```c
#include <stdio.h>
fun(int m);
int k = 1;
void main()
{
    int i = 4;
    fun(i);
    printf("%d,%d\n", i, k);
}
```

```
fun(int m)
{
    m += k; k += m;
    {
        char k = 'B';
        printf("%d\n", k - 'A');
    }
    printf("%d,%d\n", m, k);
}
```

(3)

```
#include <stdio.h>
sub(int x, int y);
int x1 = 30, x2 = 40;
void main()
{
    int x3 = 10, x4 = 20;
    sub(x3, x4);
    sub(x2, x1);
    printf("%d,%d,%d,%d\n", x3, x4, x1, x2);
}
sub(int x, int y)
{
    x1 = x; x = y; y = x1;
}
```

(4)

```
#include <stdio.h>
int x, y;
void num()
{
    int a = 15, b = 10;
    int x, y;
    x = a - b;
    y = a + b;
    return;
}
void main()
{
    int a = 7, b = 5;
    x = a + b;
    y = a - b;
    num();
    printf("%d,%d\n", x, y);
}
```

(5)

```
#include <stdio.h>
void num()
{
    extern int x, y;
    int a = 15, b = 10;
    x = a - b;
    y = a + b;
```

```
    return;
}
int x, y;
void main()
{
    int a = 7, b = 5;
    x = a + b;
    y = a - b;
    num();
    printf("%d,%d\n", x, y);
}
```

(6)

```
#include <stdio.h>
int i=1;
int reset();
int next(int j);
int last(int j);
int newtt(int j);
void main()
{
    auto int i, j;
    i = reset();
    for(j = 1; j <= 3; j++)
    {
        printf("i=%d j=%d\n", i, j);
        printf("(i)=%d\n", next(i));
        printf("last(i)=%d\n", last(i));
        printf("newtt(i+j)=%d\n", newtt(i + j));
    }
}
int reset()
{
    return(i);
}
int next(int j)
{
    return(j = i++);
}
int last(int j)
{
    static int i = 10;
    return(j = i--);
}
int newtt(int j)
{
    auto int i = 10;
    return(i = j += 1);
}
```

(7)

```
#include <stdio.h>
int y = 2;
void main()
{
```

```
    int x;
    x = y++;
    printf("%d %d\n", x, y);
    if(x > 4)
    {
        int x;
        x = ++y;
        printf("%d %d\n", x, y);
    }
    x += y--;
    printf("%d %d\n", x, y);
}
```

(8)

```
#include <stdio.h>
int f(int a[], int n)
{
    if (n >= 1) return f(a, n-1) + a[n-1];
    else return 0;
}
void main()
{
    int aa[5] = {1, 2, 3, 4, 5}, s;
    s = f(aa, 5);
    printf("%d\n", s);
}
```

第 8 章　编译预处理

C 语言与其他高级语言的一个重要区别就是，它提供了编译预处理的功能。“编译预处理”是 C 语言编译系统的一个组成部分，主要有 3 种功能：宏定义、文件包含和条件编译。这些命令都以“ # ”开头为标志。在 C 语言编译系统对程序进行通常的编译（包括词法和语法分析、代码生成优化等）之前，先对程序中的这些特殊的命令进行“预处理”，然后对预处理的结果和源程序进行通常的编译处理，得到目标代码。

8.1　宏定义

8.1.1　不带参数的宏定义

第 42 讲

宏定义 #define 是 C 语言中最常用的预处理指令。不带参数的宏定义定义了一个标识符（称为“宏名”）和一个字符串，并且在每次出现标识符时用字符串去代替它，这个替换过程称为宏展开。其一般形式为：

```
#define  标识符  字符串
```

宏名（标识符）与字符串之间用一个或多个空格分开。例如，

```
#define  PI  3.141592654
```

其作用是在编译预处理时，将程序中出现 PI 的地方用“3.141592654”这个字符串来代替。

例 8-1　宏定义示例。

```
#include<stdio.h>
#define BF 100
#define TF 2
int n,m;
int main()
{
    scanf("%d %d",&n,&m);
    printf("收集班费: %d\n",n*BF);
    printf("收集团费: %d\n",m*TF);
    printf("总共收费: %d\n",n*BF+m*TF);
    return 0;
}
```

该程序的目的是计算一个班的班费、团费的收集总额。输入班级成员数、团员数，分别计算各费用的总额。其中，将每个班级成员要缴纳的班费用 BF 定义，每个团员要缴纳的团费用 TF 定义，这样的好处是可以一改全改，只需要更改宏定义，就可以更改每个人要缴纳的班费和团费。

说明：

1）为了与一般的变量相区别，作为宏名的标识符一般用大写字母表示。但这并非规定，也可以用小写字母表示。

2）使用宏名代替一个字符串，可以用一个简单的名字来代替一个长的字符串，减少了程序中重复书写某些字符串的工作量，既不易出错，又提高了程序的可移植性。例如，用 PI 来代替 3.141592654，该数位数较多，极易写错，用宏名代替，简单而不易出错。另外，宏名往往有一定的含义，因此大大增强了程序的可读性。

3）宏定义用宏名代替一个字符串，只做简单的纯粹文本替换，不做语法检查，由于所有预处理命令都在编译时处理完毕，因此它不具有任何计算、操作等执行功能。例如，

```
#define  PI  3.14159
```

把数字 1 写成了小写字母 l，预处理也照样代入，不管含义是否正确。只有在编译已被宏展开后的源程序时才报错。

又如，

```
#define   X   3+2
```

在程序中有“ y=X*X; ”语句，当宏展开时，原式变为“ y=3+2*3+2; ”，不能理解成“y=5*5; ”。

4）宏定义不是 C 语句，不能在行末加分号。如果加了分号，则会连分号一起置换，在宏展开后可能会产生语法错误。

5）如果宏名出现在字符串中，不会进行宏展开。例如，

```
#define  STR  "Hello"
printf("STR");
```

上述语句不会打印 Hello，而是打印出 STR。

6）如果字符串一行内装不下，可以放到下一行，只要在上一行的结尾处放一个反斜杠“\”即可。例如，

```
#define LONG_STRING "this is a very long sting that is used as \
an example."
```

7）在进行宏定义时，可以使用已定义的宏名，即可以层层置换。

例 8-2　计算易出错的宏定义示例。

```
#include <stdio.h>
#define A 5
#define B A+3
#define B3 B*B*B
int main()
{
    printf("%d",A+B+B3);
    return 0;
}
```

该程序的输出结果为：51

此处的宏定义计算容易出错，可能会将宏定义中的“ B*B*B ”理解为：“(A+3) * (A+3) * (A+3)”，但宏定义只是整体替换，即将 B 替换为 A+3，并不存在将其视作整体的操作，因此原式等于 A+B+B*B*B=A+A+3+A+3*A+3*A+3=5+5+3+5+3*5+3*5+3=51。

注意：在层层置换时，从最下面的宏定义语句向上逐层代换。不要人为地增加括号，也不要增加计算功能，宏展开只是字符串的简单置换。

8）#define 命令出现在程序中函数的外面，宏名的有效范围为定义命令之后到本源文件结束。通常，#define 命令写在文件开头、函数之前，作为文件的一部分，在此文件范围内有效。可以用 #undef 命令终止宏定义的作用域。例如，

```
#define  X  20
int main()
{
}
#undef
f1()
{
}
```

由于 #undef 的作用，使 X 的作用范围在 #undef 处终止。在 f1() 函数中，X 不再代替 20。这样可以灵活控制宏定义的作用范围。

8.1.2　带参数的宏定义

第 42 讲

#define 语句还有一个重要特性，即宏定义里可以带参数，这样不仅可以进行简单的字符串替换，还可以进行参数替换。带参数的宏定义的一般形式为：

```
#define  宏名(参数表)  字符串
```

宏名后的括号内有参数表，参数之间用逗号分隔，字符串中包含有括号中所指定的参数。一般把宏定义语句中宏名后的参数称为虚参，而把程序中宏名后的参数称为实参。例如，

```
#define  S(a, h)  0.5*a*h
area = S(5, 2);
```

定义三角形面积为 S，a 为底边长，h 为底边上的高。在宏定义语句“S(a, h) 0.5*a*h”中的 a、h 称为虚参，程序中 S(5, 2) 中的 5、2 称为实参。在程序中用了表达式 S(5, 2)，用 5、2 分别代替宏定义中的虚参 a、h，即用 0.5*5*2 代替 S(5, 2)。因此，赋值语句展开为：

```
area = 0.5 * 5 * 2;
```

对于带参数的宏定义，通常按照以下步骤完成替换：

1）程序中宏名后的实参与命令行中宏名后的虚参按位置一一对应。

2）用实参代替字符串中的虚参。注意：只是字符串的代换，不含计算过程。

3）把用实参替换的字符串，替换程序中的宏名。

对于上例，即

1）将程序中 S(5, 2) 中的实参 5、2 与宏定义命令 S(a, h) 中的虚参 a、h 一一对应，即 5 对应 a、2 对应 h。

2）用实参 5、2 替换字符串中的虚参 a 和 h，0.5*a*h 变成 0.5*5*2。

3）把用实参替换的字符串 0.5*5*2 替换程序中的宏名，即进行宏展开。原式变为：

```
area = 0.5 * 5 * 2;
```

例 8-3　写出下列程序运行的结果：

```
#include <stdio.h>
#define  PT       3.5
#define  S(x)     PT*x*x
int main()
{
    int a = 1, b = 2;
    printf("%4.1f\n", S(a + b));
    return 0;
}
```

程序中定义了一个不带参数的宏名 PT 和一个带参数的宏名 S。预编译后，遇到宏名 S 则展开。即将虚参 x 以实参 a+b 代替，将宏名 PT 以 3.5 代替。从而形成了展开后的内容：

```
3.5 * a + b * a + b
```

运行时将 a、b 的值代入得到 3.5*1+2*1+2=7.5，故上述程序的结果是 7.5。

说明：

1）对带参数的宏的展开只是将语句中的宏名内的实参字符串代替 #define 命令行中的虚参，不能人为地增加括号和计算功能。如上例中展开为 3.5*a+b*a+b 而不是 3.5*(a+b)*(a+b)，如希望得到 3.5*(a+b)*(a+b) 这样的式子，应当在宏定义时字符串中虚参的外面加一个括号。即

```
#define  S(x)     PT*(x)*(x)
```

在对 S(a+b) 进行宏展开时，将 a+b 代替 x，就成了：

```
PT*(a+b)*(a+b)
```

这就达到了目的。

例 8-4　带参数的宏定义示例。

```
#include<stdio.h>
#define A(x) x+3
#define A3(x) x*x*x
#define B3(x) (x)*(x)*(x)
int main()
{
    int x;
    scanf("%d",&x);
    printf("%d\n%d",A3(A(x)),B3(A(x)));
    return 0;
}
```

若输入 3，则输出：

```
24
216
```

含参宏定义与上一道例题的运算规则一致，如果定义时不含括号，则展开时也不含括号，只是进行替换。而如果定义时含括号，则展开时也有对应括号。结果是不同的。

2）由于宏定义时，宏名与其所代替的字符串之间有一个或一个以上的空格。因此宏

名与带参数的括号之间不应加空格，否则将由空格以后的字符作为替换字符串的一部分，例如，

```
#define S (x)   PT*x*x   (S 与 (x) 之间多了一个空格)
```

被认为：S 是不带参的宏名，它代表字符串“(x) PT*x*x”。如果在语句中有

```
area = (x)  PT*x*x(a);
```

这显然是错误的。

3）带参数的宏的使用和函数调用有很多相似之处，极易混淆。它们有以下几点不同：

①函数调用是在程序运行时处理的，分配临时的存储单元。宏展开则是在编译时进行，在展开时并不分配存储单元，不进行值的传递处理，也没有“返回值”的概念。

②函数调用时，先求出实参表达式的值，然后代入形参，而带参数的宏只进行简单的字符串替换，并不求出它的值再替换。

③在函数调用时，对函数中的实参和形参都要定义类型，而且要求两者的类型一致，如不一致，应进行类型转换，而宏定义不存在类型问题，宏名无类型，只是一个符号代表，展开时代入指定的字符串即可。在宏定义时，字符串可以是任何类型的数据。例如，

```
#define A  2.0          (数值)
#define B  HANGZHOU     (字符)
```

这里，A 和 B 不需要定义类型，它们不是变量。同样对带参数的宏：

```
#define S(x) PT*x*x
```

x 也不是变量，如在语句中有 S(2.5)，则展开后为 PT*2.5*2.5，语句中并不出现 x，当然不必定义 x 的类型。

④函数调用不会使源程序变长，而多次使用宏定义时，宏展开后会使源程序变长。

⑤函数调用占用运行时间（分配单元、保留现场、值传递、返回），而宏替换不会占用运行时间，只占用编译时间。

应用带参数的宏定义，往往可以将一些简单的操作，用宏定义来实现。这样使程序变得更加简洁、灵活。例如，

```
#define MAX(x, y) ((x) > (y) ? (x) : (y))
```

可用来求两个数的最大数。

```
#define ABS(a) ((a) < 0 ? -(a) : (a))
```

可用来求数值的绝对值。

```
#define SQUARE(x) (x) * (x)
```

可用来求数值的平方值。

```
#define ISLOWERCASE(c) (((c) >= 'a') && ((c) <= 'z'))
```

可用来判别字符 c 是否为小写字母。

```
#define ISDIGIT(c) (((c) >= '0') && ((c) <= '9')))
```

可用来判别字符 c 是否为数字。

一般说来，C 语言程序员习惯将宏定义语句放在程序开头或单独存在一个文件中，并且

宏名用大写字母。这种习惯使阅读程序的人一看就知道哪些地方要进行宏展开、在哪里找宏定义语句。

例 8-5 编写一个程序，利用带参宏定义计算底面是等边三角形的三棱锥的底面积和体积。输入的数据为底面三角形的边长以及三棱锥的高。

程序如下：

```
#include <stdio.h>
#include <math.h>
#define Area(x) x*x*sqrt(3)/4
#define Volume(s,h) s*h/3
int main()
{
    float x,h;
    scanf("%f %f",&x,&h);
    printf("底面积为: %f\n 体积为: %f",Area(x),Volume(Area(x),h));
    return 0;
}
```

若输入 2 3

则输出：

```
底面积为: 1.732051
体积为: 1.732051
```

例 8-6 定义含参的宏 SWAP(a,b)，交换其两个参数的值。利用这个宏定义，编写程序先输入 n，然后对这 n 个整数进行升序排序。

程序如下：

```
#include <stdio.h>
#define SWAP(a,b) t=a;a=b;b=t;
int main()
{
    int n,t,i,j,a[100];
    scanf("%d",&n);
    for(i=0;i<n;i++)
        scanf("%d",&a[i]);
    for(i=1;i<n;i++)
    for(j=0;j<n-i;j++)
        if(a[j]>a[j+1])
        { SWAP(a[j],a[j+1]) }
     for(i=0;i<n;i++)
        printf("%d ",a[i]);
    return 0;
}
```

此处的宏定义定义了三个语句即：t=a;a=b;b=t;。这样替换后使得交换数据更为清晰、简单，增加了程序的可读性。由此可见，宏定义在替换频繁使用的操作时十分有效、清晰。

例 8-7 使用宏定义如下操作：

1）定义 TRAN(a,b) 将 a 的个位上的数代替 b 的个位上的数。

2）使用 MBT(a) 将 a 乘以 10。

3）使用 DBT(a) 将 a 除以 10。

将以上宏定义编写入头文件 pre.h，运用 pre.h 编写程序，输入整数 n，利用程序将其逆序数输出（若逆序后首位为 0，则不输出，如输入 100 则输出 1）。

头文件 pre.h 代码如下：

```
#define TRAN(a,b) t=a%10;b=b/10*10+t;
#define MBT(a) a=a*10;
#define DBT(a) a=a/10;
```

程序代码如下：

```
#include <stdio.h>
#include "pre.h"
int main()
{
    int n,m=0,t;
    scanf("%d",&n);
    while(n>0)
    {
        MBT(m);
        TRAN(n,m);
        DBT(n);
    }
    printf("%d\n",m);
    return 0;
}
```

该程序先定义了一个头文件 pre.h，其中包含了一些基础操作。用户文件用 #include 命令将此文件的内容包含进来。

一般 C 系统带有大量的 .h 文件，可根据不同的需要将相应的 .h 文件包含进来。

预处理提供的文件包含能力不仅减少了重复性工作，而且因宏定义出错或者因某种原因需要修改某些宏定义语句时，就只需对相应宏定义进行修改，不必对使用这些宏定义的各个程序文件分别进行修改。例如，如果把程序中的实数输出格式改变为 8.2f，只要修改头文件即可。

对某个宏定义文件进行修改以后，用文件包含语句包含了这个文件的所有源程序都应重新进行编译处理。这种工作方式同样减轻了程序开发的工作量，减轻了人工处理时可能造成的各种错误。

第 43 讲

可以参照例 8-7，写出各种输入 / 输出的格式（例如实型、长整型、十六进制整数、八进制整数、字符型等），把它们单独编成一个文件，它相当于一个“格式库”，用 #include 命令将其“包括”到自己所编写的程序中，用户就可以根据情况各取所需了，这显然是很方便的。

8.2　文件包含

第 44 讲

为了适应程序模块化的要求，一个可执行 C 程序的各个函数，可以被分散地组织在多个文件中；有的符号常数、宏以及组合类型的变量也通常被定义在一个独立的文件中，而为其他文件中的程序所共用。因此，有必要在一个文件中指出它的程序使用其他文件中函数以及有关定义的各种情况，以便预处理程序将它们“合并”为一个整体。这就需要 C 语言提供“文件包含”的功能。

所谓“文件包含”处理是指一个源文件可以将另一个源文件的全部内容包含到本文件中。C 语言用 #include 命令来实现“文件包含”的操作。其一般形式为：

```
#include "文件名"
或
#include <文件名>
```

图 8-1 表示了“文件包含”的含义，其中图 8-1a 为 f1.c，它有一个 #include "f2.c" 命令来实现“文件包含”，然后还有其他内容（以 A 表示），图 8-1b 为另一个文件 f2.c，内容用 B 表示。在编译预处理时，用 #include 命令进行“文件包含”处理：将 f2.c 的全部内容复制并插入 #include "f2.c" 命令处，将 f2.c 包含到 f1.c 中，即得到图 8-1c 所示的结果。在后面进行的编译中，将包含了 f2.c 的 f1.c 文件作为一个源文件单位进行编译。

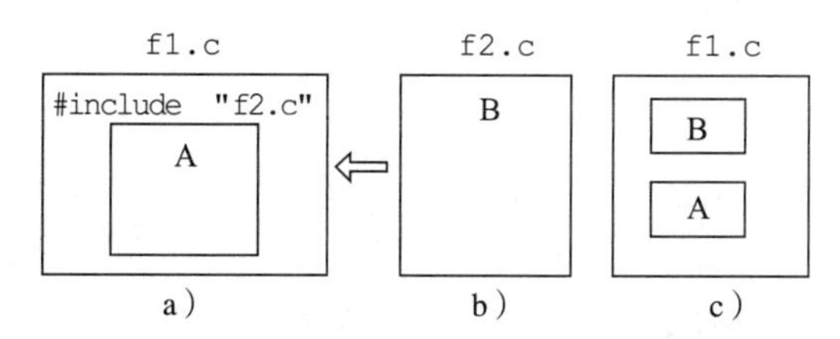

图 8-1　“文件包含”的含义示意图

#include 预处理命令行可以引用一个文件，被引用的文件也可以有 #include 命令行，从而出现嵌套的情况，如图 8-2 所示。其中 F1 的 #include 要求包含文件 F2，而 F2 的 #include 又要求包含 F3，因此编译后的程序实际上相当于一个包含 F1、F2、F3 文件的完整程序。

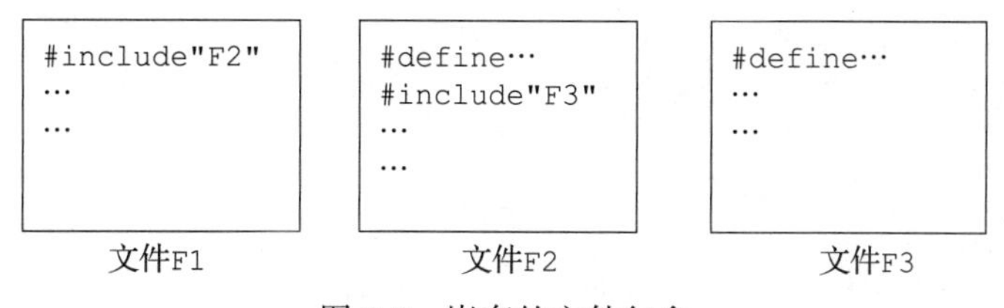

图 8-2　嵌套的文件包含

一个 include 命令只能指定一个包含文件，如果要包含 n 个文件，要用 n 个 include 命令。一种常在文件头部的被包含的文件称为“标题文件”或“头文件”，常以“.h”作为扩展名（h 为 head 的缩写）。当然这并不是规定，不用“.h”，而用“.c”作为扩展名也可以。用“.h”作为扩展名更能表现此文件的性质。

在 #include 命令中，文件名可以用双引号或尖括号括起来，两种形式都是合法的。如在 f1.c 中用

```
#include "f2.c"
或
#include <f2.c>
```

都是合法的。两者的区别是：用双引号的形式，系统先在被包含文件的源文件（即 f1.c）所在的文件目录中寻找要包含的文件，若找不到，再按系统指定的标准方式检索其他目录。而用尖括号形式时，不检索源文件 f1.c 所在的目录而直接按系统标准方式检索文件目录。一般来讲，用双引号较保险，不会找不到（除非不存在文件）。当然，如果已经知道要包含的文件不在当前子目录内，可以用“ < 文件名 > ”形式。头文件一般可包括宏定义、结构体类型定义、函数声明、全局变量声明等。

C 语言将一些函数分类在各个头文件中。通常在程序需要调用 I/O 库函数时，必须在用户文件的开头，使用如下的文件包含预处理指令行：

```
#include <stdio.h>
```

在使用标准数学库函数时，必须在用户文件的开头使用如下的文件包含预处理指令行：

```
#include <math.h>
```

在使用字符串函数时，要在用户文件的开头使用如下的文件包含预处理指令行：

```
#include <string.h>
```

除了在使用 C 语言的库函数时要进行“文件包含”处理之外，应用文件包含还可以减少程序人员的重复劳动。在一个系统开发时，某一单位的人员往往使用一组固定的符号常量，可以把这些宏定义命令组成一个文件，然后每人都可以用 #include 命令将这些符号常量包含到自己的用户文件中。如果需要修改一些常量，不必修改每个程序，只要修改头文件即可。但应注意：被包含的文件修改后，凡包含此文件的所有文件都要全部重新编译。因此，应用头文件，既节省了劳力，又提高了程序的灵活性和可移植性。

例 8-8 头文件应用实例。

（1）文件 print_format.h

```
#define PR printf
#define NL "\n"
#define D  "%d"
#define D1 D NL
#define D2 D D NL
#define D3 D D D NL
#define D4 D D D D NL
#define S  "%s" NL
```

（2）文件 file1.c

```
#include <stdio.h>
#include "print_format.h"
int main()
{
    int a,b,c,d;
    char string[ ] = "China";
    a = 1; b = 2; c = 3; d = 4;
    PR(D1, a);
    PR(D2, a, b);
    PR(D3, a, b, c);
    PR(D4, a, b, c, d);
    PR(S, string);
```

```
    return 0;
}
```

运行结果为：

```
1
12
123
1234
China
```

上述程序中用 PR 代表 printf。以 NL 代表执行一次“回车换行”操作。以 D 代表整型输出的格式符。以 D1 代表输出完一个整数后回车换行，D2 代表输出两个整数后换行，D3 代表输出 3 个整数后换行，D4 代表输出 4 个整数后换行。以 S 代表输出一个字符串后换行。可以看到，程序中编写输出语句就比较简单了，只要根据需要选择已定义的输出格式即可，连 printf 都可以简写为 PR。

最后，应注意在包含文件预处理行中，使用双引号（""）和尖括号（<>）的区别。为了提高预处理程序有关文件的检索效率，由用户自己命名的非标准文件被包含时，需要使用双引号将文件包括起来；而由系统提供的标准文件（如 math.h 和 stdio.h）被包含时，使用尖括号。

8.3 条件编译

C 语言在对源程序进行编译时，一般所有行都参加编译。但是，C 语言也允许有选择的对源程序的某一部分进行编译，这就是“条件编译”。条件编译有以下 3 种形式。

（1）条件编译语句的第一种形式如下所示。

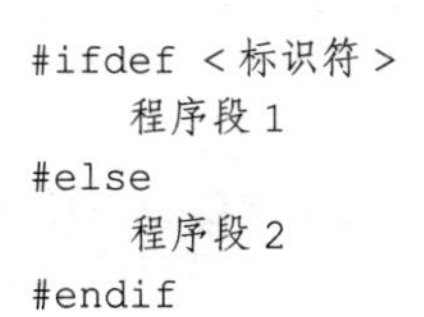

```
#ifdef <标识符>
    程序段 1
#else
    程序段 2
#endif
```

其功能是：当指定标识符已经被定义过（一般用 #define 命令定义），则对程序段 1 进行编译；否则，对程序段 2 进行编译。其中，#else 部分可以没有，即写作：

```
#ifdef <标识符>
    程序段 1
#endif
```

这里的“程序段”可以是语句组，也可以是命令行。

例如，

```
#ifdef  PDF
    n++;
#else
    n--;
#endif
```

其预处理的功能为：如果标识符 PDF 已在前面的程序中用“ #define”作为符号常量

定义过，则对语句“n++”进行编译并作为目标程序的一部分。否则，对语句“n--”进行编译，作为目标程序的一部分。又例如，

```
#ifdef          IBM_PC
    #define     INTERGER_SIZE  16
#else
    #define     INTERGER_SIZE  32
#endif
```

其预处理的功能为：如果标识符 IBM_PC 在前面已被定义过，则编译下面的命令行：

```
#define   INTERGER_SIZE  16
```

否则，编译下面的命令行：

```
#define   INTERGER_SIZE  32
```

在这里如果条件编译之前曾出现以下命令行：

```
#define   IBM_PC  16
```

或将 IBM_PC 定义为任何字符串，甚至是：

```
#define   IBM_PC
```

则预编译后程序中的 INTERGER_SIZE 都将用 16 代替，否则用 32 代替。应用上述方法，可以将一个 C 源程序在不同机器运行，通过条件编译，实现不同的目的，增加了程序的通用性。

（2）条件编译语句的第二种形式如下所示。

```
#ifndef <标识符>
    程序段 1
#else
    程序段 2
#endif
```

其功能是：若指定的标识符未被定义，则编译程序段 1 ；否则，编译程序段 2。这种形式的功能和第一种形式的功能相反。例如，

```
#ifndef  LIST
    printf("x = %d, y = %d, z = %d\n", x, y, z);
#endif
```

其预处理的功能为：如在此之前未对 LIST 定义，则输出 x、y、z 的值。

在程序调试时，不对 LIST 定义，此时输出 x、y、z 的值，调试结束后，在运行上述程序段之前，加以下面的指令行：

```
#define   LIST
```

则不输出 x、y、z 的值。

（3）条件编译语句的第三种形式如下所示。

```
#if 表达式
    程序段 1
#else
    程序段 2
#endif
```

其功能是：若指定的表达式为真（非零），则编译程序段 1；否则，编译程序段 2。应用这种条件编译的方法，可以事先给定某一条件：使程序在不同的条件下执行不同的功能。

例 8-9　输入两个字符串 s1、s2，利用两个 #define 命令分别控制字符串 s1、s2 是否逆序处理，再将处理后的 s1、s2 按顺序输出。

程序如下：

```
#include <stdio.h>
#include <string.h>
#define CHANGE1 1
#define CHANGE2 1
int main()
{
    int i;
    char s1[1000],s2[1000];
    scanf("%s %s",&s1,&s2);
    #if(CHANGE1)
        for(i=strlen(s1)-1;i>=0;i--)
        printf("%c",s1[i]);
    #else
        printf("%s",s1);
    #endif
    #if(CHANGE2)
        for(i=strlen(s2)-1;i>=0;i--)
             printf("%c",s2[i]);
    #else
        printf("%s",s2);
    #endif
    return 0;
}
```

输入 123　456 时分为以下 4 种情况。

情况一：

```
CHANGE1=1
CHANGE2=1
```

输出：

```
321654
```

情况二：

```
CHANGE1=0
CHANGE2=1
```

输出：

```
123654
```

情况三：

```
CHANGE1=1
CHANGE2=0
```

输出：

```
321456
```

情况四：

```
CHANGE1=0
CHANGE2=0
```

输出：

```
123456
```

该程序通过 CHANGE1、CHANGE2 两个定义语句的条件编译语句，实现了对两个字符串是否逆序处理的判断，从而实现了不同的输出。

由此可见，条件编译语句可以用于切换程序的分支，使一个程序通过简单的更改，快速切换程序的分支，使其实现不同的目的。

例 8-10　输入两个整数，根据需要设置条件，使之能找到二者的最大公因数或者找到二者的最小公倍数。

```
#include <stdio.h>
#define SWITCH 0
int cmp(int a,int b)
{
    #if(SWITCH)
    if(a>b)
        return a;
    else
        return b;
    #else
    if(a>b)
        return b;
    else
        return a;
    #endif
}
int main()
{
    int a,b,i;
    scanf("%d %d",&a,&b);
    #if(SWITCH)
    for(i=cmp(a,b);;i++)
    {
        if(i%a==0&&i%b==0)
            break;
    }
    printf("两数的最小公倍数为: %d",i);
    #else
    for(i=cmp(a,b);;i--)
    {
        if(a%i==0&&b%i==0)
            break;
    }
    printf("两数的最大公因数为: %d",i);
    #endif
    return 0;
}
```

输入 16、20

```
SWITCH 为 1 的情况
```

输出：

```
两数的最小公倍数为：80
SWITCH 为 0 的情况
```

输出：

```
两数的最大公因数为：4
```

该程序利用一个宏定义 SWITCH 作为条件编译的判断参数，如果 SWITCH 为 1，则求出两数的最小公倍数；如果 SWITCH 为 0，则求出两数的最大公因数。

计算最小公倍数和最大公因数时，循环条件的起始条件不同：寻找公倍数时，循环变量应该从两数中较大一数开始递增；寻找公因数循环变量应该从两数中较小一数开始递减。此处，利用一个自定义函数 cmp，并且在 cmp 中也编写条件编译语句，使之按照要求，返回较大值或较小值。

该程序展示了同一个编译条件对两个函数的同时控制，实现不同的目的。在编程中，灵活运用条件编译语句往往可以实现程序的高效编写和灵活运用。

习题

一、选择题

8.1　以下叙述中不正确的是（　　）。

(A) 预处理命令行都必须以 # 号开始

(B) 在程序中凡是以 # 号开始的语句行都是预处理命令行

(C) C 程序在执行过程中对预处理命令行进行处理

(D) #define IBM_PC 是正确的宏定义

8.2　以下叙述中正确的是（　　）。

(A) 在程序的一行上可以出现多个有效的预处理命令行

(B) 使用带参的宏时，参数的类型应与宏定义时的一致

(C) 宏替换不占用运行时间，只占编译时间

(D) 定义 #define C R 045 中 C R 是称为“宏名”的标识符

8.3　以下程序的输出结果是（　　）。

```
#include<stdio.h>
#define MAX(x,y)  (x)>(y)?(x):(y)
int main()
{
    int a=5,b=2,c=3,d=3,t;
    t=MAX(a+b,c+d)*10;
    printf("%d\n",t);
    return 0;
}
```

(A) 60　　(B) 70

(C) 7　　(D) 6

8.4　以下有关宏替换的叙述不正确的是（　　）。

(A) 宏替换不占用运行时间　　(B) 宏名无类型

(C) 宏替换只是字符替换　　(D) 宏名必须用大写字母表示

8.5　若有宏定义如下：

```
#include<stdio.h>
#define X 5
#define Y X+1
#define Z Y*X/2
```

则执行以下 printf 语句后，输出结果是（　　）。

```
int a; a=Y;
printf("%d\n",Z);
printf("%d\n",--a);
```

（A）7　　（B）12　　（C）12　　（D）7
　　6　　　　6　　　　5　　　　5

8.6　若有宏定义如下：

```
#include<stdio.h>
#define N 2
#define Y(n) ((N+1)*n)
```

则执行语句 z=2*(N+Y(5)); 后的结果是（　　）。

（A）语句有错误　　（B）z=34

（C）z=70　　（D）z 无定值

8.7　以下程序的运行结果是（　　）。

```
#include<stdio.h>
#define MAX(A,B) (A)>(B)?(A):(B)
#define PRINT(Y) printf("Y=%d\t",Y)
int main()
{
    int a=1,b=2,c=3,d=4,t;
    t=MAX(a+b,c+d);
    PRINT(t);
    return 0;
}
```

（A）Y=7

（B）存在语法错误

（C）Y=3

（D）Y=0

8.8　以下程序的输出结果为（　　）。

```
#include <stdio.h>
#define F(y) 3.84+y
#define PR(a) printf("%d",(int) (a))
#define PRINT(a) PR(a); putchar('\n')
int main()
{
    int x=2;
    PRINT(F(3)*x);
    return 0;
}
```

（A）8　　（B）9

（C）10　　（D）11

8.9 以下程序的输出结果为（　　）。

```
#include<stdio.h>
#define PT 5.5
#define S(x) PT*x*x
int main()
{
    int a=1,b=2;
    printf("%.1f\n",S(a+b));
    return 0;
}
```

(A) 12.0　　(B) 9.5

(C) 12.5　　(D) 33.5

8.10 请读程序：

```
#include<stdio.h>
#define LETTER 0
int main()
{
    char str[20]="C Language",c;
    int i;
    i=0;
    while((c=str[i])!='\0')
    {
        i++;
        #if LETTER
            if(c>='a'&&c<='z')
                c=c-32;
        #else
            if(c>='A'&&c<='Z')
                c=c+32;
        #endif
            printf("%c",c);
        }
        return 0;
}
```

上面程序的运行结果是（　　）。

(A) C Language

(B) c language

(C) C LANGUAGE

(D) c lANGUAGE

二、填空题

8.11 下面程序的运行结果是________。

```
#include<stdio.h>
#define DOUBLE(r) r*r
int main()
{
    int x=1,y=2,t;
    t=DOUBLE(x+y);
    printf("%d\n",t);
    return 0;
}
```

8.12　下面程序的运行结果是________。

```
#include<stdio.h>
#define POWER(x) ((x)*(x))
int main()
{
    int i=1;
    while(i<=4) printf("%d\t",POWER(i++));
    printf("\n");
    return 0;
}
```

8.13　以下程序的运行结果是________。

```
#include <stdio.h>
#define sw(x,y) { x^=y; y^=x; x^=y; }
int main()
{
    int a=10,b=01;
    sw(a,b);
    printf("%d,%d\n",a,b);
    return 0;
}
```

8.14　下面程序的运行结果是________。

```
#include<stdio.h>
#define PRI printf
#define NL "\n"
#define D "%d"
#define D1 D NL
#define D2 D D NL
#define D3 D D D NL
#define D4 D D D D NL
#define S "%s"
int main()
{
    int a,b,c,d;
    char string[]="TABLE";
    a=1; b=2; c=3; d=4;
    PRI(D1,a);
    PRI(D2,a,b);
    PRI(D3,a,b,c);
    PRI(D4,a,b,c,d);
    PRI(S,string);
    return 0;
}
```

8.15　以下程序的运行结果是________。

```
#include<stdio.h>
#define A 4
#define B(x) A*x/2
int main()
{
    float c,a=4.5;
    c=B(a);
```

```
    printf("%.1f\n",c);
    return 0;
}
```

8.16 以下程序的输出结果是________。

```
#include<stdio.h>
#define PR(a) printf("%d\t",(int)(a))
#define PRINT(a) PR(a); printf("ok!")
int main()
{
    int i,a=1;
    for(i=0;i<3;i++)
        PRINT(a+i);
    printf("\n");
    return 0;
}
```

8.17 下面程序的运行结果是________。

```
#include<stdio.h>
#define PR(ar) printf("%d",ar)
int main()
{
    int j,a[]={1,3,5,7,9,11,13,15},i=5;
    for(j=3;j;j--)
    {
        switch(j)
        {
            case 1:
            case 2: PR(a[i++]); break;
            case 3: PR(a[--i]);
        }
    }
    return 0;
}
```

第9章　指　　针

指针是C语言的精华部分，通过利用指针，用户能很好地利用内存资源，使其发挥最大的功效。有了指针技术，用户可以描述复杂的数据结构，可以更灵活地处理字符串，可以更方便地处理数组，使程序的书写更加简洁、高效。由于这部分内容难于理解和掌握，初学者需要多做多练，多上机实践，才能尽快掌握。

9.1　地址和指针的概念

第 46 讲

数据在程序运行时都是存储在计算机内存中的，而内存是由大量存储单元组成的。为了标识和区别不同的存储单元，给每个存储单元一个编号，这个编号就是该存储单元的地址，就好像给每个房间一个号码，这号码就是房间的地址。

程序中数据的使用往往是以变量的形式出现的，而每个变量都对应若干存储单元，变量的值存储在存储单元中，通过对变量的引用和赋值就可以使用或修改存储在存储单元中的数据。变量有很多属性，如变量名、变量类型、变量值、变量所对应的存储单元地址以及前面介绍的变量的作用域和生存期，理解这些对于正确理解指针及下一章介绍的结构体是有益的。像前几章那样，通过变量名存取变量值的方式称为"按名访问"或"直接访问"，而本章要介绍的通过变量所对应的存储单元的地址存取变量值的方式称为"按地址访问"或"间接访问"。就如寄信时，收信人可以按单位名称写"浙江工商大学 ××× 收"，或按地址写"杭州市教工路35号 ××× 收"，两者的效果是相同的。这里变量所对应的存储单元的地址也称为变量地址或变量指针。

如果一个变量的地址存放在另一个变量中，则存放地址的变量称为指针变量。显然，指针变量的值是某一变量对应存储单元的地址，如图9-1所示，变量px的值是10002，它是变量x的地址。间接访问变量x就是根据px其名存取，得10002，然后存取地址为10002的内存单元的值。而直接访问变量x是根据名x直接存取其值。

图9-1　指针值与存储单元

在实际应用中，一般只关心px是x的地址这一事实，而不关心x的具体地址，为了能简明直观地反映这种地址关系，用一个从px指向x的箭头表示指针变量px的值是x的指针。

9.2　指针变量和地址运算符

第 47 讲

9.2.1　指针变量的定义

与所有其他标识符一样，指针变量也必须遵循"先定义或声明，后使用"这一原则。在C语言中，有一种数据类型称为指针类型，专门用于定义指针变量。例如，

```
int      *px;
float    *q;
```

其中，定义变量 px 是一个指针，且是指向整型变量的指针变量；q 是指向单精度型变量的指针变量。

定义指针变量的一般形式为：

```
<类型>    *<变量标识符>,*<变量标识符>,…;
```

由此可见，指针变量的定义语句包含两部分信息：一是该变量是一个指针变量，其值是一个指针；二是该变量的值所指向的变量的类型，如上面的 px 只能指向整型变量，不能指向浮点型或其他类型的变量。

9.2.2 指针变量的使用

指针变量一经定义，与其他变量一样，编译系统会给它分配相应的存储单元，但此时指针变量还没有确定的值，就好比有房间而房间中还没有物品，因此要引用指针变量，首先要给指针变量赋值，也就是把其他变量的地址赋给指针变量。

与指针有关的运算符有两个：

1）&——取地址运算符。

2）*——指针运算符。

取地址运算符“&”和指针运算符“*”都是单目运算符，前者取操作数的地址；后者按操作数的地址取存储单元中的数据。这两个运算符与第 3 章介绍的双目运算符（“位与”运算符和算术“乘”运算符）的符号是相同的，编译系统能根据程序上下文区别它们，如“*x”中的“*”是指针运算，而“x*y”中的“*”是算术乘运算。

例 9-1 指针变量的使用。

```
#include <stdio.h>
int main()
{
    int a;
    int *p;
    p = &a;
    a = 100;
    printf("a = %d\n", a);
    printf("*p = %d\n", *p);
    *p = 200;
    printf("a = %d\n", a);
    printf("*p = %d\n", *p);
    return 0;
}
```

运行结果为：

```
a = 100
*p = 100
a = 200
*p = 200
```

程序中的第 4 行定义了一个整型变量 a；第 5 行定义了一个指针变量 p；第 6 行的“p = &a;”取变量 a 的地址，然后赋值给变量 p，使 p 指向 a。同时打印 a 和 p 所指向的数值，输出可以看到 *p 的值与 a 的值都是 100；再通过指针 *p 修改变量 a 的值，将 *p 的值改为 200，打印此时的 a 和 *p 的值，输出可以看到 a 和 *p 的值都变成了 200。

例 9-2　输入 5 个整数，求其中最小值。

程序如下：

```
#include <stdio.h>
int main()
{
    int a[5], i, *p;
    for(i = 0; i < 5; i++)
        scanf("%d", &a[i]);
    for(i = 1, p = &a[0]; i < 5; i++)
        if(a[i] < *p)
            p = &a[i];
    printf("The min value is %d.\n", *p);
    return 0;
}
```

运行结果为：

```
21 13 8 35 19
The min value is 8.
```

与基本类型变量一样，每个数组元素也占用相应的存储单元，它们也有对应的地址，for 循环中首先把 p 初始化为元素 a[0] 的地址，循环体中如果 a[i] 的值小于 p 所指单元的值，则取 a[i] 的地址赋给 p。由于指针运算符“*”的优先级比关系运算符“<”要高，*p 两边可以不带括号。

9.3　指针和数组

数组是由若干个同类型元素组成的，每个元素也占用相应的存储单元，指向某类型数据的指针变量也可以指向同类型的数组元素，假设程序中有如下语句：

```
int a[20],*ap;
ap=&a[2];
```

这里 ap 是指向整型变量的指针变量，a[2] 是整型数组元素，由于运算符“[]”比“&”优先级高，语句“ap=&a[2];”会把 a[2] 的地址赋给 ap，使 ap 指向 a[2]。

在 C 语言中，指针和数组有密切的联系，因为 C 语言规定数组名代表该数组首地址，即数组第一个元素的地址，所以语句 "ap=a;" 和语句 "ap=&a[0];" 是等价的。

注意：在程序运行过程中，一个数组所占用的存储区是不变的，“数组名是数组首地址”意味着数组名是一个地址常量。所以只能引用数组名，而不能对其进行赋值，即“a=&x;”

是非法的。

9.3.1 通过指针存取数组元素

变量的存取有按名存取和按地址存取，数组元素的存取也有按名存取和按地址存取，以前用下标存取数组元素就是按名存取，如 a[0]、a[2] 等是按名存取。这里主要介绍用指针存取数组元素。

已知数组名就是数组中第一个元素的地址，自然通过数组名可以存取首元素。例如，

*a=65; 和 a[0]=65;

是等价的，那么如何通过指针（如数组名等）存取数组中其他元素呢？

C 语言约定如果一个指针 ap 指向 a[i]，则 ap+1 指向 a[i+1]，因此，

*(a+1) =80; 等价于 a[1]=80;

由于指针运算符“*”比算术运算符“+”优先级高，“*(a+1)”中的括号是不可或缺的，计算机先计算 a+1，以此为地址把 80 放置到该存储单元中。而“*a+1”表示 a[0] 加 1。例 9-2 从 5 个整型数据中求最小值的程序可改写成：

```
#include <stdio.h>
int main()
{
    int a[5], *p, *q;
    int i;
    for(i = 0, p = a; i < 5; i++, p++)
        scanf("%d", p);
    for(q = a, p = a + 1, i = 1; i < 5; i++, p++)
        if(*p < *q) q = p;
    printf("The min is %d.\n", *q);
    return 0;
}
```

for 循环中，p 初值为 a+1，指向元素 a[1]，不断地进行 p++，使 p 依次指向 a[2]、a[3]、…。注意：a 是常量，a++ 是非法的，但 p 和 q 是变量，所以 p++ 和 q++ 是合法的。i 在循环中仅仅是控制循环次数。请读者仔细对比该程序与例 9-2 程序的异同。

当指针指向某个数组元素时，可以进行的算术运算如下：

1）指针加上一个正整数。

2）指针减去一个正整数。

3）两个指针相减。

如果

```
int *ap1,*ap2;
int a[20], k=5;
ap1=&a[k]; ap2=&a[1];
```

则

```
ap1+i      表示 &a[k+i]，即 a[k+i] 的地址（k+i 在下标的有效范围内）。
ap1-i      表示 &a[k-i]，即 a[k-i] 的地址（k-i>=0）。
ap1-ap2    表示 k-1，即 a[k] 和 a[1] 之间相隔的元素个数。
```

利用指针的这些算术运算可以方便地存取不同的数组元素和计算它们之间的元素个数。在上述情况中，对于 ap1、ap2 和 a 是 float 等其他类型指针和数组时也同样成立。

这样，例9-2的程序可进一步改写成：

```
#include <stdio.h>
int main()
{
    int a[5], i;
    int *p, *q;
    for(i = 0; i < 5; i++)
        scanf("%d", a + i);
    for(q = a, p = a + 1; p < a + 5; p++)
        if(*p < *q) q = p;
    printf("The min is a[%d],value is %d.\n", q - a, *q);
    return 0;
}
```

这里，表达式“p<a+5”表示p是否指向a[4]或前面的元素。

例9-3　用指针存取数组元素。

```
#include <stdio.h>
int main()
{
    int a[] = { 1,2,3,4,5 },i;
    int* p;
    p = &a[0];
    for (i = 0; i < 5; i++)
    {
        printf("%d %d %d ", a[i], *(a + i), *(p + i));
    }
    printf("\n");
    for (i = 0; i < 5; i++)
        printf("%2d", p[i]);
    printf("\n");
    for (; p < a + 5; p++)
        printf("%2d", *p);
    return 0;
}
```

运行结果为：

```
1 1 1 2 2 2 3 3 3 4 4 4 5 5 5
1 2 3 4 5
1 2 3 4 5
```

例9-4　编写程序求数组a中所有素数之和。

程序如下：

```
#include <stdio.h>
int main()
{
    int Isprime(int x);
    int a[10] = {},i,sum=0;
    for (i = 0; i < 10; i++) scanf("%d", a + i);
    for (i = 0; i < 10; i++)
        if (Isprime(*(a + i))) sum += *(a + i);
    printf("The sum is %d",sum);
    return 0;
}
```

```
int Isprime(int x)
{
    int i;
    for(i = 2; i * i<= x; i++)
        if(x % i == 0) return 0;
    return 1;
}
```

因为 a 为数组名，所以“a+i”就是“&a[i]”，“*(a+i)”就是“a[i]”。

运行结果为：

```
15 16 17 18 19 20 21 22 23 24
The sum is 59
```

9.3.2　字符串和指针

第 54 讲

前面提到，字符串可以用字符数组表示。这里要说明的是，字符串同样也可以用字符指针表示。例如，

```
char  *sp;
sp = "abcde";
```

在 C 语言中，字符串常量是以字符数组的形式存放的，上述语句定义了一个字符指针变量 sp，然后把字符数组地址赋给 sp，使 sp 指向字符串中第一个字符，即字符“a”。也可以通过变量初始化的方法给字符指针一个初始值，如“char *sp = "abcde";”

例 9-5　使用字符数组和字符指针。

```
#include <stdio.h>
int main()
{
    char *s1 = "abcde";
    char s2[] = {"abcde"};
    printf("%s,%c,%s,%c\n", s1, *s1, s1 + 1, s1[1]);
    printf("%s,%c,%s,%c\n", s2, *s2, s2 + 1, s2[1]);
    return 0;
}
```

运行结果为：

```
abcde,a,bcde,b
abcde,a,bcde,b
```

请注意，输出一个字符和输出字符串的区别。当用指针时，如 s1、s1+1、s2 等表示一个字符串，该字符串从指针所指字符开始直至字符串结束标记'\0'；而当用 *s1、s1[1]、*(s1+1)、s2[0] 等时，表示的是一个字符，即指针所指的字符或位于该下标的字符元素。由此可见，字符数组和字符指针在使用上是相似的。

但是，字符数组和字符指针是有区别的，例如，

```
char s1[20];
char *s2;
```

前者定义了一个可以存放 20 个字符的字符数组，它所对应的存储单元在程序中是固定

的，指针常量 s1 是指向第一个字符的存储单元；而后者定义了一个字符指针 s2，它可以指向任何字符，但并没有分配可以存放任何字符的空间。因此，

```
s1[0]='a';
*s1='a';
```

是正确的。而在给 s2 赋值前，执行：“*s2 ='a';”是错误的。“s1="1234567";”也是错误的，因为 s1 是一个常量，不能把另一个字符数组地址赋给 s1。而“s2="1234567";”是正确的，它使指针 s2 指向字符串 "1234567" 中的第一个字符。

例 9-6　理解字符数组和字符指针。

```
#include <stdio.h>
int main()
{
    char a[] = "hello world";
    char b[] = "hello world";
    char *str1 = "hello world";
    char *str2 = "hello world";
    if (a == b)
        printf("a and b are same\n");
    else printf("a and b are not same\n");
    if (str1 == str2)
        printf("str1 and str2 are same\n");
    else printf("str1 and str2 are not same\n");
    return 0;
}
```

运行结果为：

```
a and b are not same
str1 and str2 are same
```

a 和 b 是两个字符数组，系统会为它们分别分配两个长度为 12 个字节的连续存储空间，并把 "hello world" 的内容分别复制到数组中去。这是两个初始地址不同的数组，所以，a 和 b 的值也不同。而 str3 和 str4 是两个指针，无须为它们分配内存以存储字符串的内容，只需要把它们指向 "hello world" 在内存中的地址就可以了。由于 "hello world" 是常量字符串，它在内存中的存储是唯一的，所以 str3 和 str4 指向同一个地址。比较它们的值得到的结果是相同的。

例 9-7　逐位比较两个字符串，将较大的字符存入一个字符数组 s 中，当一方已经指向了 '\0' 就结束比较，输出字符串 s。

程序如下：

```
#include <stdio.h>
int main()
{
    char *t;
    char *a;
    char *b;
    char s[20],c[20],d[20];
    t = s;
    a=gets(c);
    b=gets(d);
```

```
    while (*a != '\0' && *b != '\0')
    {
        *t = *a > *b ? *a : *b;
        t++;
        a++;
        b++;
    }
    *t = '\0';
    puts(s);
}
```

例如若输入：

```
abcdef
fedcba
```

则输出：

```
feddef
```

上述程序中，定义了字符指针 t、a、b 和字符数组 s、c、d。令 t 指向 s，a 指向 c，b 指向 d。逐位比较 a 和 b 指向的字符串的字符的大小，较大的存入 t 所指向的字符数组中。

9.4　指针和函数

指针和函数结合使用，可以显著增强函数的功能。

第 55 讲

第 56 讲

9.4.1　用指针作为函数的参数

第 48 讲

首先来看一个例子。程序设计中经常要交换两个变量的值。例如，交换变量 a 和 b 的值：

```
t = a;   a=b;  b=t;
```

需要通过函数来实现频繁的变量交换操作，以简化程序设计工作，如下面的 swap 函数：

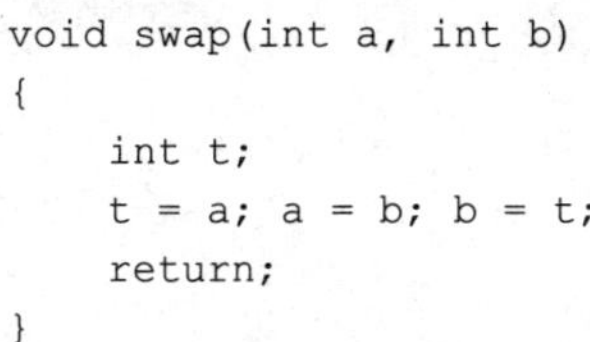
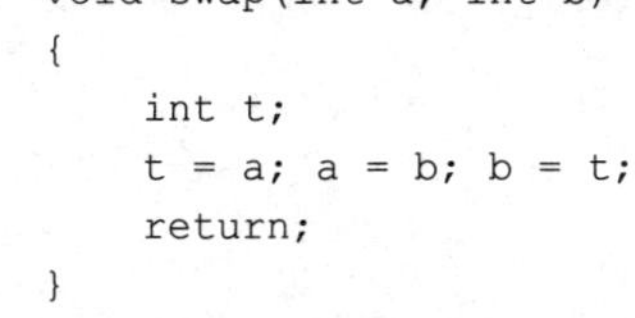

```
void swap(int a, int b)
{
    int t;
    t = a; a = b; b = t;
    return;
}
```

由于 C 语言中，函数参数的传递方式是“值传递”，因此上面的 swap 函数交换的仅仅是形参 a 和 b，无法改变主调函数中的任何变量。函数一旦调用返回，a 和 b 在主调函数中对应的实参仍保持调用前的值，但有了指针以后，可以使参数是指针类型，虽然函数无法改变作为实参的指针变量的值，但可以改变指针变量所指的存储单元中的值，这种改变在函数返回后仍将保持有效。

基于这样的考虑，swap 函数中的参数应该是要交换变量的地址，而不是变量本身。

```
void swap(int *ap, int *bp)
{
    int t;
    t = *ap; *ap = *bp; *bp = t;
    return;
}
```

swap 函数中的参数 ap 和 bp 被声明成指向整型数据的指针。

在主函数中，以变量地址作为参数调用 swap 函数："px=&x; py=&y; swap(px,py);"。注意：swap 函数中变量 ap 和 bp 的值没有改变，且也无法改变主调函数中对应的变量 px 和 py 的值，但由于 ap 是 x 的地址，bp 是 y 的地址，swap 函数把主调函数中的变量 x 和 y 的值改变了，函数调用返回后，x 和 y 的值被交换了。也可以直接调用"swap(&x, &y);"。

如果把 swap 函数定义成：

```
void swap (int *ap, int *bp )
{
    int *t;
    t = ap; ap = bp; bp = t;
    return;
}
```

调用 swap(&x,&y) 时，在 swap 函数内，刚进入函数体时 ap 指向 x、bp 指向 y。执行 return 语句前，ap 指向 y、bp 指向 x，但 x 和 y 本身的值未被交换，交换的只是 ap 和 bp 这两个指针，一旦函数返回，主调函数中 x 和 y 的值仍保持不变。

例 9-8　编写一个函数用选择法重排整型数组，使其元素从小到大排列。

```
#include <stdio.h>
void swap(int *ap, int *bp);
void sort(int *ap, int n)
{
    int i, j, k;
    for(i = 0; i < n; i++)
    {
        for(k = i, j = i + 1; j < n; j++)
            if(*(ap + k) > *(ap + j))
                k = j;
        if(i != k)
            swap(ap + i, ap + k);
    }
    return;
}
int main()
{
    int a[10], i;
    for(i = 0; i < 10; i++)
        scanf("%d", a+i);
    sort(a, 10);
```

```
    for(i = 0; i < 10; i++)
        printf(" %d", a[i]);
    return 0;
}
void swap(int *ap, int *bp)
{
    int t;
    t = *ap; *ap = *bp; *bp = t;
    return;
}
```

sort 函数的内循环中用 k 作为局部范围内最小元素的下标，即 *(ap+i) 到 *(ap+j) 中最小元素的下标，当 j=n 时，k 是 *(ap+i) 到 *(ap+n-1) 中最小元素的下标，然后交换 *(ap+i) 和 *(ap+k)。由于需要交换两元素，因此需要记住这两个元素的下标，仅知道它们的值是不够的。

例 9-9　求字符串的子串。

```
#include <stdio.h>
char* String(char *q, int i, int n)
{
    char *t;
    int j,k = 0;
    for (j = i-1 ; j + 1 < i + n; j++)
    {
        t[k++] = q[j];
    }
    t[k]='\0';
    return t;
}
int main()
{
    int st, Lenth;
    char a[100];
    char *s;
    printf("please input a\n");
    gets(a);
    printf("please input starting point and length\n");
    scanf("%d%d", &st, &Lenth);
    s=String(a, st, Lenth);
    puts(s);
    return 0;
}
```

运行结果为：

```
please input a
abcdefg
please input starting point and length
2 3
bcd
```

上述程序，定义了字符串数组 a，再定义了字符指针 s。设计了 String 函数，该函数针对字符串 q，利用需要截取的位置 i 和长度 n，将子串存入指针 t 中，最后返回 t 指针。

9.4.2　用指针作为函数的返回值

函数的返回值可以是各种类型的数据，因此也可以是指针类型。返回值是一个指针的函数又称为指针函数。下面通过示例来说明指针函数的使用方法。

还是以例 9-8 中的 sort 函数为例。sort 函数不断地从剩余的元素中找最小值，然后交换，因此必须知道最小元素的地址。把 sort 函数中找最小元素的工作用 minn 函数来完成，程序如下：

```
#include <stdio.h>
void swap(int *x, int *y);
int* minn(int *x, int n)
{
    int *p = x, *q = x + n;
    for(; x < q; x++)
        if(*p > *x) p = x;
    return p;
}
void sort(int *ap, int n)
{
    int i, *p;
    for(i = 0; i < n; i++)
    {
        p = minn(ap + i, n - i);
        if(p != (ap + i))
            swap(p, ap + i);
    }
    return;
}
void swap(int *x, int *y)
{
    int p;
    p = *x;
    *x = *y;
    *y = p;
}
int main()
{
    int a[10], i;
    for(i = 0; i < 10; i++)
        scanf("%d", a + i);
    sort(a, 10);
    for(i = 0; i < 10; i++)
        printf(" %d", a[i]);
    return 0;
}
```

指针函数与非指针函数定义上的区别主要在于对函数返回值的声明上，其定义的一般形式与指针变量相似：

```
<类型>*  <函数标识符>(<带类型说明的参数表>);
```

同时，指针函数中的 return 语句必须返回一个与其声明一致的指针值。

例 9-10　考虑一个存储分配问题，它由两个函数 myalloc(n) 和 myfree(p) 组成。myalloc(n) 负责存储分配，myfree(p) 负责存储释放任务。为简化问题，假设分配与释放的次序恰好相反，也即 myalloc 和 myfree 管理的存储是“先进后出”的栈。

分析：最简单的实现方法是 myalloc 的每次调用都从一个大字符数组中划出足够大小的一片单元，这个字符数组称为 allocbuf，它是专为 myalloc 和 myfree 所用的，可以把它声明为外部静态变量。

此外，需要一个指针指向此部分中尚未分配出去的那段空间的起始地址，这个指针名为 allocp。程序如下：

```
#define          NULL           0
#define          ALLOCSIZE      1000
static char      allocbuf[ALLOCSIZE];
static char *allocp = allocbuf;
char* myalloc(int n)
{
    if(allocp + n <= allocbuf + ALLOCSIZE)      /* 是否有足够的空间可分配 */
    {
        allocp += n;
        return(allocp - n);
    }
    else
        return(NULL);
}
void myfree(char *p)
{
    if(p > allocbuf && p < allocbuf + ALLOCSIZE)/* 释放的空间是否在字符数组内 */
        allocp = p;
    return;
}
```

数组 allocbuf 和指针 allocp 都声明成外部静态变量，其作用域仅限于该源程序文件。语句“static char *allocp = allocbuf;”用于定义 allocp 初值为指向数组 allocbuf 的第一个单元，也可以写作

```
static char *allocp = &allocbuf[0];
```

if(allocp + n <= allocbuf + ALLOCSIZE) 用于测试是否有足够的单元满足分配请求，allocp+n 是分配 n 个字符单元后 allocp 的值，而 allocbuf+ALLOCSIZE 是 allocbuf 末端之外的第一个单元。如果分配请求能满足，函数最后返回分配出去的那一块存储单元的起始地址，同时 allocp 指向下一个可用单元。如果不能满足请求，就应返回一个信号，告诉用户已没有足够空间了，由于正常的指针值是不为 0 的，所以此时就返回 0。一般来说，不能把一个整数赋给指针，但 0 是例外。正因如此，通常将 0 写成 NULL（已经通过 #define 定义），以表明这是一个赋给指针变量的值，虽然值是 0，但是在这里有一定的特殊含义。

free 函数中 if(p > allocbuf && p < allocbuf + ALLOCSIZE) 测试释放的那一块存储区域是否在函数 myalloc 和 myfree 管理的那段存储范围中。

C 库中有标准的 malloc 和 free 函数，它们的使用不受分配、释放之间顺序的限制。

9.4.3 指向函数的指针

函数和变量一样都要占用一段存储单元，函数也有一个地址，这地址是编译器分配给这个函数的，因此指针变量可以指向整型、实型等变量，也可以指向函数，即指向函数对应的

程序段的起始地址。

例如，现有一笔5000元存款，年利率是1.75%，根据要求按计计复利和不计复利两种方式计算，存满3、4、5年后的应得的利息。

$$本息=\begin{cases}本金*(1+年数*年利率) & 不计复利\\ 本金*(1+年利率)^{(年数)} & 计复利\end{cases}$$

程序如下：

```
#include <stdio.h>
#include <math.h>
#include <ctype.h>
double f1(double b, double r, int i);
double f2(double b, double r, int i);
int main()
{
    int i;
    char ch;
    double b = 5000.0, r = 0.0175, bx;
    printf("计复利否?(y/n)");
    scanf("%c", &ch);
    if(toupper(ch) == 'N')
    {
        for(i = 3; i < 6; i++)
        {
            bx = f1(b, r, i);                    /*不计复利*/
            printf("%f, %d, %f, %f\n", b, i, r, bx);
        }
    }
    else
    {
        for(i = 3; i < 6; i++)
        {
            bx = f2(b, r, i);                    /*计复利*/
            printf("%f, %d, %f, %f\n", b, i, r, bx);
        }
    }
    return 0;
}
double f1(double b, double r, int i)             /*不计复利*/
{
    return(b * (1 + i * r));
}
double f2(double b, double r,  int  i)           /*计复利*/
{
    return(b * pow(1 + r, i));
}
```

上面的main函数中，两个for循环基本上是相同的，区别在于调用的函数不同。如果能把这两段程序合二为一，便能减少编程和程序调试的工作量。借助函数指针能做到这一点。先看下面的main函数：

```
#include <stdio.h>
#include <math.h>
#include <ctype.h>
```

```
double f1(double b, double r, int i);
double f2(double b, double r, int i);
int main()
{
    int i;
    char ch;
    double b = 5000.0, r = 0.0175, bx;
    double (*fp)(double, double, int);
    printf("计复利否?(y/n)");
    scanf("%c", &ch);
    if(toupper(ch) == 'N')
        fp = f1;
    else                                    /* 根据选择，使 fp 指向相应的函数 */
        fp = f2;
    for(i = 3; i < 6; i++)
    {
        bx = (*fp)(b, r, i);                /* 以 b,r,i 为实参，调用 fp 所指的函数 */
        printf("%f, %d, %f, %f\n", b, i, r, bx);
    }
    return 0;
}
```

函数 f1 和 f2 不变。

语句“double (*fp)(double, double, int);”声明变量 fp 是一个指向函数的指针，该函数的返回值是 double 型数据，fp 称作函数指针变量。*fp 两边的括号不能省略，否则就变成“double*fp(double, double, int);”，变成声明 fp 是一个返回 double 型指针的函数，语句“fp=f1;”把 f1 函数的地址赋给 fp，与数组名一样，函数名就是该函数的入口地址。“(*fp)(b, r, i)”表示以 b、r、i 为参数调用指针 fp 所指的函数，相当于用“(*fp)”替换函数名“f1”或“f2”。

定义函数指针变量的一般格式为：

```
(函数类型)(*<函数指针标识符>)(形参类型说明表);
```

实际上是把函数的声明语句中“<函数标识符>”用“(*<函数指针标识符>)”代替。

使用函数指针时，需要注意的是：

1）函数指针变量可以指向与其定义相容的任意函数的入口，但不能指向返回值类型与定义不相容的函数，也不能指向函数中某一条指令。如上面程序中的“fp=minn;”是错误的，因为 minn 函数的返回值不是 double 类型数据。

2）函数指针不能进行诸如 fp±i、fp1-fp2、fp++ 等运算。

3）函数指针可以放置在数组中，也可以作为参数传给函数。

下面的程序用函数指针作为函数参数：

```
#include <stdio.h>
void swap(int *x, int *y)
{
    int p;
    p = *x;
    *x = *y;
    *y = p;
}
int*minn(int *ap, int n)
```

```
{
    int i, j;
    for(i = 0, j = 1; j < n; j++)
        if(*(ap + i) > *(ap + j))
            i = j;
    return(ap + i);
}
int*maxn(int *ap, int n)
{
    int i, j;
    for(i = 0, j = 1; j < n; j++)
        if(*(ap + i) < *(ap + j))
            i = j;
    return(ap + i);
}
void sort(int *(*func)(int *, int), int *ap, int n)
{
    int   i, *p;
    for(i = 0; i < n; i++)
    {
        /* 调用 func 所指函数，从 ap[i] 到 ap[n-1] 选一个元素，并返回其地址 */
        p = (*func)(ap + i, n - i);
        if(p != (ap + i))
            swap(p, ap + i);                    /* 交换 ap[i] 和 *p */
    }
    return;
}
```

minn 函数仍然不变，为了说明问题，增加了用于返回最大元素的地址的 maxn 函数。sort 函数中增加了一个参数 func，它是一个函数指针，指向所选择的函数，用于从数组的部分元素中选一个元素。如果有：

```
int main()
{
    int a[20], i;
    for(i = 0; i < 20; i++)
        scanf("%d", &a[i]);
    sort(minn, a, 20);
    for(i = 0; i < 20; i++)
        printf("%6d", a[i]);
    printf("\n");
    sort(maxn, a, 20);
    for(i = 0; i < 20; i++)
        printf("%6d", a[i]);
    printf("\n");
    return 0;
}
```

其中，“sort(minn,a,20);”使数组 a 按从小到大的顺序重新排列元素。这是因为，语句“p=(*func)(ap+i,n-i);”相当于“p=minn(ap+i,n-i);”，从数组的部分元素中选一个最小元素的地址赋给 p。

而“sort(maxn,a,20);”使数组 a 按从大到小的顺序重新排列元素。这是因为，语句“p=(*func)(ap+i,n-i);”从数组的部分元素中选一个最大元素的地址赋给 p。

可见利用函数指针使编制的程序更灵活、简练，功能更强。

9.5　多级指针

9.5.1　多级指针的概念和使用

第 57 讲

指针变量的值是某变量的地址，由于指针变量本身也是一个变量，完全有可能出现一个指针变量的值是另一个指针变量的地址的情况，这就是多级指针，即指针的指针。例如一个整型变量 x，px 是一个指针变量，指向 x，而 ppx 也是一个指针变量，它指向另一个指向整型数据的指针变量。如果：

```
px=&x;
ppx=&px;
```

显然有：

```
ppx        表示 px 的地址。
*ppx       表示 px 中的内容，即 x 的地址。
**ppx      表示 px 所指单元的内容，即 x 的内容。
```

定义二级指针的一般形式为：

```
< 数据类型 > **< 变量标识符 >;
```

例如，

```
int  **ppx;
```

下面通过例子说明二级指针的使用。

例 9-11　分析如下程序的输出结果。

程序如下：

```
#include <stdio.h>
int main() {
    char *str[] = { "welcome","to","Fortemedia","Nanjing" };
    char **p = str + 1;
    str[0] = (*p++) + 2;
    str[1] = *(p + 1);
    str[2] = p[1] + 3;
    str[3] = p[0] + (str[2] - str[1]);
    printf("%s\n", str[0]);
    printf("%s\n", str[1]);
    printf("%s\n", str[2]);
    printf("%s\n", str[3]);
    return 0;
}
```

上述程序中，str[0] 是字符串 "welcome" 的首地址、str[1] 是字符串 "to" 的首地址、str[2] 是字符串 "Fortemedia" 的首地址、str[3] 是字符串 "Nanjing" 的首地址，而 p 是 str[1] 的地址，*p 就是 str[1] 的内容即 "to" 的首地址。"str[0] = (*p++) + 2;” 表示将 "*p+2” 及 "to" 首地址后第两位的地址赋值给 str[0] 后，p 再指向 str[2] 的地址。"str[1] = *(p + 1);” 就表示将 str[3] 赋值给 str[1]。p[1] 也就是 "*(p+1)”，"str[2]=p[1]+3;” 就是将字符串 "Nanjing" 的首地址后的第三位地址赋值给 str[2]。在两个指针指向同一片连续的存储空间时，是可以相减的，相减为两指针间间隔的元素数目，str[1] 和 str[2] 很明显差了三个，再将 p[0]+str[2]-str[1] 的值赋给 str[3]。所以运行结果为：

```
Nanjing
jing
g
```

例 9-12 从若干个字符串中找指定字符的首次出现。

可以假设这若干个字符串存放于一个数组中，即数组元素是字符串的首地址，那么数组元素的地址显然是一个字符串首地址存储单元的地址，即二级指针。

```
#include <stdio.h>
int main()
{
    static char *strings[5] = {"CHONGQING", "NINGBO",
                               "SUZHOU", "SHANGHAI", "HANGZHOU"};
    char **p, *q, ch;
    scanf("%c", &ch);
    for(p = strings; p < strings + 5; p++)
    {
        q = *p;
        while(*q != ch && *q != '\0')
            q++;
        if(*q != '\0')
        {
            printf("%dth string pos. is %d\n", p - strings + 1, q - *p + 1);
            break;
        }
    }
    return 0;
}
```

运行结果为：

```
U    （输入要找的字符）
3th string pos. is 2
```

strings 被声明成一个数组，其元素是字符串，变量 p 初值为 strings，即数组 strings 中第一个元素的地址，以后依次指向第二个元素、第三个元素、……“q=*p;”语句把 p 所指的内容赋给 q，使 q 指向相应的字符串中第一个字符。然后移动 q 使其指向下一字符，直至字符串尾部或找到输入的字符。

注意：p++ 使 p 指向数组中的下一个元素而不是下一个字符，如果 p 指向元素 strings[0]，p+1 指向 strings[1]，而不是指向字符‘H’，strings[0]+1 才指向字符‘H’。

C 语言中，不仅可以使用二级指针，也可以使用多级指针，但多级指针在实际应用中不常用。

9.5.2 多级指针和多级数组

综上所述，C 语言中多维数组与多级指针是有密切联系的，二维数组名就是一个二级指针值，三维数组名是一个三维指针值，以此类推。

例 9-13 已知一个班的各科平均成绩及班级人数如下：

语文：70

数学：80

外语：75

人数：20

编程输出各科平均成绩、班级人数、全班的总平均分以及平均分最低的科目和该科目的平均分。

程序如下：

```
#include <stdio.h>
#include <string.h>
int main()
{
    char **p1;
    char (*p2)[8];
    int i, j, min = 105, sum = 0, a[6] = { 70,80,75,20,0,0 };
    char *title[4] = { "Number of people","Average score","Score in the lowest
                       score subject", "Minimum score subject" };
    char name[4][8] = { "chinese","math","English"," "};
    p1=title;
    p2=name;
    for (i = 0; i < 3; i++)
    {
        sum += a[i];
        min = min < a[i] ? min : a[i];
    }
    a[++i] = sum / 3;
    a[++i] = min;
    for (i = 0; i < 3; i++)
    {
        printf("%s:%d\n", p2[i], a[i]);
        if (min == a[i])
            strcpy(p2[3], p2[i]);
    }
    for (j = 0; j <= 2; j++)
        printf("%s:%d\n", p1[j], a[i + j]);
    printf("%s:%s", p1[3], p2[3]);
    return 0;
}
```

运行结果为：

```
chinese:70
math:80
English:75
Number of people:20
Average score:75
Score in the lowest score subject:70
Minimum score subject:chinese
```

上述程序中，声明“char (*p2)[8];”表示 p2 是一个指针，它所指向的内容是一个长度为 8 的字符数组。从要求可知，数组 a 中的语文、数学、外语、人数已知，但平均成绩和最低成绩未知，所以可以设计为：

```
int a[6] = { 70,80,75,20,0,0 };
```

用 a[4] 和 a[5] 来记录平均成绩和最低成绩。字符串数组 name 的最后一行来记录最低分数科目的名称。设计长度时，因为最长的单词为 "chinese" 长度为 7，还要一个结束符，所以设计长度为 8。

再来看二维数组在计算机内是如何存放的。

在二维数组中，要用两个下标才能唯一标识一个元素，而计算机内存是一维线性的，只需要一个地址编号就能确定一个存储单元。如何把一个二维数组放到一维空间去呢？常用的方法有两种：一种是行优先的方法，即先顺序存放第 0 行元素，然后存放第一行元素、第二行元素，依次类推；另一种是采用列优先的方法，即先顺序存放数组中第 0 列元素，然后存放第一列元素，以此类推。以数组 int a[2][3] 为例，其行优先和列优先的存储结果分别如图 9-2a 和图 9-2b 所示。

a[0][0]
a[0][1]
a[0][2]
a[1][0]
a[1][1]
a[1][2]

a)

a[0][0]
a[1][0]
a[0][1]
a[1][1]
a[0][2]
a[1][2]

b)

图 9-2　数组存储结构示意图

C 语言采用行优先的方法。显然，对任意合法的 i 和 j，数组 a[n][m] 中的元素 a[i][j] 的地址是：a[0]+m*i+j。

再来看一个字符型二维数组。可以定义字符串指针数组以表示多个字符串，例如，

```
static char*strings[5]={"CHONGQING","NINGBO","SUZHOU","SHANGHAI", "HANGZHOU"};
```

也可以用二维数组表示多个字符串：

```
static char strings[5][10]= {"CHONGQING","NINGBO","SUZHOU","SHANGHAI",
    "HANGZHOU"};
```

这两者的区别如图 9-3 所示。

C	H	O	N	G	Q	I	N	G	\0
N	I	N	G	B	O	\0			
S	U	Z	H	O	U	\0			
S	H	A	N	G	H	A	I	\0	
H	A	N	G	Z	H	O	U	\0	

a）二维数组

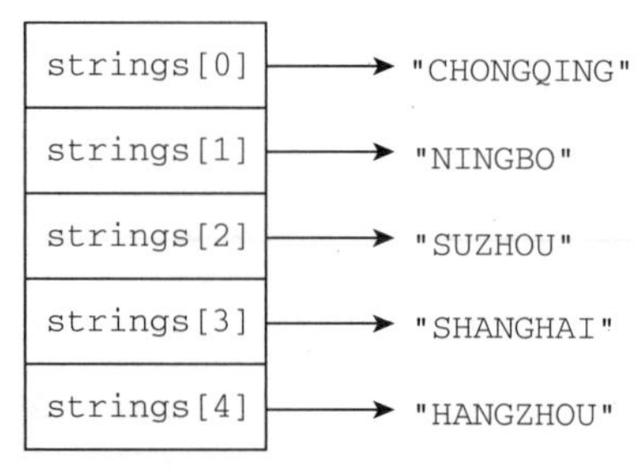

b）指针数组

图 9-3　字符串存储结构示意图

二维数组定义时，空间是固定的，即使字符串只有两个字符，加上一个 '\0'，但后

面7个没有使用的单元仍被程序所占用。而指针数组定义时，仅定义了可存储5个指针的单元，指针所指的字符串长短没有在此定义，也不受指针数组任何限制，因此更节约空间且可以使用较长的字符串；从字符存取角度看，二维数组所定义的字符串可以通过下标形式存取其中任何一个字符，如 strings[1][3] 表示第2个字符串中的第4个字符（从0开始数）；而以指针数组形式定义时，只能通过指针存取其中的字符。

当用二维数组表示字符串时，指针 strings[0]+10 指的是字符串 "NINGBO" 中的 'N' 即 strings[1][0] 的地址；而用指针数组表示时，strings[0]+10 指的是“CHONGQING”中的尾标记 '\0' 后面的单元，不一定是下一个字符串 "NINGBO" 中的首字符。

9.5.3 命令行参数

到目前为止，除 main 函数外，大部分定义的函数都带有形参。运行一个 main 函数不带参数的 C 程序时，所需的各种数据需在程序运行过程中从键盘输入或在程序中设置好，如果在启动运行 C 程序的同时跟若干个参数，就要定义 main 函数时带形参，例如，

```
main(int argc, char *argv[])
{
    ...;
}
```

main 函数可以带两个参数。第一个参数习惯上是 argc，是输入命令时命令名和命令行参数的个数；第二个参数 argv 是指针数组，其中的每个元素指向命令行参数中的字符串。例如，下面的 echo.c，源程序经编译链接后生成的可执行文件名是 echo.exe。

例 9-14 命令行参数示例。

```
#include <stdio.h>
int main(int argc, char *argv[])
{
    int i;
    for(i = 1; i < argc; i++)
        printf("%s", argv[i]);
    return 0;
}
```

该程序依次显示命令行各参数。

键入命令行：

```
echo programming with C language
```

此时，main 函数中的参数：

argc 为 5，命令名连同参数共有 5 个。

argv 参数结构如图 9-4 所示。

i 的初值为 1，将跳过 argv[0]，argv[0] 始终是命令名（程序名）组成的字符串指针。随着 i 从 1 到 4，argv[i] 依次为字符串“programming”“with”“C”“language”。

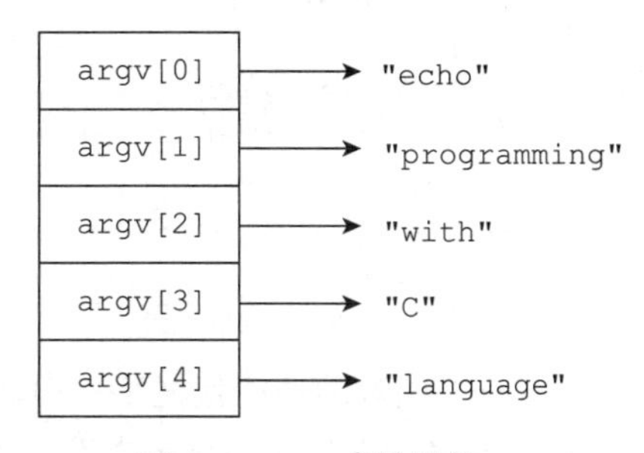

图 9-4 argv 参数结构

命令行参数都是以字符串的形式存在的，即使参数是数字也是如此。参数之间应以空格或 tab 等分隔。

例 9-15　判断给定的年份是不是闰年，年份作为命令行参数输入。

分析：首先考虑输入的年份是否正确，利用 isInt 函数来判断输入年份中是否有非数字。再用 isLeap 函数判断是不是闰年。闰年的判断方法是能整除 4 但不能整除 100 或能被 400 整除的年份。

程序如下：

```
#include <stdio.h>
#include <stdlib.h>
int year;
int isInt(const char *s)
{
    int k = 1;
    for (int i = 0; s[i] != '\0'; i++)
    {
        if (!(s[i]>='0'&&s[i]<='9'))
            k = 0;
    }
    return k;
}
int isLeap(int y)
{
    if (((y % 4 == 0) && (y % 100 != 0)) || (y % 400 == 0))
        return 1;
    else
        return 0;
}
int main(int argc, char const *argv[])
{
    if (argc != 2)
    {
        printf("parameters not enough\n");
        return 1;
    }
    if (isInt(argv[1]))
    {
        year = atoi(argv[1]);
    }
    else
    {
        printf("Year need to be integer.\n");
        return 1;
    }
    if(isLeap(year))
        printf("%d is a leap year\n", year);
    else
        printf("%d is a common year\n", year);
    return 0;
}
```

atoi 函数的功能是把字符串转换成整型数，atoi 会扫描参数 string 字符串，跳过前面的空格，直到遇上数字或正负号才开始做转换，而再遇到非数字或字符串 '\0' 时才结束转换，并将结果返回，返回转换后的整型数。atoi 函数的头文件是 <stdlib.h>。

假如编译后的可执行文件是 jxc.exe。

输入命令：

```
./jxc 2002
```

执行显示：

```
2002 is a leap year
```

9.6 指针和动态存储管理

9.6.1 概述

动态存储管理就是在程序的运行过程中向计算机申请分配一段存储单元，或把早先申请的内存单元释放给计算机。与之相对应的静态存储管理是在编译阶段就能确定存储单元分配数量的一种存储管理。C 语言提供了进行存储单元动态申请和释放的两个标准函数 malloc 和 free。也有些语言不提供类似功能的函数和语句，这样程序员在编程时就必须估计到可能出现的最大数据量，如输入一批数据存储在数组中，事先需估计这批数据的最大个数，按最大个数定义数组，如果实际的数据量少于这个最大估计，就会有很多数组元素闲置不用，造成空间的浪费。有了动态存储管理，就可以根据需要申请空间，即满足了程序要求又不浪费计算机资源。

9.6.2 malloc 函数和 free 函数

1. malloc 函数

malloc 函数用于申请分配存储空间。

定义：void * malloc(unsigned size)

返回：NULL 或一个指针。

说明：申请分配一个大小为 size 个字节的连续内存空间，如成功，则返回分配空间段的起始地址；否则，返回 NULL。

符号常量 NULL 在文件 stdio.h 中定义为 0。

这里函数类型声明为 void * 表示返回值是一个指针，可指向任何类型。

2. free 函数

该函数是 malloc 函数的逆过程，用于释放一段存储空间。

定义：void free(void *ptr)

返回：无。

说明：把指针 ptr 所指向的一段内存单元释放掉。ptr 是该内存段的地址，内存段的长度由 ptr 对应实参类型确定。

使用以上这两个函数时，应在源文件中使用“#include <malloc.h>”，把头文件 malloc.h 包含进去。

9.6.3 动态存储管理的应用

下面再看几个动态存储分配的例子。

例 9-16　C语言程序设计期末考试考完，请编写一个程序，输出任意给定班级中不及格的人数及课程平均成绩，并按成绩降序输出结果。若输入 -1，则表示成绩输入结束。

```
#include <stdio.h>
#include <stdlib.h>
int main()
{
    int i, j, t1, n = 0, stu_num;
    float total=0;
    int count=0;
    float t2;
    int* no;
    float* Scores;
    printf("Please input the number of students\n");
    scanf("%d", &stu_num);
    if ((no=(int*)malloc(stu_num*sizeof(int))) == NULL)
    {
        printf("Malloc memory is wrong!\n");
        exit(-1);
    }
    if ((Scores=(float*)malloc(stu_num*sizeof(float))) == NULL)
    {
        printf("Malloc memory is wrong!\n");
        exit(-1);
    }
    printf("Please input the scores of students\n");
    for(i = 0; i < stu_num; i++)
    {
        scanf("%d%f", &no[i], &Scores[i]);
        if (no[i] == -1) break;
        total += Scores[i];
        if (Scores[i] < 60)
        {
            count++;
        }
        n++;
    }
    printf("    i    no    Scores\n");
    for(i = 0; i < n; i++)
    {
        for(j = i + 1; j < n; j++)
            if(Scores[i] < Scores[j])
            {
                t1 = no[i]; no[i] = no[j]; no[j] = t1;
                t2 = Scores[i]; Scores[i] = Scores[j]; Scores[j] = t2;
            }
        printf("%5d%6d%10.2f\n", i + 1, no[i], Scores[i]);
    }
    printf("\nThe average score is %5.1f \n", total/n);
    printf("The number of student failed to pass the exam is %5d\n", count);
    free(no);
    free(Scores);
    return 0;
}
```

本例中申请了两个指针 no 和 Scores，但没有确定它们指向哪个存储单元。然后程序提示输入指定班级的学生人数，在获取准确的班级人数后，通过下面的语句为指针 no 和 Scores 申请满足要求的存储空间：

```
if ((no=(int*)malloc(stu_num*sizeof(int))) == NULL)
{
    printf("Malloc memory is wrong!\n");
    exit(-1);
}
if ((Scores=(float*)malloc(stu_num*sizeof(float))) == NULL)
{
    rintf("Malloc memory is wrong!\n");
    exit(-1);
}
```

if 语句展示了 malloc 的一种标准用法：

1）因为 malloc 函数的返回值为 void*，所以在进行具体赋值之前需要进行强制类型转换，将返回值转换成需要的指针类型。

2）由于在不同的系统中存放同样的数据类型可能需要的字节数是不同的，为了使程序具有通用性，故用 sizeof 运算符计算在本系统中需要的字节数。sizeof 运算符用于计算指定类型数据的字节数，其操作数可以是一个表达式或类型名。例如，sizeof(int) 得到放置 1 个整型数据所需的字节数。

3）需要通过对返回值进行测试，如果返回值为 NULL，意味着申请内存失败，需要通过 exit（-1）退出整个程序，不再进行后续的操作。

申请的空间不需要时，应及时用 free 函数释放，否则可能会导致内存逐渐耗尽。

例 9-17 用动态内存函数重新编程求解例 9-13。

```
#include <stdio.h>
#include <string.h>
#include <stdlib.h>
int main()
{
    int i, * p, min = 100, sum = 0, a[6] = { 70,80,75,20,0,0 };
    char* p1[4], * p2[4];
    for (i = 0; i < 4; i++)
    {
        p1[i] = (char*)malloc(8 * sizeof(char));
        if (p1[i] == NULL)
        {
            printf("error\n");
            exit(-1);
        }
        p2[i] = (char*)malloc(8 * sizeof(char));
        if (p2[i] == NULL)
        {
            printf("error\n");
            exit(-1);
        }
    }
    strcpy(p2[0], "Chinese");
    strcpy(p2[1], "math");
    strcpy(p2[2], "English");
    strcpy(p1[0], "Number of people");
```

```
    strcpy(p1[1], "Average score");
    strcpy(p1[2], "Score in the lowest score subject");
    strcpy(p1[3], "Minimum score subject");
    p = (int*)malloc(6 * sizeof(int));
    p = a;
    for (i = 0; i < 3; i++)
    {
        sum += p[i];
        min = min < p[i] ? min : p[i];
    }
    p[++i] = sum / 3;
    p[++i] = min;
    for (i = 0; i < 3; i++)
    {
        printf("%s:%d\n", p2[i], p[i]);
        if (min == p[i])
            strcpy(p2[3], p2[i]);
    }
    for (int j = 0; j <= 2; j++)
        printf("%s:%d\n", p1[j], p[i + j]);
    printf("%s:%s", p1[3], p2[3]);
    free(p);
    return 0;
}
```

运行结果与例9-13一致。

例9-18　请编写一个程序来查找字符串数组中的最长公共前缀并输出，若没有则输出"no common prefix"。

示例1：

输入：strs=["China","Chinese","Car","Care"]

输出："C"

示例2：

输入：strs=["dog","racecar","do"]

输出："no common prefix"

程序如下：

```
#include <stdio.h>
#include <string.h>
#include <stdlib.h>
int NUM=100;
char *p="no common prefix";
char* longestCommonPrefix(char** strs, int strsSize) {
    if (strsSize == 0)
        return p;
    for (int i = 0; i < strlen(strs[0]); i++) {
        for (int j = 1; j < strsSize; j++) {
            if (strs[j][i] != strs[0][i]) {
                strs[0][i] = '\0';
                if(i==0)  return p;
                return strs[0];
            }
        }
    }
```

```
    return strs[0];
}
int main() {
    int strssize;
    char *a[105], *result;
    scanf("%d", &strssize);
    getchar();
    for (int i = 0; i < strssize; i++){
        a[i] = (char *)malloc(NUM*sizeof(char));
        gets(*(a+i));
    }
    result = longestCommonPrefix(a, strssize);
    printf("%s\n", result);
    return 0;
}
```

运行结果：

```
4
Chinese
China
Child
Choose
Ch
```

在上述程序中，定义了一个指针数组 char *a[105]，利用字符型指针数组来存储字符串。在赋值时一种常见的方法是将字符串常量赋值给一个字符数组，这相当于将字符串的首字母的静态数据区的地址赋给了指针，而从键盘输入则不一样，必须先分配一些空间用来存储键盘输入的字符串，例如：

```
a[i] = (char*)malloc(sizeof(char) * NUM);
gets(*(a+i));
```

这样输入的字符串就会存储在 a 所指向的动态空间内。在判断最长公共前缀时，当字符串数组个数为 0 时则公共前缀为空，直接返回 "no common prefix"；一开始可以将第一个字符串视为最长公共前缀的值。遍历后面的字符串，依次将其与 strs[0] 从第一个字符开始进行比较，若有一个不同则直接令当前的 strs[j][0]= '\0'，返回 str[0]。若没有公共前缀则返回 "no common prefix"。

9.7　指针和指针运算小结

第 59 讲

下面对本章介绍的指针内容做一小结。表 9-1 是对各种指针数据类型定义的小结，表中的 int 可换成任意有效的数据类型。表 9-2 是对典型的指针变量赋值运算的说明。

表 9-1　指针数据类型

定义	含　　义
int *p;	p 为指向整型数据的指针变量
int *p[n];	定义指针数组 p，由 n 个指向整型数据的指针元素组成
int (*p)[n];	p 为指向含 n 个整型元素的一维数组的指针变量

（续）

定义	含　义
int *p(形参表)	p是返回指针的函数，该指针指向整型数据
int (*p)(形参表)	p为指向函数的指针，该函数返回一个整型值
void *p;	p是可以指向任何类型数据的指针变量
int **p;	p是一个指针变量，它指向一个指向整型数据的指针变量

表9-2　指针变量赋值的含义

赋值格式	含　义
p=&a;	将变量a的地址赋给指针变量p
p=array; 或p=&array[0];	将数组array的首地址赋给指针变量p
p=&array[i];	将数组元素array[i]的地址赋给指针变量p
p=function;	将函数function()的入口地址赋给指针变量p
p1=p2;	将指针变量p2的值赋给指针变量p1
p=p+i;	将指针变量p的值加上整型数i与p所指数据占用的字节数之积，然后赋给p

习题

注意：本章习题均要求用指针方法处理。

一、选择题

9.1　变量的指针，其含义是指该变量的（　　）。

(A) 值　　(B) 地址

(C) 名　　(D) 一个标志

9.2　若有语句int *point, a=4; 和point=&a; 下面均代表地址的一组选项是（　　）。

(A) a, point, *&a　　(B) &*a, &a, *point

(C) *&point, *point, &a　　(D) &a, &*point, point

9.3　有以下程序

```
#include <stdio.h>
int main()
{
    int m=1,n=2,*p= & m,*q= & n,*r;
    r=p;p=q;q=r;
    printf("%d,%d,%d,%d\n",m,n,*p,*q);
}
```

程序运行后的输出结果是（　　）。

(A) 1,2,1,2　　(B) 1,2,2,1

(C) 2,1,2,1　　(D) 2,1,1,2

9.4　有以下程序

```
int *f(int *x,int *y)
{
    if(*x<*y)
        return x;
    else
        return y;
}
```

```
int main()
{
    int a=7,b=8,*p,*q,*r;
    p=&a; q=&b;
    r=f(p,q);
    printf("%d,%d,%d\n",*p,*q,*r);
    return 0;
}
```

程序执行后的输出结果是（　　）。

(A) 7,8,8　　(B) 7,8,7

(C) 8,7,7　　(D) 8,7,8

9.5 有以下程序

```
int main()
{
    int a[][3]={{1,2,3},{4,5,0}},(*pa)[3],i;
    pa=a;
    for(i=0;i<3;i++){
        if(i<2) pa[1][i]=pa[1][i]-1;
        else pa[1][i]=1;
    }
    printf("%d\n",a[0][1]+a[1][1]+a[1][2]);
}
```

程序执行后的输出结果是（　　）。

(A) 7　　(B) 6

(C) 8　　(D) 无确定值

9.6 有以下程序

```
void fun(int *a,inti,int j)
{
    int t;
    if(i<j){
        t=a[i];a[i]=a[j];a[j]=t;
        fun(a,++i,--j);
    }
}
int main()
{
    int a[]={1,2,3,4,5,6},i;
    fun(a,0,5);
    for(i=0;i<6;i++)
        printf("%d",a[i]);
}
```

程序执行后的输出结果是（　　）。

(A) 6 5 4 3 2 1　　(B) 4 3 2 1 5 6

(C) 4 5 6 1 2 3　　(D) 1 2 3 4 5 6

9.7 有如下程序

```
#include <stdio.h>
int main()
{
    char s[]="ABCD", *p;
```

```
    for(p=s;*p!='\0';p++)
        printf("%s\n",p);
    return 0;
}
```

该程序的输出结果是（　　）。

(A) ABCD　　(B) A　　(C) B　　(D) BCD
    BCD　　　　B　　　　C　　　　CD
    CD　　　　C　　　　D　　　　D
    D　　　　　D

9.8　阅读以下函数

```
fun(char *sl,char *s2)
{
    int i=0;
    while(sl[i]==s2[i]&&s2[i]!='\0')
        i++;
    return (sl[i]=='\0'&&s2[i]=='\0');
}
```

此函数的功能是（　　）。

(A) 将 s2 所指字符串赋给 s1

(B) 比较 s1 和 s2 所指字符串的大小，若 s1 比 s2 的大，函数值为 1，否则函数值为 0

(C) 比较 s1 和 s2 所指字符串是否相等，若相等，函数值为 1，否则函数值为 0

(D) 比较 s1 和 s2 所指字符串的长度，若 s1 比 s2 的长，函数值为 1，否则函数值为 0

二、填空题

9.9　若 int a[10]; 则 a[i] 的地址可表示为________或________，a[i] 可表示为________。

9.10　若有定义：int　a[2][3]={2,4,6,8,10,12}; 则 *(&a[0][0]+2*2+1) 的值是________，*(a[1]+2) 的值是________。

9.11　若定义 char *p="abcd"; 则 printf("%d",*(p+4)); 的结果为________。

9.12　若有以下定义和语句

```
int w[10]={23,54,10,33,47,98,72,80,61},*p;
p=w;
```

则通过指针 p 引用值为 98 的数组元素的表达式是________。

三、编程题

9.13　定义一个字符数组，存放 100 个元素，使用 gets 函数获取一个字符串，然后使用指针统计字符串中大写字母、小写字母、空格、数字字符和其他字符的个数。

9.14　从命令行输入两个实型数据，请比较大小并输出。

9.15　输入 3 个数 a、b 和 c，按从小到大顺序输出。利用指针方法实现。

9.16　输入包含 10 个整数的数组，最大的与第一个元素交换，最小的与最后一个元素交换，最后输出数组。

9.17　有 n 个人围成一圈，顺序排号。从第一个人开始报数（从 1 到 3 报数），凡报到 3 的人退出圈子，问最后留下的是原来第几号的那位。

9.18　编写一个函数，输入 n 为偶数时，调用函数求 1/2+1/4+…+1/n，当输入 n 为奇数时，调用函数求 1/1+1/3+…+1/n。

9.19　将八进制数转换为十进制数后输出。

9.20　编写程序实现字符串复制功能，要求不能用库函数 strcpy()。

9.21 有 n 个整数，再给出一个整数 m，编程使其前面的 n-m 个数顺序向后移动 m 个位置，最后的 m 个数变成最前面的 m 个数。

9.22 计算字符串中某个子串出现的次数。要求：用一个函数 subString() 来实现，参数为指向字符串和要查找的子串的指针，返回子串出现的次数。

9.23 加密程序：由键盘输入明文，通过加密程序转换成密文并输出到屏幕上。算法：明文中的字母转换成其后的第 4 个字母，例如，A 变成 E(a 变成 e)，Z 变成 D，非字母字符不变；同时将密文每两个字符之间插入一个空格。例如，China 转换成密文为 G l m r e。要求：在函数 change 中完成字母转换，在函数 insert 中完成增加空格，用指针传递参数。

9.24 字符替换。要求用函数 replace 将用户输入的字符串中的字符 t(T) 都替换为 e(E)，并返回替换字符的个数。

9.25 有 5 个字符串，首先将它们按照字符串中的字符个数由小到大排列，再分别取出每个字符串的第三个字母合并成一个新的字符串输出（若少于三个字符的输出空格）。要求：利用字符串指针和指针数组实现。

9.26 定义一个动态数组，长度为变量 n，用随机数给数组各元素赋值，然后对数组中各元素排序。定义 swap 函数交换两个数组元素值，要求采用地址传递方式。

9.27 编写一个程序，输入星期几（用整数表示），输出它对应的英文名，用指针数组处理。

9.28 编写一个函数 fun(int *a,int n,int *odd,int *even)，函数的功能是分别求出数组中所有奇数之和以及所有偶数之和。形参 n 给了数组中数据的个数，利用指针 odd 返回奇数之和，利用指针 even 返回偶数之和。例如：数组中的值依次为：1，8，2，3，11，6，则利用指针 odd 返回奇数之和 15；利用指针 even 返回偶数之和 16。

9.29 用函数和指针完成下述程序功能：有两个整数 a 和 b，由用户输入 1，2 或 3。如输入 1，程序就给出 a 和 b 中的大者，输入 2，就给出 a 和 b 中的小者，输入 3，则求 a 与 b 之和。

9.30 为了得到一个数的“相反数”，将这个数的数字顺序颠倒，然后再加上原先的数得到“相反数”。例如，为了得到 1325 的“相反数”，首先将该数的数字顺序颠倒，得到 5231，之后再加上原先的数得到 5231+1325=6556。如果颠倒之后的数字有前缀零，前缀零将会被忽略。例如 n = 100，颠倒之后是 1。要求输入包括一个整数 n($1\leqslant n\leqslant 10^5$)，输出一个整数，表示 n 的相反数。

第 10 章　结构与联合

C 语言提供基础的数据类型和构造的数据类型。前面几章介绍了一些简单数据类型（整型、实型、字符型）变量的定义和应用，还介绍了数组（一维、二维）的定义和应用，这些数据类型的特点是：若要定义某一特定数据类型，就限定该类型变量的存储特性和取值范围。对简单数据类型来说，既可以定义单个变量，也可以定义数组。数组的全部元素具有相同的数据类型，或者说它是相同类型数据的一个集合。

10.1　为什么需要结构体

回顾前面的成绩管理程序，通过引入数组可以一次定义很多变量，以存储需要的成绩等数据。将程序功能进一步扩充，如果成绩管理程序需要维护的数据包括：学号、姓名、班级、英语成绩、C 语言成绩、数学成绩，则需要完成一个具备对成绩进行求和、对单科成绩和总分进行排序等功能的程序。就目前掌握的知识而言，能想到的解决方法是为学号、姓名等每一组数据定义一个数组，数组中的一个元素对应一个学生的数据，所有数组同一下标的元素合起来表征一个学生所有的信息。程序在实现排序和求和等功能时，必须小心翼翼地处理，比如当需要对调两个同学的英语成绩时，必须同步对调所有数组对应元素的值，否则就会张冠李戴。

显然，上述解决方案不太理想。引入结构体能提供一个更加完美的解决方案，它可以将一个学生所有的信息记录在一个结构体变量中。事实上，在日常生活中，也常会遇到一些需要填写的登记表，如住宿表、成绩表、通信地址表等。在这些表中，所填写的数据是不能用同一种数据类型描述的。在住宿表中，通常会填写姓名、性别、身份证号码等内容；在通信地址表中，会填写姓名、邮编、家庭住址、电话号码、E-mail 等内容。这些表中集合了各种数据，无法用前面学过的任意一种数据类型完全描述，因此 C 语言引入了一种能集中不同数据类型于一体的数据类型——结构体类型。结构体类型的变量可以拥有不同数据类型的成员，是不同数据类型成员的集合。

10.2　结构体类型变量的定义和引用

在上面描述的各种登记表中，让我们仔细观察一下住宿表、成绩表、通信地址表等。

住宿表通常由下面的条目构成：

姓名　　　　　（字符串）
性别　　　　　（字符）
职业　　　　　（字符串）
年龄　　　　　（整型）
身份证号码　　（字符串）

成绩表通常由下面的条目构成：

班级　　　　(字符串)
学号　　　　(字符串)
姓名　　　　(字符串)
操作系统　　(实型)
数据结构　　(实型)
计算机网络　(实型)

通信地址表通常由下面的条目构成:

姓名　　　　(字符串)
工作单位　　(字符串)
家庭住址　　(字符串)
邮编　　　　(字符串)
电话号码　　(字符串)
E-mail　　　(字符串)

这些登记表用 C 语言提供的结构体类型可以进行较为准确的描述，每个结构体的具体定义方法如下。

住宿表:

```
struct accommod
{
    char name[20];          /* 姓名 */
    char sex;               /* 性别 */
    char job[40];           /* 职业 */
    int age;                /* 年龄 */
    char number[18];        /* 身份证号码 */
} ;
```

成绩表:

```
struct score
{
    char grade[20];         /* 班级 */
    char num[10];           /* 学号 */
    char name[20];          /* 姓名 */
    float os;               /* 操作系统 */
    float datastru;         /* 数据结构 */
    float compnet;          /* 计算机网络 */
};
```

通信地址表:

```
struct addr
{
    char name[20];          /* 姓名 */
    char department[30];    /* 工作单位 */
    char address[30];       /* 家庭住址 */
    char box[6];            /* 邮编 */
    char phone[12];         /* 电话号码 */
    char email[30];         /* E-mail */
};
```

这一系列对不同登记表的数据结构的描述类型称为结构体类型。通常不同的问题有不同的数据成员，也就是说，有不同描述的结构体类型。我们也可以理解为：结构体类型根据所针对的问题其成员是不同的，可以有任意多的结构体类型描述。

下面给出 C 语言对结构体类型的定义形式：

```
struct 结构体名
{
    成员项列表…
};
```

特别要强调的是，上面的语法描述是定义一种新的数据类型，并不是定义一个变量。如前面所学，C 语言本身提供了 char、float、double 等基本数据类型，为了描述更加丰富的数据信息，C 语言通过结构体为程序员提供了一种定义新的自有数据类型的方法。从语法角度讲，通过 struct 定义的结构体类型与 C 语言本身提供的 char、float、double 等基本数据类型一样，所有能出现这些基本数据类型的地方都可以使用自己定义的结构体数据类型。采用上述方法定义一个结构体类型后，我们就可以使用它，包括用它定义结构体类型变量并对不同变量的各成员进行引用。

10.2.1　结构体类型变量的定义

第 60 讲

结构体类型变量的定义与其他类型变量的定义是一样的，但由于结构体类型本身需要针对问题事先自行定义，因此结构体类型变量的定义形式较为灵活，共有以下 3 种形式：

1）先定义结构体类型，再定义结构体类型变量。

```
struct stu                        /* 定义学生结构体类型 */
{
    char name[20];                /* 学生姓名 */
    char sex;                     /* 性别 */
    char num[11];                 /* 学号 */
    float score[3];               /* 三科考试成绩 */
};
struct stu student1,student2;     /* 定义结构体类型变量 */
```

2）定义结构体类型的同时定义结构体类型变量。

```
struct date
{
    int day;
    int month;
    int year;
} time1,time2;
```

后面如果需要，可以继续定义其他变量，比如可以再定义如下变量：

```
struct date time3,time4;
```

3）直接定义结构体类型变量。

```
struct
{
    char name[20];                /* 学生姓名 */
    char sex;                     /* 性别 */
    char num[11];                 /* 学号 */
```

```
    float score[3];               /* 三科考试成绩 */
} person1,person2;                /* 定义该结构体类型变量 */
```

由于这种定义方法的结构体名字为空，无法记录和引用该结构体类型，因此除直接定义外，后面不能再定义该结构体类型变量。

10.2.2　结构体类型变量的引用

第 61 讲

在定义了结构体类型和结构体类型变量之后，如何正确地引用该结构体类型变量的成员呢？C 语言规定引用的形式为：

```
<结构体类型变量名> .<成员名>
```

若定义的结构体类型及变量如下：

```
struct date
{
    int day;
    int month;
    int year;
}time1,time2;
```

则变量 time1 和 time2 各成员的引用形式为：time1.day、time2.month、time2.year 等。

10.2.3　结构体类型变量的初始化

第 61 讲

由于结构体类型变量汇集了各类不同数据类型的成员，因此结构体类型变量的初始化略显复杂。

结构体类型变量的定义和初始化为：

```
struct stu                        /* 定义学生结构体类型 */
{
    char name[20];                /* 学生姓名 */
    char sex;                     /* 性别 */
    char num[11];                 /* 学号 */
    float score[3];               /* 三科考试成绩 */
};
struct stu student={"liping",'f',"1012150101",98.5,97.4,95};
```

上述对结构体类型变量的 3 种定义形式均可在定义时初始化。结构体类型变量完成初始化后，各成员的值分别为：

```
student.name = "liping", student.sex = 'f', student.num = "1012150101", student.
    score[0] = 98.5, student.score[1] = 97.4, student.score[2] = 95
```

可以通过 C 语言提供的输入 / 输出函数完成对结构体类型变量成员的输入 / 输出，就像对普通变量那样。由于结构体类型变量成员的数据类型通常是不一样的，因此也可以将结构体类型变量成员以字符串形式输入，利用 C 语言的类型转换函数将其转换为所需类型。类型转换的函数有：

- int atoi(char *str);　该函数将 str 所指向的字符串转换为整型，其返回值为整型。

- `double atof(char *str);` 该函数将 str 所指向的字符串转换为实型，其返回值为双精度实型。
- `long atol(char *str);` 该函数将 str 所指向的字符串转换为长整型，其返回值为长整型。

使用上述函数，要包含头文件 "stdlib.h"。

在上述定义的基础上，对上述结构体类型变量成员输入采用的一般形式为：

```
#include <stdio.h>
#include <stdlib.h>
int main()
{
    char temp[20];
    int i;
    gets(student.name);                          /* 输入姓名 */
    student.sex = getchar();                     /* 输入性别 */
    gets(student.num);                           /* 输入学号 */
    for(i = 0 ; i < 3 ; i++)                     /* 输入三科成绩 */
    {
        gets(temp) ;
        student.score[i] = atoi(temp);           /* 转换为整型 */
    }
    return 0;
}
```

对该结构体类型变量成员的输出也必须采用各成员独立输出，而不能将结构体类型变量以整体的形式输出。

C 语言允许针对具体问题定义各种各样的结构体类型，甚至是嵌套的结构体类型。

```
struct date
{
    int day;
    int mouth;
    int year;
};
struct stu
{
    char name[20];
    struct date birthday;          /* 出生年月，嵌套的结构体类型 */
    char num[11];
}person;
```

该结构体类型变量成员的引用形式如下：

```
person.name,person.birthday.day,person.birthday.month,person.birthday.
    year,person.num
```

这里要特别强调的是：与数组一样，结构体类型的变量通常也不能当作一个整体使用，必须单独使用各个成员变量；结构体变量各个成员变量的性质与同种普通变量的性质一样，只是前面加了一个成员限定符。

10.3 结构体数组的定义和引用

在实际的问题中，可能不仅需要单个结构体变量，还需要一组结构体变量，这就需要引入结构体数组的概念。结构体类型数组的定义形式为：

```
struct stu                  /* 定义学生结构体类型 */
{
    char name[20];          /* 学生姓名 */
    char sex;               /* 性别 */
    char num[11];           /* 学号 */
    float score[3];         /* 三科考试成绩 */
};
struct stu stud[20];        /* 定义结构体类型数组 stud，该数组有 20 个结构体类型元素 */
```

其数组元素各成员的引用形式为：

```
stud[0].name、stud[0].sex、stud[0].score[i];
stud[1].name、stud[1].sex、stud[1].score[i];
…
stud[9].name、stud[9].sex、stud[9].score[i];
```

结构体类型数组的初始化和普通数组元素一样，可全部初始化、部分初始化或分行初始化。

以下为分行初始化的例子。

```
struct student
{
    char num[11];
    char name[20];
    char sex;
    int age;
};
struct student stu[ ]={{"1012150101","Wang Lin",'M',20},
                       {"1012150102","Li Gang",'M',19},
                       {"1012150103","Liu Yan",'F',19}};
```

例 10-1　设计一个程序来统计学生姓名、ID、成绩并且通过 ID 查询学生姓名与该学生成绩。

程序如下：

```
#include <stdio.h>
#include <string.h>
struct info {
    char name[12];
    char ID[20];
    double score;
};
int readin(struct info a[])
{
    int i = 0;
    while (1)
    {
        scanf("%s", a[i].name);
        if (!strcmp(a[i].name, "#"))
            break;
        scanf("%s", a[i].ID);
        scanf("%lf", &a[i].score);
        i++;
```

```
    }
    return i;
}
void findout(struct info a[], char b[], int n)
{
    int i = 0, j = 0;
    while (1)
    {
        if (!strcmp(a[i].ID, b))
        {
            printf("%s score is: %lf\n", a[i].name, a[i].score);
            break;
        }
        i++;
        n--;
        if (n == 0)
        {
            printf("not found\n");
            break;
        }
    }
}
int main()
{
    struct info a[50];
    char ID[20];
    int n;
    n = readin(a);
    while (1)
    {
        printf("please put in you ID: ");
        scanf("%s", ID);
        if (!strcmp(ID, "#"))
            break;
        findout(a, ID, n);
    }
    return 0;
}
```

运行结果:

```
JXC
1
25
SL
sl123
13
sd
s_d
45
#
please put in you id: s_d
sd score is: 45.000000
please put in you id: 1
JXC score is: 25.000000
please put in you id: SL123
```

```
not found
please put in you id: sl123
SL score is: 13.000000
please put in you id: #
```

上述程序中，“struct info a[50];”定义了结构体数组 a，该数组有 50 个结构体元素。定义 readin 函数来实现对结构体变量成员的输入，name 数组存储学生姓名，ID 数组存储学生 ID，score 变量存储学生成绩，当输入 '#' 时表示输入完毕。定义 findout 函数来通过 ID 查找姓名与成绩，每查询一名学生后 n 就自减 1，当 n 等于 0 时表示没有找到与查找 ID 相符的学生，输出 "not found"。

第 61 讲

10.4　结构体指针的定义和引用

指针变量非常灵活方便，可以指向任一类型的变量。若定义指针变量指向结构体类型变量，则可以通过指针来引用结构体类型变量。

第 61 讲

10.4.1　指向结构体类型变量的指针的使用

先定义结构体：

```
struct stu
{
    char name[20];
    char num[10];
    float score[4];
};
```

再定义指向结构体类型变量的指针变量：

```
struct stu *p1, *p2;
```

定义指针变量 p1、p2，分别指向结构体类型变量。引用形式为：

```
指针变量→成员;
```

例 10-2　对指向结构体类型指针变量的正确使用。输入一个结构体类型变量的成员，并输出。程序如下：

```
#include <stdio.h>
#include <string.h>
struct ACG
{
    int year;
    int month;
    int day;
};
struct STU
{
    char name[20];
    struct ACG birthday;
};
int main()
{
    struct STU student1;
    struct STU *p;
```

```
    p = &student1;
    strcpy((*p).name, "JXC");
    (*p).birthday.year = 2002;
    (*p).birthday.month = 11;
    (*p).birthday.day = 5;
    printf("name : %s\n", (*p).name);
    printf("birthday : %d-%d-%d\n", (*p).birthday.year,
        (*p).birthday.month, (*p).birthday.day);
    return 0;
}
```

上述程序中定义一个指向 struct STU 结构体类型的指针变量 p，p 的值是结构体变量 student1 的首地址，即第一个成员的地址。(*p).name 等价于 student1.name。若想直接使用 p 指针，则需要使用 malloc 函数来为指针分配安全的地址，“p = (struct STU *)malloc(sizeof(struct STU));”。

程序中指针指向各成员的形式为：

```
(*p).birthday.year
(*p).birthday.month
(*p).birthday.day
(*p).name
```

也可以写成：

```
p->name
p->birthday.year
p->birthday.month
p->birthday.day
```

运行结果：

```
name : JXC
birthday : 2002-11-5
```

10.4.2 指向结构体类型数组的指针的使用

第 61 讲

定义一个结构体类型数组，其数组名是数组的首地址。定义结构体类型的指针，既可以指向数组的元素，也可以指向数组，在使用时要加以区分。

例 10-3 利用指向结构体数组的指针编写一个程序，存储学生的姓名、学号、年龄、所在小组以及成绩并输出。

程序如下：

```
#include <stdio.h>
struct STU
{
    char *name;
    int num;
    int age;
    char group;
    float score;
}stu[] = {
        {"Su Lei", 5, 18, 'C', 145.0},
```

```
        {"Jing Xi", 4, 19, 'A', 130.5},
        {"Sun Di", 1, 18, 'A', 148.5},
        {"Liu Yi", 2, 17, 'F', 139.0},
        {"Chen Yu", 3, 17, 'B', 144.5}
    }, *p;
int main()
{
    int number=sizeof(stu) / sizeof(struct STU);
    printf("Name\t\tNum\tAge\tGroup\tScore\t\n");
    for (p = stu; p < stu + number; p++)
    {
        printf("%s\t\t%d\t%d\t%c\t%.1f\n", p->name, p->num,
            p->age, p->group, p->score);
    }
    return 0;
}
```

在上述程序中，sizeof 函数的返回值是计算给定数据类型所占的内存的字节数。p 是指向一维结构体数组元素的指针，该程序中采用了指针法来进行引用。语句“p=stu;”表明 p 指向结构体数组 stu 的第 1 个元素。p 指向数组中的某一元素，则 p++ 就指向了数组的下一个元素。

此外，对数组元素的引用还有两种表示方法。

1）地址法。stu+i 和 p+i 均表示数组第 i 个元素的地址。stu+i 和 &stu[i] 的意义相同。

2）指针的数组表示法。p[i].name 也就是 stu[i].name。

运行结果为：

```
Name        Num     Age     Group   Score
Su Lei      5       18      C       145.0
Jing Xi     4       19      A       130.5
Sun Di      1       18      A       148.5
Liu Yi      2       17      F       139.0
Chen Yu     3       17      B       144.5
```

例 10-4　求平均工资。

程序如下：

```
#include<stdio.h>
struct emp {
    int number;
    int salary;
}*p, k[] = {
    {211,5040},{212,6032},{314,5501},{308,7060},{99,8675}};
double average(emp *a, int n)
{
    int i,sum = 0;
    for(i = 0; i < n; i++)
    {
        sum += (a + i)->salary;
    }
    return 1.0 * sum / n;
}

int main()
```

```
{
    double ave;
    p = k;
    ave = average(p, 4);
    printf("average salary is $%.2lf\n", ave);
    return 0;
}
```

例 10-5　编写一个程序，输出学生的姓名、身高、体重和成绩，并按体重升序输出结果。

程序如下：

```
#include<stdio.h>
#define NUM  5
struct Student {
    char name[10];
    double height;
    double weight;
    double grade;
};
void swap(struct Student *x, struct Student *y)
{
    struct Student t;
    t = *x;
    *x = *y;
    *y = t;
}
void sort(struct Student STU[], int n)
{
    int i = n - 1;
    int k = n;
    while (k >= 0)
    {
        k--;
        int i, j = -1;
        for (i = 1; i <= k; i++)
        {
            if (STU[i].weight < STU[i - 1].weight)
            {
                j = i - 1;
                swap(&STU[i], &STU[j]);
            }
            j = i - 1;
        }
    }
}
int main()
{   int i;
    struct Student std[NUM] = {
        {"SuLei",180,75.2,100},
        {"SunDi",185,81,95},
        {"Ning",175,61,82.5},
        {"LiYing",179,78.8,75},
        {"LiBo",178,61.5,78}
    };
```

```
    struct Student* p = std;
    sort(p, NUM);
    for (i = 0; i < NUM; i++)
    {
        printf("%-8s %6.1lf%6.1lf %.1lf\n", p->name, p->height,
            p->weight, p->grade);
        p++;
    }
}
```

运行结果为：

```
Ning      175.0   61.0   82.5
LiBo      178.0   61.5   78.0
SuLei     180.0   75.2   100.0
LiYing    179.0   78.8   75.0
SunDi     185.0   81.0   95.0
```

在上述程序中，定义了 swap 函数，将指针 x 和指针 y 指向的 Student 类型的结构体变量整体进行交换。

10.5　链表的定义和操作

数组作为存放同类数据的集合，给程序设计带来了很多方便，增加了灵活性。但数组也存在一些弊端。如数组的大小在定义时要事先规定，不能在程序中进行调整，这样一来，在程序设计中针对不同问题，有时可能需要 30 个元素的数组，有时可能需要 50 个元素的数组，也就是说，数组的大小难于确定。操作时，只能根据可能的最大需求来定义数组，而这常常会造成一定存储空间的浪费。

为此，我们希望构造动态数组，随时可以调整数组的大小，以满足不同问题的需要。链表就是所需要的动态数组。它会在程序的执行过程中根据需要向系统申请所需存储空间，不会构成对存储空间的浪费。

10.5.1　链表

第 62 讲

链表是最基本的一种动态数据结构。链表中的每一个元素除了需存放数据本身外，还有一个数据项专门用于存放相邻元素的地址，如图 10-1 所示。

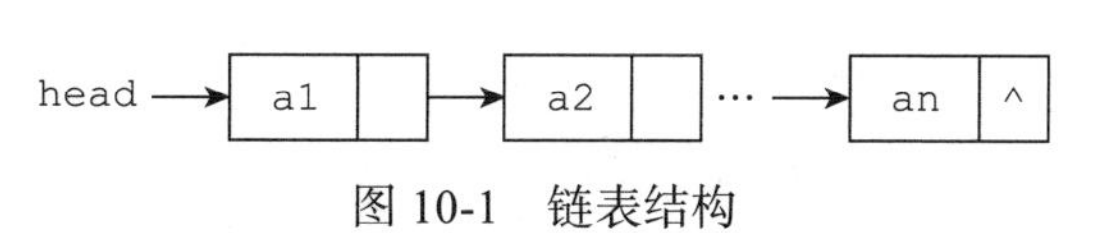

图 10-1　链表结构

从图 10-1 可知：

1）为了能得到链表中的第一个元素，用一个名为 head 的指针变量指向它。

2）链表中的每个元素既要存放数据，又要存放下一个元素的地址，以便通过这个地址得到下一个元素。

3）表中最后一个元素没有下一个元素，因此其地址部分放一个特殊值（NULL）作为标记。NULL 是一个符号常量，在 stdio.h 中定义为 0。

显然这个链表中的元素个数可多可少，且它们在内存中的位置可以是任意的，只要知道了 head，就可以逐个得到表中的全部元素。可以将表中的元素理解为某种结构类型。仍以职工数据为例说明相应的结构类型：

```
struct employee{
    char            num[6];                 /* 工号 */
    char            name[10];               /* 姓名 */
    struct date     birthday;               /* 出生年月 */
    int             age                     /* 年龄 */
    char            married;                /* 婚否 */
    char            depart[20];             /* 部门 */
    char            job[20];                /* 职务 */
    char            sex;                    /* 性别 */
    float           salary;                 /* 工资 */
    struct employee *next;                  /* 指向下一个结构元素 */
} ;
```

这里定义的结构类型中，有一个成员 next，它是指针类型，指向 struct employee 类型数据。

定义好结构类型后，现在可以考虑为元素分配相应的空间，以前是通过在程序中定义若干结构变量而得到若干结构元素的空间，但为了充分利用内存资源，链表中的元素不应在程序中事先定义好，因此应该用某种方法在程序运行时请求计算机分配一块大小适当的内存给用户作为一个链表元素的存储单元，当链表中的某个元素删除不用时，把相应的内存单元释放还给计算机系统，即使用第 9 章介绍的动态存储管理函数 malloc 和 free。可以说，动态存储管理是实现动态数据结构的基本手段。

下面介绍如何实现对链表的各种操作，即利用结构、指针等工具建立链表，检索和删除链表中的元素等。

10.5.2　链表的建立

第 62 讲

下面通过例 10-6 来说明链表是怎样建立的。

例 10-6　建立一个含有若干个单位电话号码的链表。假设每个单位只有一个电话号码。

分析：首先设计链表中结点结构所含的数据和类型，其中应包含单位、电话号码和指针字段 3 个数据项，程序如下：

```
struct unit_tele
{
    char unitname[50];
    char telephone[15];
    struct unit_tele *next;
};
```

同时用变量 head 作为链表的头指针。下面用逐步求精的方法考虑建立链表的算法：

1）输入单位名，如果不是结束标志，则执行第 2 步；否则，转到第 5 步。

2）申请空间，通过调用 malloc 函数创建一个 struct unit_tele 类型的结点。给新结点成员进行赋值。

3）将新结点加到链表尾部。

4）转到第 1 步。

5）结束。

现在考虑如何对“把新结点加到链表尾部”进行求精。在此之前，根据前面的分析，把一个元素加到链表尾部，可以分两种情况进行处理：

1）加入前，链表是空的，即 head=NULL，在这种情况下，加入的结点 p 既是链表最后一个结点，也是链表第一个结点，因此要修改 head 的值。

2）加入前，链表中已有结点，这时要把结点 p 加到链表尾部，需要知道当时尾部结点的指针，假设这个指针变量是 q。

对于第 1 种情况，“把 p 加到链表尾部”应表示为：

```
head=p;q=p;
```

这里，"q=p" 是必需的，确保第 2 种情况能正确操作。

对于后一种情况的操作是：

```
q->next=p;q=p;
```

这两种情况下，插入 y 前后链表的变化如图 10-2 所示。

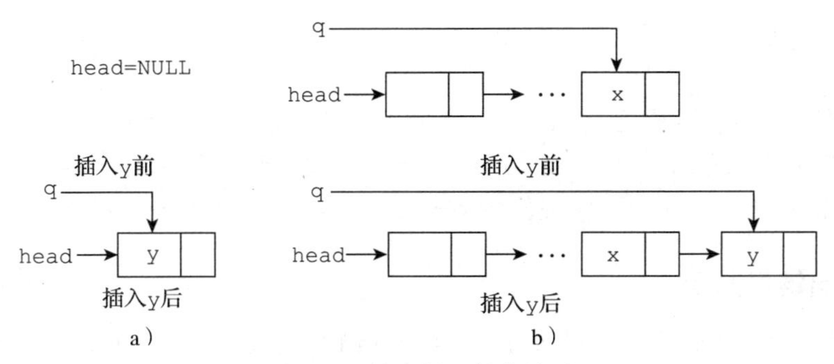

图 10-2　链表插入操作演示

现在可以得到一个完整且足够细化的算法描述：

1）初始化头指针和尾指针，将它们赋值为 NULL。

2）输入单位名，如果不是结束标志，则执行第 3 步；否则，转到第 6 步。

3）申请空间，通过调用 malloc 函数创建一个 struct unit_tele 类型结点 p，给新结点赋值。

4）判断新结点是否为首结点，如果是，则让头指针 head 和尾指针 q 都指向 p 结点；否则，将 p 连接到链表的末尾。让尾指针指向 p 结点。

5）转到第 1 步。

6）结束。

下面是相应的程序。为了使程序具有模块化结构，把建立链表这一功能作为一个独立的模块（即函数），其函数名为 create_list，函数返回值是链表的指针。

```
#include <stdio.h>
#include <stdlib.h>
#include <string.h>
struct unit_tele *creat_list()
{
    struct unit_tele *q, *p, *head;
    char uname[50];
```

```
    head = q = NULL;
    while(1)
    {
        printf("please input unit name:");
        scanf("%s", uname);
        if(strcmp(uname, "#") == 0)
            break;
        p = (struct unit_tele *)malloc(sizeof(struct unit_tele)); /* 建立结点 */
        printf("please input telephone:");
        scanf("%s", p->telephone);
        strcpy(p->unitname, uname);
        if(q == NULL)
            head = q = p;
        else
        {
            q->next = p;
            q = p;
        }
    }
    q->next = NULL;
    return head;
}
```

注意：在 malloc 函数之前加了“(struct unit_tele *)”，是为了使 malloc 函数返回的指针转换成指向 struct unit_tele 类型指针。“q->next=NULL；”是为了使链表中最后一个元素的 next 字段值成为 NULL，表示该元素没有后继结点。

10.5.3　输出链表元素

第 62 讲

对于一个已建立的链表，可以通过头指针 head 从链表的第一个元素开始逐个输出其中的数据值，直到链表的最后一个元素。

例 10-7　编写一个程序用单链表存储一元四次多项式，并实现两个一元四次多项式 A 与 B 相加的函数。输入格式要求：按照项的次数升的顺序输入系数。

【样例输入】1 2 3 4

　　　　　　1 2 3 4

【样例输出】2.0X+4.0X^2+6.0X^3+8.0X^4

程序如下：

```
#include<stdio.h>
#include<stdlib.h>
#include<string.h>
struct tel
{
    double coe;
    struct tel *next;
};
struct tel *creat()
{
    struct tel *head, *q, *p;
    head = q = NULL;
    int k = 1;
```

```
    while(1)
    {
        p = (struct tel *)malloc(sizeof(struct tel));
        if(k == 5) break;
        scanf("%lf", &p->coe);
        k++;
        if (head == NULL)
            head = q = p;
        else
        {
            q->next = p;
            q = p;
        }
    }
    q->next = NULL;
    return head;
}
void cout(struct tel *head, struct tel *head1)
{
    int k = 1,num = 0;
    struct tel *p,*p1;
    for (p = head, p1 = head1; p != NULL; p = p->next, p1 = p1->next)
    {
        if((p->coe + p1->coe) == 0)
        {
            k++;
            continue;
        }
        if(num == 0)
        {
            printf("%.1lfX^%d", (p->coe + p1->coe), k++);
            num++;
        }
        else if((p->coe + p1->coe) > 0)
            printf("+%.1lfX^%d", (p->coe + p1->coe), k++);
        else
            printf("%.1lfX^%d", (p->coe + p1->coe), k++);
    }
    if(num == 0) printf("0");
}
int main()
{
    struct tel *k,*k1;
    k = creat();
    k1 = creat();
    cout(k , k1);
    return 0;
}
```

上述程序利用 creat() 函数建立链表 k 和 k1，用来存储按照项的次数升的顺序输入的系数。输出已建立的链表时，可以使用指针从第一个元素开始逐一输出其中的数据值，直到最后一个元素，对于此例题只需输出两链表各元素之和并判断是否为 0 和正负。输出链表这一功能用函数 cout() 来实现。

运行结果为：

```
1 2 3 4
-1 2 -3 4
4.0X^2+8.0X^4
```

10.5.4　删除链表元素

所谓删除链表元素就是把链表中的某些元素从链表中分离出来，使链表不再含有该元素。一般而言，删除的条件是结点中的某些字段值满足一定的条件。下面以指定的单位名作为被删除结点应满足的条件为例进行说明。

例 10-8　删除例 10-6 所建链表中某指定的单位结点。

分析：要把指定单位的结点从链表中删除，首先需要在链表中找到该结点。假设找到的结点指针是 p，如图 10-3 所示。

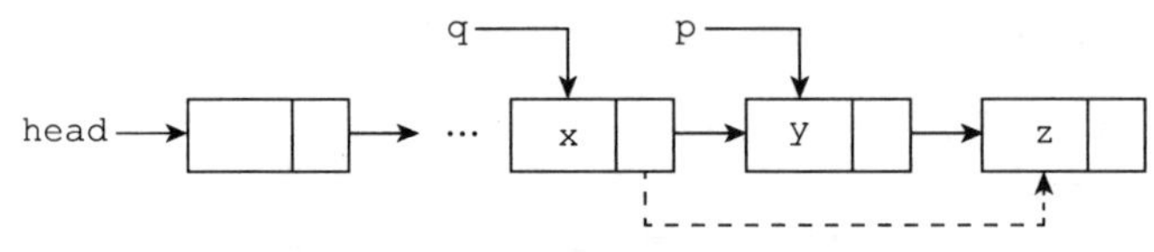

图 10-3　链表删除操作演示

图中虚线表示删除结点 p 以后指针链的变化情况。从图 10-3 可以看出，要把 p 所指结点从链表中删除，而又不破坏链表的结构，就需要修改 q 所指结点的 next 域，使其不再指向 p，而指向 p 的下一个结点，如虚线所示，这说明在查找被删除结点时还应记下它的前一个结点的指针，即图 10-3 中用变量 q 表示的值。

上述分析是基于假设 p 的前一个结点存在的情况，即 p 不是第一个结点。若 p 是第一个结点，则 p 的前一个结点不存在，这时应如何删除呢？这种情况下，删除前 head 指向第一个结点（即 p 结点），删除后，head 不再指向 p 结点，转而指向第二个结点。

除此之外，还需考虑链表中不存在被删除结点和链表为空的情况。进一步分析可以发现，链表为空可以作为链表中不存在被删除结点的特殊情况处理。

根据以上分析，可以得到完成删除功能的程序。

程序中，结点 p 从链表中删除以后就释放其存储空间。注意：使用动态存储时，一定要及时释放不用的存储空间，这样才能将其再分配给用户，否则会造成内存资源逐渐被耗尽，使应用程序无法运行。本例中，调用函数 free 释放被删除的结点。程序如下：

```
struct unit_tele *delete_list(struct unit_tele *head,char uname[])
{
    struct unit_tele *q,*p;
    /* 检索结点 */
    for(p = head, q = NULL; p != NULL; q = p, p = p->next)
        if(strcmp(p->unitname, uname) == 0)      break;
    if(p != NULL)
    {
        if(q == NULL)
            head = p->next;
        else
            q->next = p->next;
        free(p);
```

```
    }
    return head;
}
```

例 10-9　删除一个长度为 9 的单链表中数据域值为偶数的结点并输出。

程序如下：

```
#include<stdio.h>
#include<stdlib.h>
#include<string.h>
struct tel
{
    int data;
    struct tel *next;
};
struct tel *creat()
{
    struct tel *head, *q, *p;
    head = q = NULL;
    int k = 1;
    while (1)
    {
        p = (struct tel*)malloc(sizeof(struct tel));
        if(k == 10) break;
        scanf("%d", &p->data);
        k++;
        if (head == NULL)
            head = q = p;
        else
        {
            q->next = p;
            q = p;
        }
    }
    q->next = NULL;
    return head;
}
void cout(struct tel *head)
{
    struct tel *p;
    for (p = head; p != NULL; p = p->next)
    {
        printf("%d ", p->data);
    }
}
struct tel *Delete(struct tel *head)
{
    struct tel *p,*q;
    while(head!=NULL && head->data % 2 == 0)
        head=head->next;
    if(head == NULL)
        return NULL;
    p = head;
    q = head->next;
    while(q)
    {
```

```
        if(q->data%2 == 0)
        {
            p->next = q->next;
        }
        else
        {
            p = p->next;
        }
        q = q->next;
    }
    return head;
}
int main()
{
    struct tel *k;
    k = creat();
    k = Delete(k);
    cout(k);
    return 0;
}
```

上述程序使用 creat() 函数建立链表 k，使用 cout() 函数输出链表。对于删除链表中的某个特定结点，首先是要找到此结点，假设此结点的指针为 q，且 p 为 q 的上一结点指针，要删除 q 所指结点还不能破坏链表结构，就需要改变 p 所指结点的 next 域使其指向 q 的下一个结点。对于本例，需要判断结点的数据域中的值是否为偶数，函数 Delete() 用于删除链表特定结点，返回值是指向链表的指针。

运行结果为：

```
2 1 3 4 5 6 7 8 9
1 3 5 7 9
```

10.5.5　插入链表元素

下面考虑如何把一个新输入的数据插入链表中。

例 10-10　把新输入的单位及电话号码插入例 10-6 建立的链表中。

分析：为避免链表中出现两个相同的元素，在插入之前应先检索一下欲插入的元素是否已在链表中存在。如果不存在，就可以把新元素插入链表中。由于没有对链表中元素的排列顺序附加限制条件，因此可以将新元素插入链表中的任何位置。为简单起见，把新元素插入链表的最前面。图 10-4 所示为插入前后链表的状况。设新元素的指针为 p，虚线是插入新元素后链表指针的变化。程序如下：

图 10-4　链表插入操作演示

```
struct unit_tele *insert_list(struct unit_tele *head,char uname[], char tele[])
{
    struct unit_tele *q, *p;
    for(q = head; q != NULL; q = q->next)
        if(strcmp(q->unitname, uname) == 0) break;
    if(q == NULL)
    {
```

```
            p = (struct unit_tele *)malloc(sizeof(struct unit_tele));
            strcpy(p->unitname, uname);
            strcpy(p->telephone, tele);
            p->next = head;
            head = p;
        }
        return head;
    }
```

例 10-11　已知一个长度为 6 的链表，链表中各结点的数据域值已按递增序排序，将数据域值为 value 的新结点插入到链表中，并且保证新链表中各结点数据域仍按升序排列。

分析：为将数据插入链表并保证链表升序，在插入之前应判断插入位置，会有表头插入和中间、表尾插入的区别。

程序如下：

```
#include<stdio.h>
#include<stdlib.h>
struct tel {
    int data;
    struct tel *next;
};
struct tel *creat()
{
    struct tel *head, *q, *p;
    head = q = NULL;
    int k = 0;
    while (1)
    {
        p = (struct tel*)malloc(sizeof(struct tel));
        if (k == 6) break;
        scanf("%d", &p->data);
        k++;
        if (head == NULL)
            head = q = p;
        else
        {
            q->next = p;
            q = p;
        }
    }
    q->next = NULL;
    return head;
}
void cout(struct tel *head)
{
    struct tel *p;
    p = head;
    for (; p != NULL; p = p->next)
        printf("%d ", p->data);
}
struct tel *InsertNode(struct tel* head, int value)
{
    struct tel *p, *q;
    p = head;
    q = NULL;
```

```
    while (p != NULL)
    {
        if (p->data > value) break;
        q = p; p = p->next;
    }
    p = (struct tel *)malloc(sizeof(struct tel));
    p->data = value;
    p->next = NULL;
    if (q == NULL)
    {
        p->next = head;
        head = p;
    }
    else
    {
        p->next = q->next;
        q->next = p;
    }
    return head;
}
int main()
{
    struct tel *k;
    int n;
    k = creat();
    scanf("%d", &n);
    k = InsertNode(k, n);
    cout(k);
}
```

运行结果如下：

```
1 2 3 5 6 7
4
1 2 3 4 5 6 7
```

10.5.6 查询链表元素

第62讲

查询链表元素就是使链表中满足一定条件的元素显示出来。下面以指定的单位名作为被查询结点应满足的条件为例进行说明。

例 10-12 查询例10-6所建链表中某指定单位结点。程序如下：

```
void query_list(struct unit_tele *head, char uname[])
{
    struct unit_tele *p;
    for(p = head; p != NULL; p = p->next)
        if(strcmp(p->unitname, uname) == 0) break;
    if(p != NULL)
        printf("unit_name: %s,telephone: %s\n", uname, p->telephone);
    else
        printf("no this unit\n");
    printf("press any key return");
    getchar();
    return;
}
```

可以写一个 main 函数，通过调用例 10-6、例 10-8、例 10-10 和例 10-12 中的函数将它们组织成一个完整的程序：

```
#include <stdio.h>
#include <stdlib.h>
#include <string.h>
struct unit_tele
{
    char unitname[50];
    char telephone[15];
    struct unit_tele *next;
};
int main()
{
    struct unit_tele *head;
    char uname[50], tele[15];
    head = creat_list();
    print_list(head);
    printf("input unit_name for delete:\n");
    scanf("%s", uname);
    head=delete_list(head,uname);
    printf("input unit_name for query:\n");
    scanf("%s", uname);
    query_list(head, uname);
    printf("input unit_name and it's telephone for insert:\n");
    scanf("%s%s", uname, tele);
    head=insert_list(head, uname, tele);
    printf("input unit_name for delete:\n");
    scanf("%s", uname);
    head = delete_list(head,uname);
    print_list(head);
    return 0;
}
```

10.6　联合

10.6.1　联合的定义

第 63 讲

联合是 C 语言中另一种构造类型。首先通过一个示例来说明为什么需要联合。

在学生学籍管理中，假设英语和数学这两门课程是每个学生必选的，计算机和音乐这两门课程则每名学生只能选修其中一门，音乐课以 A、B、C、D 计分，其他课程以百分制计分，定义如下的结构：

```
struct student
{
    char class[15];         /* 班级 */
    char name[10];          /* 姓名 */
    int english;            /* 英语 */
    int math;               /* 数学 */
    int computer;           /* 计算机 */
    char music;             /* 音乐 */
};
```

根据题意可以看出，对一个确定的学生来说，他要么选计算机，要么选音乐，不能同时选修这两门课程，即结构成员 computer 和 music 中有一个是不用的。上面这样定义的结构浪费了内存，在学生数很多的情况下这种浪费是很大的。如果有一种方法使 computer 和 music 占用相同的存储单元，当一个学生选修计算机时，存储单元中存放的是 computer 成员值，而当学生选修音乐时，存储单元中存放的是 music 成员值，那就可以节省内存了。构造类型联合（union）正是实现这一功能的方法。结构 struct student 利用联合可定义成：

```
struct student
{
    char class[15];
    char name[10];
    int english,math;
    union
    {
        int computer;
        char music;
    }selective;
};
```

这个结构中，有一个成员是一个联合（union）。定义一个联合类型的一般格式为：

```
union  <联合标识符>
{
    <类型标识符><成员标识符>;
    …
};
```

从定义格式来看，定义一个联合与定义一个结构的区别是前者定义关键字是 union，后者是 struct。但联合和结构的含义是不同的。编译系统处理联合时，同一个联合中的所有成员用同一段内存存放成员值，这一段内存的长度等于最长成员的长度。如果 int 型数据占 4 个字节，那么结构 student 中的联合就占 4 个字节，其中第 1 个字节是 computer 和 music 共同占用。由于在一个时刻只有一个成员有值，这个值放在这段内存中。而结构中的成员所占的内存是互不覆盖的，因此一个结构所占的内存是各成员所占内存之和。

与结构的定义相似，定义联合时，union 后的联合名可以省略，如上面 struct student 中联合的定义没有联合名，也可以含联合名，例如：

```
union course
{
    int computer;
    char music;
};
struct student
{
    char class[15];
    char name[10];
    int english, math;
    union course selective;
};
```

或

```
struct student
{
    char class[15];
    char name[10];
    int  english, rnath;
    union course{
        int computer;
        char music;
    }selective;
};
```

10.6.2　联合成员的引用

对联合成员的引用与结构成员的引用相同。例如，如果有：

```
struct student st;          /* 定义结构 student 类型变量 st*/
union course cs;            /* 定义联合 course 类型变量 cs*/
union course *pcs;          /* 定义指向联合 course 类型的指针变量 pcs*/
pcs=&cs;
```

那么可以：

```
st.selective.music='A';    /* 结构变量 st 的选修课程 (selective) 中 music 置为 'A' */
cs.computer=92;             /* 联合变量 cs 的成员 computer 置为 92 */
(*pcs).computer=92;         /* 指针 pcs 所指向的联合变量成员 computer 置为 92*/
pcs ->music='B';            /* 指针 pcs 所指向的联合变量成员 music 置为 'B'*/
```

不能写成：

```
st.selective='A';
cs=92;
```

因为分配给联合的存储区可以放几种不同类型的数据，所以仅写出联合变量名不指出成员，无法确定数据类型及实际使用的存储区大小。

联合成员可以参加与其类型相适应的表达式运算，例如，

```
ave=(english+math+st.selective.computer)/3;
printf("%c",st.selective.music);
```

使用联合时，应注意：

1）联合成员所占内存的起始地址都一样，但实际所占的内存长度依成员类型的不同而不同。对联合中不同成员取地址（&）得到的值应该是一样的，都等于联合变量的地址。例如 &cs、&cs.music、&cs.computer 都是同一地址值。

2）尽管联合中的成员占用相同的内存段，但某一时刻只有一个成员占用该内存段，其他成员没有使用该内存段。例如，赋值语句

```
cs.music='A';
```

使成员 music 占用变量 cs 的存储单元。此时，如引用其 computer 成员：

```
printf("%d",cs.computer);
```

将产生错误。因此，为了正确引用联合成员，还应记住此刻占用联合中存储单元的成员是哪一个。这可以在定义联合时，增加一个标志项，每次对联合成员赋值的同时设置标志项值，以便能确定当前有效的成员是哪一个。例如，

```
struct student
{
    char class[15];
    char name[10];
    int english, math;
    char select;
    union course
    {
        int computer;
        char music;
    }selective;
}st;
```

这里增设了结构成员 select，用于识别联合 course 中存放的是哪一个成员。例如，

```
st.selective.music='A';
st.select='M';
```

或

```
st.selective.comput=86;
st.select='C';
```

其中“st.select='M'”表示存放 music；“st.select='C'”表示存放 computer。

3）联合类型可以出现在结构和数组中，结构和数组也可以出现在联合中。

10.6.3 应用举例

例 10-13 按以上定义的 struct student，输入 5 个学生的成绩，然后输出它们。程序如下：

```
#include <stdio.h>
#include <ctype.h>
int main()
{
    struct student
    {
        char classname[15];
        char name[10];
        int english, math;
        char select;
        union course
        {
            int computer;
            char music;
        }selective;
    }stud[5];
    int i;
    for(i = 0; i < 5; i++)
    {
        scanf("%s,%s,%d,%d,%c", stud[i].classname, stud[i].name,
```

```
            &stud[i].english, &stud[i].math, &stud[i].select);
        stud[i].select = toupper(stud[i].select);
        if(stud[i].select == 'M')
            scanf("%c", &stud[i].selective.music);       /* 选修音乐课程 */
        else
            scanf("%d", &stud[i].selective.computer);    /* 选修计算机课程 */
    }
    printf("class name english mathematic music computer\n");
    for(i = 0; i < 5; i++)
    {
        printf("%s %s %d %d", stud[i].classname, stud[i].name,
            stud[i].english, stud[i].math);
        if(stud[i].select == 'M')
            printf("%c\n", stud[i].selective.music);
        else
            printf(" %d\n", stud[i].selective.computer);
    }
    return 0;
}
```

第 63 讲

10.6.4 数组、结构和联合类型的比较

数组、结构和联合是 C 语言中 3 种不同的构造数据类型，表 10-1 从不同角度对它们进行了比较。

表 10-1　数组、结构和联合类型的比较

比较类型	数组	结构	联合
概念	相同类型元素的有序集合	不同类型元素的有序集合	不同类型元素共用一存储单元。在某一时刻，只有其中的一个元素使用存储单元
长度	元素类型长度 * 元素个数	元素类型长度之和	最大的元素类型长度
元素的引用	通过下标或指针引用元素	通过成员运算符 "." 和 "->" 引用元素	
参数传递	数组名作参数表示传递数组的首地址	允许	不允许
初始化	允许	允许	不允许
赋值	允许对数组元素进行赋值和访问	允许对结构整体和成员进行赋值，但不能整体输入 / 输出	只能对联合体成员赋值，不能对联合体变量进行整体赋值
函数返回值	不允许作为“整体数值”返回		

10.7 枚举类型

第 63 讲

在程序设计中经常会遇到一些只能取几种可能值的变量，如变量 x 表示电视机尺寸，其取值为 9、12、14、16、18、20、21 等，虽然可以把 x 声明为 int 型数据，但事实上 x 只能是几个有限的值，而 int 型变量的取值范围比这大得多。如果把 x 定义为 int 型，一旦把 3000 之类的值赋给变量 x，那么系统无法自动检测到这种逻辑上的错误，且程序也不易于阅读理解。如果能够在声明变量 x 时就限定它的取值，程序的容错性和可读性会更好。在 C 语言中，可以用枚举类型实现这一功能。

所谓枚举类型就是把变量的取值一一列举出来，例如，

```
enum tvsize{c9,c12,c14,c16,c18,c20,c21};
```

定义了tvsize类型变量只能取值c9,c12,c14,c16,c18,c20,c21。这里c9，c12，…，c21是枚举元素或枚举常量。规定枚举元素必须符合标识符的起名规则，所以这里前面加了字母c。现在可以定义变量x了。

```
enum tvsize x;
```

定义枚举类型和枚举类型变量的一般格式依次为：

```
enum <类型标识符><枚举表>;
enum <类型标识符><变量表>;
```

枚举表就是用花括号括起来的若干个可能的值，如c9、c12、c14等。

也可以直接定义枚举类型变量：

```
enum[<类型标识符>] <枚举表><变量表>;
```

例如：

```
enum tvsize { c9,c12,c14,c16,c18,c20,c21} x;
```

或

```
enum {c9,c12,c14,c16,c18,c20,c21} x;
```

前者在定义枚举类型变量x的同时定义了该枚举类型tvsize；后者仅定义了枚举类型变量x，没有给该枚举类型命名。

又如：

```
enum monthtype {January, February, March, April, May, June, July, August, September,
    October, November, December} month;
```

定义变量month是枚举型的，值为一年中的12个月份。因此，下面的语句是正确有效的：

```
month=April;
```

和

```
if(month==May) ...
```

这里January，February，…，December等是枚举元素或枚举常量。在C语言中，枚举类型中的枚举元素是与整型相对应的。如在enum monthtype中，编译系统自动把常量0与枚举表中第一个枚举元素对应，后面相继出现的枚举元素依次加1对应，即January对应0，February对应1，March对应2……December对应11。因此，

```
month=March;
```

等价于

```
month=(enum monthtype)2;
```

但不能把整型值直接赋给枚举变量，例如，下面的语句是非法的：

```
month=2;
```

也可以在定义枚举类型时，强制改变枚举元素对应的整型值。例如，

```
enum monthtype{January=1,February,March,April,May,June,July,August,September,
    October,November,December} month;
```

使 January 对应 1，February 对应 2……December 对应 12。再如，

```
enum weekday {Sun=7, Mon=1, Tue, Wed,Thu,Fri,Sat};
```

使 Sun 对应 7，Mon 对应 1……Sat 对应 6。

枚举变量和枚举元素可以进行比较，比较规则建立在定义时枚举元素对应的整型值的比较基础上。例如，因为 March 对应 3，May 对应 5，March < May，所以比较为真。

尽管枚举类型和整型属于不同的类型，但枚举类型在输出时按整型数输出。例如，

```
month=July;
printf("%d\n",month);
```

将输出整数 7。

10.8　用 typedef 定义类型名

在 C 语言中，对语言提供的标准类型和用户构造的类型，可以用一个新的类型名来标识。例如语句

```
typedef    float   REAL;
typedef    int     COUNTER;
```

定义 REAL 类型与 float 类型相同，COUNTER 类型与 int 类型相同。因此，下列语句

```
COUNTER i,j;
```

等价于：

```
int i,j;
```

用代码定义类型名。例如，

```
typedef char STRING[30];  /* 定义 STRING 为含有 30 个字符的字符数组 */
STRING unitname,telephone;
```

等价于

```
char unitname[30],telephone[30];
```

因此

```
typedef struct
{
    STRING unitname;
    STRING telephone;
}UNIT;
UNIT u1;
```

等价于

```
struct
{
    char unitname[30];
```

```
    char telephone[30];
}u1;
```

而

```
typedef int NUM[10];      /* 定义 NUM 为含有 10 个元素的整型数组 */
NUM a;
```

等价于

```
int a[10];
```

从 typedef 语句的一般格式和上面的示例可以看出，用 typedef 定义新类型标识的方法如下：

1）用定义变量的方法写定义语句。

2）把定义语句中的变量名换成新的类型标识。

3）在定义语句前加 typedef。

4）用新的类型名定义变量。

使用 typedef 时，需要注意的是：

1）typedef 并没有定义新的数据类型，仅仅是给已存在的数据类型定义了一个新的名称，以后再定义变量时用新名称和原来的类型标识是同义的。

2）使用 typedef 主要是为了便于程序移植。例如，考虑到整型数据可能出现的最大值，需要定义某变量 x 是占 4 个字节的整型，在某计算机系统中，4 个字节的整型是标准整型 int，而在另一个计算机系统中，4 个字节的整型是长整型 long int。为了使程序便于移植，在前一个计算机系统中的程序用 typedef 定义：

```
typedef int INT;
```

而在后一个计算机系统中的程序，有定义：

```
typedef long INT;
```

对变量 x 统一定义成：

```
INT x;
```

这样，程序在不同计算机系统之间移植时，只需要用 typedef 修改 INT 的定义，不需要修改各处 x 的定义。

3）typedef 与 #define 有某些相似之处。例如，

```
#define INT int
```

和

```
typedef int INT;
```

两者都用 INT 替代 int，但它们是有区别的：首先，反映在实际处理时，#define 是预编译时处理的，而 typedef 是编译时处理；其次，#define 所能做的仅仅是简单的文字替换，无法定义前面的 NUM 之类的新类型标识。

习题

一、选择题

10.1 定义以下结构体类型

```
struct s{
    int a;
    char b;
    float f;
};
```

则语句 printf("%d",sizeof(struct s)) 的输出结果为（　　）。

(A) 3　　(B) 7

(C) 6　　(D) 4

10.2 定义以下结构体类型

```
struct student{
    char name[10];
    int score[50];
    float average;
}stud1;
```

则 stud1 占用内存的字节数是（　　）。

(A) 64　　(B) 214

(C) 228　　(D) 7

10.3 定义以下结构体类型

```
struct  date{ int  year, month, day;  };
struct  worklist{
    char name[20];
    char  sex;
    struct  date  birthday;
}person;
```

对结构体变量 person 的出生年份进行赋值时，下面正确的赋值语句是（　　）。

(A) year=1958　　(B) birthday.year=1958

(C) person.birthday.year=1958　　(D) person.year=1958

二、编程题

10.4 把一个学生的信息（包括学号、姓名、性别、住址）放在一个结构体变量中，然后输出这个学生的信息。

10.5 输入两个学生的学号、姓名和成绩，输出成绩较高学生的学号、姓名和成绩。

10.6 有 3 个候选人，每个选民只能投票选一人，要求编一个统计选票的程序，先后输入被选人的名字，最后输出各人得票结果，现规定三位候选人的名字为 A、B 和 C，共有十人参与投票。

10.7 有 n 个学生的信息（包括学号、姓名、成绩），要求按照成绩的高低顺序输出各学生的信息。

10.8 编写程序，从键盘输入 n(n<10) 个学生的学号（学号为 4 位的整数，从 1000 开始）、成绩并存入结构数组中，查找并输出成绩最高的学生信息。

10.9 编写程序，从键盘输入 n(n<10) 个学生的学号（学号为 4 位的整数，从 1000 开始）、成绩并存入结构数组中，按成绩从低到高排序并输出排序后的学生信息。

10.10 给定 N 个职员的信息，包括姓名、基本工资、浮动工资和支出，要求编写程序顺序输出每位职员的姓名和实发工资（实发工资 = 基本工资 + 浮动工资 - 支出）。

输入：在一行中给出正整数 N。随后 N 行，每行给出一位职员的信息，格式为“姓名 基本工

资 浮动工资 支出”，中间以空格分隔。其中“姓名”为长度小于 10 的不包含空白字符的非空字符串，其他输入、输出保证在单精度范围内。

输出：按照输入顺序，每行输出一位职员的姓名和实发工资，间隔一个空格，工资保留 2 位小数。

10.11 每个 PAT 考生在参加考试时都会被分配两个座位号，一个是试机座位，另一个是考试座位。正常情况下，考生在入场时先得到试机座位号，入座进入试机状态后，系统会显示该考生的考试座位号，考试时考生需要换到考试座位就座。但有些考生迟到了，试机已经结束，他们只能拿着领到的试机座位号求助于你，从后台查出他们的考试座位号。

输入：输入第一行给出一个正整数 N（≤1000），随后 N 行，每行给出一个考生的信息：准考证号 试机座位号 考试座位号。其中准考证号由 16 位数字组成，座位从 1 到 N 编号。输入保证每个人的准考证号都不同，并且任何时候都不会把两个人分配到同一个座位上。获取考生信息之后，给出一个正整数 M（≤N），随后一行中给出 M 个待查询的试机座位号码，以空格分隔。

输出：对应每个需要查询的试机座位号，在一行中输出对应考生的准考证号和考试座位号，中间用 1 个空格分隔。

10.12 给定 n 本书的名称和定价，编写程序查找并输出其中定价最高和最低的书的名称和定价。

输入：输入第一行给出正整数 n（<10），随后给出 n 本书的信息。每本书在一行中给出书名，即长度不超过 30 的字符串，随后一行中给出正实数价格。（假设没有同样价格的书。）

输出：在一行中按照“价格，书名”的格式先后输出价格最高和最低的书。价格保留 2 位小数。

10.13 输入 n 个朋友的信息，包括姓名、生日、电话号码，编写程序按照年龄从大到小的顺序依次输出通讯录。（假设所有人的生日均不相同。）

输入：输入第一行给出正整数 n（<10）。随后 n 行，每行按照“姓名 生日 电话号码”的格式给出一位朋友的信息，其中“姓名”是长度不超过 10 的英文字母组成的字符串，“生日”是 yyyy/mm/dd 格式的日期，“电话号码”是不超过 17 位的数字及 + 和 - 组成的字符串。

输出：按照年龄从大到小输出朋友的信息，格式同输出。

10.14 通讯录中的一条记录包含下述基本信息：姓名、生日、性别、固话、手机。编写程序，录入 N 条记录，并且根据要求显示任意某条记录。

输入：输入在第一行给出正整数 N（≤10）；随后 N 行，每行按照格式“姓名 生日 性别 固话 手机”给出一条记录。其中姓名是不超过 10 个字符、不包含空格的非空字符串；生日按 yyyy/mm/dd 的格式给出年月日；性别用 M 表示“男”、F 表示“女”；固话和手机均为不超过 15 位的连续数字，前面有可能出现“+”。在通讯录记录输入完成后，最后一行给出正整数 K，并且随后给出 K 个整数，表示要查询的记录编号（从 0 到 N-1 顺序编号）。数字间以空格分隔。

输出：对每一条要查询的记录编号，在一行中按照“姓名 固话 手机 性别 生日”的格式输出该记录。若要查询的记录不存在，则输出 NotFound。

10.15 编程将一个包含学生 ID 和姓名的链表逆转，即链首变成链尾，链尾变成链首。

10.16 写一个函数 insert，用来向一个动态链表插入结点。

10.17 建立一个链表，每个结点包括：学号、姓名、性别、年龄。输入一个年龄，如果链表中的结点所包含的年龄等于此年龄，则将此结点删去。

10.18 已有 a 和 b 两个链表，每个链表中的结点包括学号和成绩。要求把两个链表合并，按学号升序排列。

10.19 给定一个链表的头节点 head，返回链表开始入环的第一个节点。如果链表无环，则返回 null。如果链表中有某个节点，可以通过连续跟踪 next 指针再次到达，则链表中存在环。为了表示给定链表中的环，评测系统内部使用整数 pos 来表示链尾连接到链表中的位置（索引从 0 开始）。如果 pos 是 -1，则在该链表中没有环。注意：pos 不作为参数进行传递，仅仅是为了标识链表的实际情况。不允许修改链表，只给出函数即可。

第 11 章　文件操作

到目前为止，程序运行时所需的数据要么是已经存储在内存中的，要么是从键盘输入内存，其运行结果是输出到显示器上的。键盘和显示器为输入和输出设备，但输入和输出设备中不仅有显示器和键盘，还有软磁盘、硬磁盘和磁带等，程序运行所需的数据可以来自这些设备，那么程序运行结果也可以输出到这些设备以便暂存。与显示器和键盘相比，磁盘、磁带上的数据可以重复使用，更方便、更安全。比如说，一个程序运行所需的数据来自另一个程序的运行结果，这时应把第一个程序运行的结果以文件的形式保存到磁盘上，运行第二个程序时，其运行数据不是来自键盘，而是从文件读取数据，这种方式可以避免烦琐的数据输入工作。本章介绍文件的概念及文件相关的操作。

11.1　文件的基本概念

在 C 语言中，所有与输入 / 输出有关的资源都可以看作文件，如打印机文件、显示器文件和磁盘文件等。

11.1.1　概述

第 65 讲

所谓文件，一般是指存储在外部介质上的数据集合。如程序文件是程序代码的有序集合；数据文件是一组数据的有序集合。一般来说，存储介质往往是磁盘和磁带，所以即使在计算机关机或断电的情况下，文件上的信息也不会丢失。操作系统和程序设计语言都提供了对文件进行操作的方法，但操作系统提供的一般是对整个文件的操作，如文件的复制、重命名等。而程序设计中介绍的文件操作是利用 C 函数对存储在介质上的文件中的数据进行各种输入和输出操作。

11.1.2　文件分类

第 65 讲

从不同的角度，可以对文件进行不同的分类：

1）按存储介质不同，文件可以分为磁盘文件、磁带文件、打印机文件等。

2）按文件组织方式的不同，文件可以分为索引文件、散列文件、序列文件等。

3）按数据组织的方式不同，文件可以分为流式文件和记录式文件。C 语言中的文件是流式文件。

4）按数据存储形式的不同，文件可以分为顺序读写文件和随机读写文件。

5）按数据输入 / 输出的传递方式，文件又可以分为缓冲文件系统和非缓冲文件系统。

一个文件按不同的分类可属于不同的类别，如对磁盘上的一个 C 文件进行随机存取时，该文件既是一个磁盘文件，又是一个流式文件和随机读写文件，如果对这个文件只能读不能写，那么这个文件还可以称作只读文件。

11.1.3　缓冲文件系统和非缓冲文件系统

第 65 讲

在计算机系统中，把一个程序变量值写到输出设备或从输入设备读入一个数据给程序变量时，一般不是在程序变量和输入 / 输出设备之间直接进行的，而是通过内存中的一段区域进行的，这个区域称作文件缓冲区。从内存向磁盘等输出数据时，先送到缓冲区，待装满缓冲区或关闭文件时才把缓冲区内容一起送到磁盘；而从磁盘输入数据时，一次性将文件中的一批数据送到内存缓冲区，然后再从缓冲区逐个将数据送到程序变量。

缓冲文件系统是指系统自动地在内存中为每一个正在使用的文件开辟一个缓冲区。而非缓冲文件系统是指系统不会自动为文件开辟缓冲区，而由程序为每个文件设定缓冲区。

11.1.4　流式文件

文件按数据组织方式的不同可分为流式文件和记录式文件。记录式文件中的数据是以记录为单位组织的，如人事记录、学籍记录等，数据以记录为单位进行输入 / 输出等文件操作。C 语言中的文件是流式文件，即文件中的数据没有记录概念，文件是以字符为单位组织的，或者说以字符为记录。根据数据流的形式，文件又可分为 ASCII 文件和二进制文件。ASCII 文件又称文本文件，它的每一个字节是一个 ASCII 码，代表一个 ASCII 字符。如整型数据 2000 在 ASCII 文件中存储要占 4 字节，分别是字符 2、0、0、0 的 ASCII 码，如图 11-1a 所示。二进制文件属于非文本文件，它是把数据以其在内存的形式存放到文件中，因此如果整型数据 2000 在内存占 2 个字节，其在文件中也占 2 个字节，如图 11-1b 所示。ASCII 文件直观，且可以直接显示，统一采用 ASCII 编码，易于移植，便于对字符逐个进行处理。但在读写文件时，要把内存中以二进制形式存在的数据转换成 ASCII 编码形式，或把 ASCII 字符形式的数据转换成二进制形式。一般来说，二进制文件所占存储空间较小，节省了数据在 ASCII 码和二进制之间的转换时间，一般中间结果或数据量很大的数值文件常用二进制文件保存。

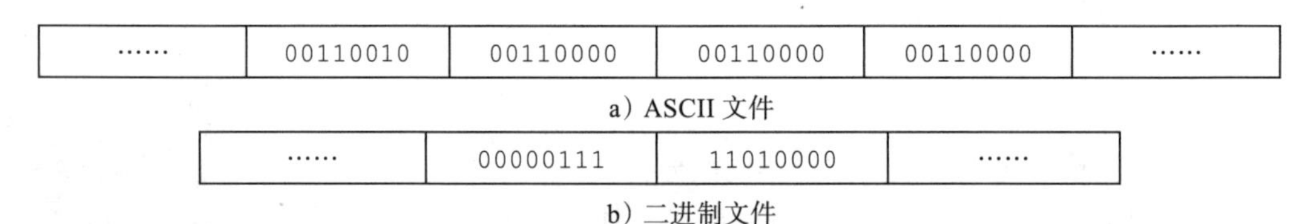

图 11-1　文件格式存储示例

C 语言中没有输入 / 输出语句，所有输入 / 输出工作由标准函数库中的一批标准输入 / 输出函数来完成。下面首先介绍缓冲文件系统的文件操作。

11.2　标准文件

第 65 讲

一般情况下，一个程序运行后，免不了要通过键盘、显示屏进行数据输入和结果输出。为此，C 语言定义了 3 个标准文件：

- 标准输入文件（stdin）。

- 标准输出文件（stdout）。
- 标准出错信息输出文件（stderr）。

程序运行过程中，如无特别指明，输入数据将来自标准输入文件，输出结果和出错信息将发往标准输出文件和标准出错信息输出文件。通常，标准输入文件对应键盘，标准输出文件和标准出错信息输出文件对应显示屏，但也可以通过重定向等手段根据用户需要改变为其他指定文件。这些标准文件都是缓冲文件，定义在头文件 stdio.h 中。

C 程序一旦运行，系统就会自动打开这三个标准文件，程序员不必在程序中为了使用它们而打开这些文件，可以利用前面介绍的标准输入 / 输出函数直接进行操作，只要源程序文件中包含了头文件 stdio.h 即可，程序运行结束后，系统会自动关闭这 3 个标准文件。

11.3 文件类型指针

第 66 讲

在缓冲文件系统中，通过文件指针与相应的文件建立联系，所有对文件的操作都是对文件指针所标识的文件进行的，因此缓冲文件系统的文件操作是建立在文件指针的基础上的。系统为每一个正在使用的文件开辟一个存储区用于存放该文件的有关信息，如文件名、文件状态、文件当前位置、缓冲区位置等，这些信息存放在一个称作 FILE 的结构中，而文件指针是指向这个 FILE 结构的指针。FILE 结构在头文件 stdio.h 中定义。显然，通过文件指针可以唯一地标识一个文件，进而实现对文件的各种操作。不同版本的 C 语言对结构 FILE 的定义各不相同，但编程人员可以不考虑它们之间的差别，完全可以通过文件指针完成文件操作。

下面是 FILE 的定义：

```
FILE   *fp;
```

即定义指针变量 fp 是指向 FILE 类型结构的指针。通过文件打开操作可以使 fp 指向某个文件的 FILE 结构体变量，从而通过 fp 访问指定文件。

11.4 文件的打开与关闭

11.4.1 文件的打开

第 66 讲

在对文件进行任何操作之前，必须先打开这个文件。所谓打开文件，就是为该文件申请一个文件缓冲区和一个 FILE 结构体，并返回指向该 FILE 结构体的指针。fopen 函数是文件打开函数。

定义：

```
FILE *fopen(char *filename, char *mode)
```

返回：指向打开文件的指针或 NULL。

说明：用 mode 方式打开名为 filename 的文件，若打开成功，则返回指向新打开文件的指针；否则，返回 NULL。空指针值 NULL 在 stdio.h 中被定义为 0。例如，

```
FILE *fp;
fp = fopen("abc.dat", "r");
```

表示以只读（"r"）方式打开文件 abc.dat，并把返回的文件指针赋给变量 fp。如果

文件打开成功，以后对该文件的操作可以通过引用文件指针变量 fp 完成。

为了确保文件打开的正确性。应对 fopen() 的返回值进行测试：

```
if((fp = fopen("abc.dat", "r")) == NULL)
{
    printf("Can't open file: abc.dat\n");
    exit(0);
}
```

当文件打开失败，则显示提示信息，然后执行 exit 终止程序的运行；如果文件打开成功，则执行 if 下面的语句。文件打开失败的原因可能是以“r”方式打开一个并不存在的文件，或者没有缓冲区可分配等。

文件打开方式（mode）决定了该文件打开以后所能进行的操作，"r" 方式表示只能从打开文件输入数据，即只能进行读操作。用 fopen() 函数打开文件的方式很多，表 11-1 是对这些方式的总结。

表 11-1　文件打开方式

文件使用方式	含　义
"r/rb"（只读）	为输入打开一个文本 / 二进制文件
"w/wb"（只写）	为输出打开或建立一个文本 / 二进制文件
"a/ab"（追加）	向文本 / 二进制文件尾追加数据
"r+/rb+"（读写）	为读 / 写打开一个文本 / 二进制文件
"w+/wb+"（读写）	为读 / 写建立一个文本 / 二进制文件
"a+/ab+"（读写）	为读 / 写打开或建立一个文本 / 二进制文件

用 fopen() 函数打开文件时，需要注意的是：

1）用 "r" 方式只能打开已存在的文件，且只能从该文件中读数据，不能向该文件写数据。

2）用 "w" 方式打开文件时，如文件存在，则自动清除该文件中已有的内容；如文件不存在，则自动建立该文件。用这种方式打开的文件，不能从该文件读数据，只能把数据写到该文件中去。

3）用 "a" 方式打开文件时，如文件已存在，则文件打开的同时，文件位置指针移到文件末尾，只能向该文件尾部添加新的数据，不能从文件读数据，文件中原来存在的数据不会丢失。如文件不存在，则先自动建立该文件，然后可以向它写数据。

4）用 "r+""w+""a+" 方式打开的文件，既可以进行读操作，也可以进行写操作。用 "r+" 方式只能打开已存在的文件；用 "w+" 方式先自动建立该文件，然后向它写数据或从它读数据；用 "a+" 方式只能打开已存在的文件，同时文件位置指针移到文件末尾，文件中原来的数据不会丢失。

5）上述原则对文本文件和二进制文件都适用。

6）若要指明打开的文件是文本文件，则在读写方式后加上 t，如 "rt""wt" 等。如果以二进制方式打开或创建文件，则在读写方式后加上 b，如 "rb" 等。如果既不指明 t，又不指明 b，则以系统此时的设置为准。如系统将 t 设成文本方式，那么以文本方式打开或创建文件；如系统将 t 设成二进制方式，那么以二进制方式打开或创建文件。通常，系统将 t 设成文本方式。

7）从文本文件中读取数据时，系统会自动将回车符转换为一个换行符，在输出时会把换行符转换为回车符和换行符两个字符。在二进制文件中不会出现这种转换，输出到文件中的数据形式与内存中的数据形式完全一致。

8）对于标准输入文件、标准输出文件和标准出错信息输出文件，在程序运行时系统会自动打开。它们的文件位置指针分别是 stdin、stdout 和 stderr，这 3 个标识符在头文件 stdio.h 中定义。

这里提到了文件位置指针，每个打开着的文件都有一个文件位置指针，它指向文件中的某个位置，当把数据写到文件中去时，就写到文件位置指针此时所指的这个位置，从文件读数据时也是读位于文件位置指针所指的这个位置上的数据。文件位置指针的概念将在 11.8 节进一步介绍。

11.4.2　文件的关闭

第 66 讲

当一个打开的文件经过一定操作后不再使用或者要以另一种方式使用时，应当关闭这个文件，一旦文件被关闭，其文件指针就不再指向该文件，文件缓冲区也被系统收回。这个文件指针以后可用于指向其他文件。fclose 函数是文件关闭函数。

定义：int fclose(FILE *fp)

返回：0 或 EOF

说明：把 fp 指向的文件关闭，如成功，则返回 0；否则，返回 EOF。

文件结束符 EOF 是一个符号常量，在 stdio.h 中定义为 -1。

例如，下面是典型的文件操作程序段：

```
while((c = fgetc(fp)) != EOF)
    putchar(c);
```

文件操作语句：

```
fclose(fp);
```

用 fclose 函数把 fp 所指的文件关闭后，就不能再通过 fp 对该文件进行操作，除非再次打开该文件。考虑到每一个操作系统对同时打开的文件数有限制，一个文件不再操作时，应及时关闭它以释放缓冲区和文件指针变量，同时可以确保文件数据不致丢失。因为在向文件写数据时，先把数据写到缓冲区，待缓冲区满后才写到文件中去，一旦缓冲区未满而程序非正常终止，就有可能丢失数据。fclose 函数不管缓冲区满了与否，都会先把缓冲区内容写到文件中，然后关闭文件并释放缓冲区和文件指针变量。

在程序终止时，系统会自动关闭 stdin、stdout 和 stderr 这 3 个标准文件。

11.5　文件的顺序读写

第 67 讲

文件打开以后，就可以对其进行读写操作了。文件读写方式可分为顺序读写和随机读写。

1. 顺序读写

顺序读写是指从文件中的第一个数据开始，按照数据在文件中的排列顺序逐个进行读写。

2. 随机读写

随机读写是指不按照数据在文件中的排列顺序进行读写，而是随机地对文件中的数据进行读写。

与第4章介绍的输入 / 输出函数相似，对文件进行读写操作的函数也有读写字符和读写各种类型数据两类。

11.6 文件顺序读写的常用函数

第67讲

putchar 函数和 getchar 函数分别是向标准输出设备输出一个字符和从标准输入设备输入一个字符，而 fputc 函数和 fgetc 函数分别是向文件输出一个字符和从一个文件中读入一个字符。

1. fgetc 函数

定义：int fgetc(FILE *fp)

返回：一个字符或 EOF。

说明：从 fp 所指文件的当前位置读一字符，如成功则返回该字符，同时文件当前位置向后移动一个字符，否则返回 EOF（End Of File）。

例 11-1 从一个已知的文件 Ctxt.txt 中读入所有的字符，并在屏幕上显示。

程序如下：

```
#include<stdio.h>
#include<stdlib.h>
int main()
{
    FILE* fp;
    char c;
    if ((fp = fopen("Ctxt.txt", "r")) == NULL)
    {
        printf("无法打开文件");
        exit(1);
    }
    printf("打印文件中的所有字符：");
    while ((c = fgetc(fp)) != EOF)
        putchar(c);
    fclose(fp);
    return 0;
}
```

在上述程序中，if((fp = fopen("Ctxt.txt", "r")) == NULL)所表达的意思是如果没能打开文件，就运行之后的“exit(-1);”表示非正常退出，并且在屏幕上打印“无法打开文件”。第一次执行 fgetc() 时得到文件中的第一个字符，第二次执行 fgetc() 时得到文件中的第二个字符。也就是说，fgetc() 的每一次执行都读入一个字符，同时为读入下一个字符做好准备。当读入最后一个字符后，又一次执行 fgetc() 函数将得到 EOF。while 循环把文件中的第一个字符至最后一个字符都显示在屏幕上。最后使用 fclose() 函数关闭文件。

例 11-2 把若干个文件内容顺序显示在屏幕上。程序如下：

```
#include <stdio.h>
```

```
#include <stdlib.h>
int main(int argc, char *argv[])
{
    int i;
    FILE *fp;
    char c;
    if(argc == 1)
    {
        printf("Missing parameters.\n");
        exit(1);
    }
    for(i = 1; i < argc; i++)
    {
        if((fp = fopen(argv[i], "r")) == NULL)
        {
            printf("Can't open source file: %s\n", argv[i]);
            exit(1);
        }
        while((c = fgetc(fp)) != EOF)
            putchar(c);
        fclose(fp);
    }
    return 0;
}
```

命令行参数中的各文件名在 argv[1]～argv[argc-1] 中，程序先打开文件 argv[1]，显示该文件的内容，然后关闭文件；再打开文件 argv[2]……直到所有文件都显示完毕。当第二次、第三次打开文件时，上一次打开的文件已关闭，其文件指针已释放。因此，fp 可用于第二次、第三次打开的文件。

如果这个程序经编译、链接后的可执行文件名为 TYPE_1.EXE，则输入命令：

```
TYPE_1 test1.txt test2.txt
```

将在屏幕上依次显示 test1.txt 和 test2.txt 这两个文件的内容。

2. fputc 函数

定义：int fputc(char ch, FILE *fp)

返回：ch 或 EOF。

说明：把字符 ch 输出到 fp 所指文件的当前位置上，如成功则返回 ch，同时文件当前位置向后移动一个字符；否则返回 EOF。

例 11-3　将一个磁盘文本文件中的信息复制到另一个磁盘文本文件中。程序如下：

```
#include <stdio.h>
#include <stdlib.h>
int main()
{
    char ch;
    FILE *fp1, *fp2;
    char srcfile[20], tarfile[20];
    printf("Please input source file name: ");
    scanf("%s", srcfile);
    printf("Please input target file name: ");
    scanf("%s", tarfile);
```

```
    if((fp1 = fopen(srcfile, "r")) == NULL)
    {
        printf("Can't open source file: %s\n", srcfile);
        exit(1);
    }
    if((fp2 = fopen(tarfile, "w")) == NULL)
    {
        printf("Can't open target file: %s\n", tarfile);
        exit(1);
    }
    while((ch = fgetc(fp1)) != EOF)
        fputc(ch, fp2);
    fclose(fp1);
    fclose(fp2);
    return 0;
}
```

用 fgetc 函数从文本文件读字符时，如遇到文件结束或出错，则返回 EOF(-1)。由于 ASCII 码值在 0～255 之间，因此如例 11-3 那样，可用 fgetc 的返回值检测是否文件结束。但当用 fgetc 函数从二进制文件读字符时，字节的值完全有可能是 -1，因此用 fgetc 的返回值来检测文件是否结束或出错就不合适了。为了解决这个问题，ANSI C 提供了 feof 和 ferror 函数，其中 feof(fp) 用于检测 fp 所指文件是否结束，而 ferror(fp) 用于检测 fp 所指文件上的操作是否出错。

当 feof 函数检测到文件结束，则返回 1；否则，返回 0。因此，对二进制文件进行顺序读入时，读写字符的 while 循环应改成：

```
while(!feof(fp1))
{
    ch = fgetc(cp1);
    fputc(ch, fp2);
}
```

上述方法也可用于对文本文件的顺序读操作。

后面会进一步介绍 feof 函数和 ferror 函数。

从 fputc 和 fgetc 的定义和功能来看，putchar 和 getchar 与它们很相似，事实上 putchar 和 getchar 在 stdio.h 中以宏的形式定义成：

```
#define putchar(c)  fputc(c, stdout)
#define getchar()   fgetc(stdin)
```

可见，putchar 和 getchar 函数的功能是用 fputc 和 fgetc 函数完成的。

利用 fgetc 和 fputc 函数可以逐个字符地进行输入和输出，而用 fgets 和 fputs 可以以字符串为基本单位进行输入和输出。

3. fputs 函数

定义：int fputs(char *str, FILE *fp)

返回：0 或 EOF。

说明：向 fp 所指的文件输出字符串 str，如成功则返回 0，同时文件当前位置向后移动 str 长度个位置；否则返回 EOF。

例 11-4　从键盘读入若干行字符串，对它们按字母大小的顺序排序，然后把排好序的字符串保存到一个文件中。输入一行 "#" 结束字符串输入。程序如下：

```
#include <stdio.h>
#include <stdlib.h>
#include <string.h>
int main( )
{
    FILE *fp;
    char str[100][200], filename[20], s[200];    //s 为临时字符数组
    int n = 0, i, j, k;
    printf("Please input filename: ");           //提示输入文件名
    scanf("%s", filename);
    if((fp = fopen(filename, "w")) == NULL)      //打开磁盘文件
    {
        printf("Can't open file: %s\n", filename);
        exit(1);
    }
    printf("Enter strings: ");                   //提示输入字符串
    scanf("%s", s);
    while(strcmp(s, "#") != 0)
    {
        strcpy(str[n++], s);                     //输入字符串
        printf("Enter strings: ");               //提示输入下一个字符串
        scanf("%s", s);
    }
    for(i = 0; i < n - 1; i++)                   //用选择法对字符串排序
    {
        k = i;
        for(j = i + 1; j < n; j++)
            if(strcmp(str[k], str[j]) > 0) k = j;
        if(k != j)
        {
            strcpy(s, str[i]);
            strcpy(str[i], str[k]);
            strcpy(str[k], s);
        }
    }
    for(i = 0; i < n; i++)
    {
        fputs(str[i], fp);                       //向磁盘文件写一个字符串
        printf("%s\n", str[i]);                  //在屏幕上回显
    }
    return 0;
}
```

4. fgets 函数

fgets 函数用于从指定文件读入一个字符串。

定义：char *fgets(char *str, int n, FILE *fp)

返回：地址 str 或 NULL。

说明：从 fp 所指文件的当前位置开始读入 n-1 个字符，自动加上结束标记 '\0'，作为字符串送到 str 中。如果读入过程中遇到换行符或文件结束，则输入提前结束，实际读

入的字符数不足 n-1 个。如输入成功，则返回地址 str；否则，返回 NULL。

例如，如果例 11-3 文件复制中的源文件每行不超过 299 个字符，那么例 11-3 的程序可改成：

```
#include<stdio.h>
#include<string.h>
#include <stdlib.h>
int main()
{
    FILE *fp1, *fp2;
    char srcfile[20], tarfile[20], buf[300];
    printf("Please input source filename: ");
    scanf("%s", srcfile);
    printf("Please input target filename: ");
    scanf("%s", tarfile);
    if((fp1 = fopen(srcfile, "r")) == NULL)
    {
        printf("Can't open source file: %s\n", srcfile);
        exit(1);
    }
    if((fp2 = fopen(tarfile, "w")) == NULL)
    {
        printf("Can't open target file: %s\n", tarfile);
        exit(1);
    }
    while(fgets(buf, 300, fp1) != NULL)
        fputs(buf, fp2);
    fclose(fp1);
    fclose(fp2);
    return 0;
}
```

例 11-3 是逐个字符复制，而这里是逐行复制。

fgets、fputs 函数与 gets、puts 函数很相似，在 stdio.h 中 gets 和 puts 被定义成：

```
#define gets(buf, n)  fgets(buf, n, stdin)
#define puts(buf)  fputs(buf, stdout)
```

fprintf 函数和 fscanf 函数与 printf 函数和 scanf 函数相似，fprintf 函数和 fscanf 函数是格式化输入和输出函数，前者是从标准输入 / 输出文件进行读写操作，而后者可以从任一指定文件进行读写操作。

5. fprintf 函数

定义：int fprintf(FILE *fp, char format[], 输出列表 args)

返回：EOF 或已输出的数据个数。

说明：fprintf 函数中的格式控制串 format 和输出列表 args 的形式和用法与 printf 函数中的非常相似，只是该函数向 fp 所指的文件按 format 指定的格式输出数据，而 printf 函数是向标准输出文件（显示屏）输出数据。如输出成功，则函数返回实际输出数据的个数；否则，返回 EOF。

例 11-5　建立一个学生成绩文件“grade.txt”，其数据包括班级、姓名以及数学、英语、计算机三门课程的成绩。程序如下：

```
#include <stdio.h>
#include <stdlib.h>
int main()
{
    FILE *fp;
    char class[20], name[10], ans;
    float math, English, computer;
    if((fp = fopen("grade.txt", "w")) == NULL)
    {
        printf("Can't open source file: grade.txt\n");
        exit(1);
    }
    while(1)
    {
        printf("Please input class, name, math, English,
            computer\n");
        scanf("%s%s%f%f%f", class, name, &math, &English,
            &computer);
        fprintf(fp, "%s,%s,%f,%f,%f\n", class, name, math,
            English, computer);
        printf("input anymore(y/n):?");
        fflush(stdin);
        ans = getchar();
        if(ans != 'y' && ans != 'Y')
            break;
    }
    fclose(fp);
    return 0;
}
```

6. fscanf 函数

定义：int fscanf(FILE *fp, char *format, 输入列表)

返回：EOF 或已读入的数据个数。

说明：fscanf 函数中的格式控制串 format 和输入列表 args 的形式和用法与 scanf 中的非常相似，只是 fscanf 是从 fp 所指的文件按指定格式输入数据，而 scanf 函数是从标准输入文件（键盘）输入数据。如输入成功，则函数返回实际输入数据的个数；否则，返回 EOF。

例 11-6　将 1～100 之间所有能同时被 5 和 7 整除的整数及其平方根写入到 C 盘上的文件 Ctxt.txt 中，然后再顺序读出显示到屏幕上。

分析：

首先用只写的方式打开文件，循环判断 1～100 之间能同时被 5 和 7 整除的整数，并按指定的格式将该整数及其平方根写入到文件中，然后关闭文件。

接下来用只读的方式重新打开文件，按照指定的格式输出数据。如果数据到了文件末尾，就关闭文件，否则就输出数据，最后关闭文件。

程序如下：

```
#include <stdio.h>
```

```
#include <stdlib.h>
#include <math.h>
int main()
{
    FILE *fp;
    int k, i;
    double sqk;
    fp = fopen("C:\\Ctxt.txt", "w");                  // 以只写的方式打开文件
    for(k = 1; k <= 100; k++)
        if (k % 5 == 0 && k % 7 == 0)                 // 判断数据是否满足条件
            fprintf(fp,"%d %7.3f\n",k,sqrt(k));       // 输出该数及其平方根
    fclose(fp);
    fp = fopen("C:\\Ctxt.txt", "r");                  // 以只读的方式打开文件
    fscanf(fp, "%d%lf", &i, &sqk);
    while(!feof(fp))
    {
        fprintf(stdout, "%d,%7.3f", i, sqk);
        printf("\n");
        fscanf(fp, "%d%lf", &i, &sqk);
    }
    fclose(fp);
}
```

运行程序时将在显示器上输出如下结果，同时在C盘上文件Ctxt.txt中也将包含同样内容。

```
35,  5.916
70,  8.367
```

在上面程序中，“fprintf(stdout, "%d,%7.3f", i, sqk);”的功能与“printf("%d,%7.3f", i, sqk);”相同。

非格式化读写函数fgetc和fputc的功能是读写一个字符，但有时需要从文件读写一段数据，fgets和fputs可以读写若干个字符（字符串），而函数fread和函数fwrite可以读写一段任意类型的数据。

7. fread函数

定义：int fread(char buf[], unsigned size, unsigned n, FILE *fp)

返回：0或实际读入的数据段个数。

说明：fread函数用于从fp所指文件中读入n段数据，每段数据的长度为size个字符（或字节），读入的数据依次放在buf为起始地址的内存中。如读入成功，则返回实际读入的数据段个数；否则，返回0。

8. fwrite函数

定义：int fwrite(char buf[], unsigned size, unsigned n, FILE *fp)

返回：0或实际输出的数据段个数。

说明：fwrite函数用于向文件写n段数据。从buf为起始地址的内存中，共n段数据写到fp所指文件中，每段数据长度为size个字符（或字节）。如写成功，则返回实际输出的数据段个数；否则，返回0。

fread 函数和 fwrite 函数一般用于读写二进制文件，对文本文件由于在读写时要进行转换，有时文本文件中看到的字符个数与实际读写的字符个数可能不同，如文本文件中有 "a\142c"，共 6 个字符，但 C 语言中它实际表示的是 3 个字符，其中 '\142' 表示字符 'b'，而二进制文件就不会有这种情况，因文件中的数据形式与内存中的完全相同，不需要经过转换。

例 11-7　从键盘输入两个学生数据，写入一个文件中，再读出这两个学生的数据显示在屏幕上。已知 C 盘目录下存在一个 Ctxt.txt 文件。

程序如下：

```
#include <stdio.h>
#include <stdlib.h>
#define N 2
struct stu
{
    char name[10];// 姓名
    int num;      // 学号
    int age;      // 年龄
    float score;  // 成绩
}boya[N], boyb[N], * pa, * pb;
int main()
{
    FILE* fp;
    int i;
    pa = boya;
    pb = boyb;
    if ((fp = fopen("C:\\Ctxt.txt", "wb+")) == NULL)
    {
        puts("Fail to open file!");
        exit(1);
    }
    printf("Input data:\n");
    for (i = 0; i< N; i++, pa++)
    {
        scanf("%s %d %d %f", pa->name, &pa->num, &pa->age,
            &pa->score);
    }
    /* 将数组 boya 的数据写入文件 */
    fwrite(boya, sizeof(struct stu), N, fp);
    rewind(fp);                    // 将文件指针重置到文件开头
    /* 从文件读取数据并保存到数组 boyb*/
    fread(boyb, sizeof(struct stu), N, fp);
    for (i = 0; i< N; i++, pb++) // 输出数组 boyb 中的数据
        printf("%s  %d  %d  %f\n", pb->name, pb->num, pb->age,
            pb->score);
    fclose(fp);
    return 0;
}
```

运行结果如下：

```
Input data:
zhangsan 1 15 90.5
```

```
lisi 2 14 99
zhangsan  1  15  90.500000
lisi  2  14  99.000000
```

11.7 文件顺序读写的应用示例

第68讲

例 11-8 有五个学生，每个学生有三门课的成绩，从键盘输入以上数据（包括学生学号、姓名、三门课成绩），计算出平均成绩，将原有的数据和计算出的平均分数存放在C盘的文件Ctxt中。

程序如下：

```
#include<stdio.h>
#include<stdlib.h>
struct student
{   char num[10];
    char name[5];
    int score[3];
    float avg;
} stu[5];
int main()
{
    int i, j, sum;
    FILE *fp;
    for (i = 0; i < 5; i++)
    {
        printf("请输入第%d位学生学号:\n", (i + 1));
        scanf("%s", stu[i].num);
        printf("请输入学生姓名:\n");
        scanf("%s", stu[i].name);
        sum = 0;
        for (j = 0; j < 3; j++)
        {
            printf("请输入第%d门科目成绩:\n", (j + 1));
            scanf("%d", &stu[i].score[j]);
            sum += stu[i].score[j];
        }
        stu[i].avg = sum / 3.0;
    }
    fp = fopen("D:\\Ctxt", "w");
    for (i = 0; i < 5; i++)
    {
        printf("姓名:%s 学号:%s:", stu[i].name, stu[i].num);
        for (j = 0; j < 3; j++)
        {
            printf("学科%d成绩%d:", (j + 1), stu[i].score[j]);
        }
        printf("平均分%.2f\n", stu[i].avg);
    }
    for (i = 0; i < 5; i++)
    {
        fprintf(fp, "姓名:%s 学号:%s ", stu[i].name, stu[i].num);
        for (j = 0; j < 3; j++)
```

```
        {
            fprintf(fp, " 学科 %d 成绩 :%d ", (j + 1), stu[i].score[j]);
        }
        fprintf(fp, " 平均分 %.2f\n", stu[i].avg);
        fputc('\n', fp);// 换行
    }
    fclose(fp);
}
```

运行结果如下：

```
请输入第 1 位学生学号:
1
请输入学生姓名 :
a
请输入第 1 门科目成绩 :
80
请输入第 2 门科目成绩 :
80
请输入第 3 门科目成绩 :
80
请输入第 2 位学生学号 :
2
请输入学生姓名 :
b
请输入第 1 门科目成绩 :
90
请输入第 2 门科目成绩 :
90
请输入第 3 门科目成绩 :
90
请输入第 3 位学生学号 :
3
请输入学生姓名 :
c
请输入第 1 门科目成绩 :
70
请输入第 2 门科目成绩 :
70
请输入第 3 门科目成绩 :
70
姓名 :a 学号 :1: 学科 1 成绩 80: 学科 2 成绩 80: 学科 3 成绩 80: 平均分 80.00
姓名 :b 学号 :2: 学科 1 成绩 90: 学科 2 成绩 90: 学科 3 成绩 90: 平均分 90.00
姓名 :c 学号 :3: 学科 1 成绩 70: 学科 2 成绩 70: 学科 3 成绩 70: 平均分 70.00
```

11.8　文件的随机读写

前几节的输入 / 输出是顺序操作，即按照数据在文件中的顺序依次读入，或把数据按照写操作的顺序在文件中顺序排列。但文件中数据的读写顺序也可能与其排列顺序不完全一致，这就是文件的随机读写。利用 C 语言的标准输入 / 输出函数也可以完成随机读写

操作。

文件的随机读写涉及数据在文件中的位置。因为 C 文件是流式文件，字符或字节是文件的基本单位，所以一个数据在文件中的位置用该数据与文件头相隔多少个字符（或字节）来表示。同时，文件在进行读写时也有一个文件位置指针，正如前几节提到的那样，对文件进行读入操作时，读入的是该文件的文件位置指针此时所指位置上的数据，而对文件进行写操作时，数据是写到该文件的文件位置指针此时所指的位置上。显然，通过移动文件的文件位置指针，就可以实现文件的随机读写。

11.8.1　文件的定位

第 69 讲

一个打开的文件中有一个用于定位的文件位置指针，文件刚打开时，文件位置指针处于文件数据的第一个字符（或字节），随着读写操作的进行，每读入或写出一个字符（或字节），文件位置指针就自动向后移动一个字符（或字节），处于下一个要写或要读的位置。如果要进行随机读写，就要人为地改变文件位置指针的这种变化规律，使其强制指向另一位置。任一时刻，文件位置指针所处的位置称为当前位置。在 C 语言中，有一组用于改变文件当前位置的标准函数。

1. rewind 函数

rewind 函数用于使文件的文件位置指针重新置于文件头。

定义：void rewind(FILE *fp)

返回：无。

说明：使 fp 所指文件的文件位置指针重新置于文件的开头，与文件刚打开时的状态一样。

2. feof 函数

feof 函数用于检测文件当前读写位置是否处于文件尾部。只有当前位置不在文件尾部时，才能从文件读数据。

定义：int feof(FILE *fp)

返回：0 或非 0。

说明：如 fp 所指文件的位置处于文件尾部，则返回非 0；否则，返回 0。在对文件进行读操作前，应当用这个函数测试当前位置是否在文件尾部。

例 11-9　分析下列程序的功能。

```
#include<stdio.h>
#include<string.h>
int main()
{
    FILE *fp;
    char buf[50];
    char *text = ("this is a test for feof function!");
    char ch;
    printf("please input a file name to open:");
    scanf("%s", buf);
    fp = fopen(buf, "w");                    // 文件以只写方式打开
```

```
    if (fp == NULL)
        printf("file open failed!");            // 如果打开失败，提示出错
    else
    {
        fwrite(text, strlen(text) + 1, 1, fp);  // 写入字符串
        fclose(fp);
        fp = fopen(buf, "r");                   // 重新以只读方式打开
        while (1)
        {
            ch = fgetc(fp);                     // 读出一个字符
            if (feof(fp))  break;               // 如果已经到了文件末尾则退出
            fputc(ch, stdout);                  // 打印读出结果
        }
        fputc('\n', stdout);                    // 最后加上一个回车
        fclose(fp);
    }
}
```

分析：

程序在打开文件后，使用 feof() 函数检查文件指针是否到达了文件末尾，如果没有到达，则读出一个字符并打印在标准输出上，否则终止循环。

3. fseek 函数

fseek 函数用于将文件读写指针移动至另一位置。

定义：int fseek(FILE *fp, long offset, int base)

返回：0 或非 0。

说明：按方式 base 和偏移量 offset 重新设置文件 fp 的当前位置。base 的取值是 0、1 和 2 中的一个，分别表示偏移量 offset 是相对文件头、文件当前位置或文件末尾，base 的实参也可以用符号 SEEK_SET、SEEK_CUR 和 SEEK_END 代替。它们在 stdio.h 中分别被定义成 0、1 和 2。如移动成功，则返回 0；否则，返回非 0。例如，

```
fseek(fp, 20L, 1)              // 使文件位置指针从当前位置向前移动 20 个字节
fseek(fp, -20L, SEEK_CUR)      // 使文件位置指针从当前位置往回移动 20 个字节
fseek(fp, 20L, SEEK_SET)       // 使文件位置指针移到距文件头 20 个字节处
fseek(fp, 0L, 2)               // 使文件位置指针移到文件尾
```

例 11-10　将三个给定的字符串（假设长度不超过 6）写入到文件 Ctxt.txt 中，然后读出第二个字符串，并显示在屏幕上。

程序如下：

```
#include<stdio.h>
#include<stdlib.h>
int main()
{
    FILE *fp;
    int i;
    char ch[3][6] = { "C","C++","Java" };
    char t[6];
    fp = fopen("D:\\Ctxt.txt", "wb+");
    for (i = 0; i< 3; i++)
    {
        fwrite(ch[i], 6, 1, fp); // 将字符串数组中的字符串依次写入文件中
    }
```

```
    fseek(fp, 6L, SEEK_SET);       // 移动文件位置指针到第二个字符串的位置
    fread(t, 6, 1, fp);            // 读出第二个字符串的所有数据
    fclose(fp);
    printf("%s", t);               // 输出字符串
}
```

文本文件也可以随机读写，但需要注意的是，文本文件中的数据的长度与该数据在机器内的长度可能不一致。这点在上一节介绍 fwrite 函数时已提到过。

函数参数 base 是起点，而 offset 是相对的位移量（以字节计）。offset 为正数时，从起点向前移；offset 为负数时，从起点往后移。要求 offset 是长整型，以确保文件很长时，也能在文件内正确移动文件位置指针。

4. ftell 函数

对文件进行一系列读写操作后，程序员很难记住此时文件位置指针的值，可以用 ftell 函数了解文件的当前位置。

定义：long ftell(FILE *fp)

返回：-1L 或当前位置。

说明：取 fp 所指文件的当前位置，如成功，则返回该值；否则，返回 -1L。

例 11-11 利用 fseek() 函数和 ftell() 函数来计算文件长度。

分析：

程序基于 fseek() 函数和 ftell() 函数的特性，先利用 fseek() 函数把文件位置指针移到文件末尾，然后使用 ftell() 函数获得此时文件位置指针距离文件开头的字节数，这个字节数即为文件长度。

程序如下：

```
#include<stdio.h>
#include<stdlib.h>
int main()
{
    FILE *fp;
    int f_len;
    char filename[80];
    printf("Please input the filename:\n");
    gets(filename);
    fp = fopen(filename, "rb");
    fseek(fp, 0L, SEEK_END);
    // 从文件末尾移动 0 个长度，即将文件位置指针指向文件末尾
    f_len = ftell(fp);  // 获取文件长度
    printf("The length of the file is %d Byte", f_len);
    fclose(fp);
}
```

11.8.2 文件操作的出错检测

第 69 讲

文件操作的每一个函数在执行中都有可能出错，为此，C 语言提供了相应的标准函数用于检测文件操作是否出现错误。

1. ferror 函数

定义：int ferror(FILE *fp)

返回：0 或非 0。

说明：检查上次对文件 fp 所进行的操作是否成功，如成功，则返回 0；否则，返回非 0。对文件的每一次操作都将产生一个新的 ferror 函数值，而 ferror 只能检测最近的一次错误，因此，应该及时调用 ferror 函数检测操作执行的情况，以免丢失信息。

2. clearerr 函数

定义：void clearerr(FILE *fp)

返回：无。

说明：将文件的错误标志和文件结束标志置为 0，即清除错误标志和结束标志。当文件操作产生错误时，其错误标志将一直保持，直至下一个输入 / 输出操作或 clearerr 函数的调用，同样，其文件结束标志也将保持到文件位置指针新的移动或 clearerr 函数的调用。

11.9　非缓冲文件系统

尽管利用缓冲文件系统的文件操作函数可对文件进行各种操作，但仍有许多版本的 C 语言保留了不属于 ANSI C 的非缓冲文件系统。建议读者在实际中尽量少用非缓冲文件系统，因为它是一种低级输入 / 输出系统，相对来说程序的移植性较差。

在非缓冲文件系统中，系统不会自动分配缓冲区。要由程序分配缓冲区给文件，且在非缓冲文件系统中没有文件指针，而是通过一个称作“文件描述符”的整数来标识操作的文件。打开或建立文件时。系统会自动分配一个整数给这个文件，这个整数就是该文件的文件描述符。得到了文件描述符，就可以利用非缓冲文件系统中的一组函数来对指定文件描述符的文件进行读写等操作。

鉴于非缓冲文件系统现在用得不多，本书不再详细介绍相关操作函数，读者如有兴趣可以自行查找相关函数使用手册或其他学习资料。

习题

11.1　写一个函数 getline(FILE *fp, char *s)，从文件 fp 当前位置开始读 280 个字符，并将其放到字符串 s 中。

11.2　从键盘输入以 "#" 结尾的字符序列，将其中的大写字母转换成小写字母，小写字母转换成大写字母，然后输出到一个磁盘文件“test”中保存。

11.3　统计一个磁盘文件 test 中的数字个数、字母个数及其他字符个数。

11.4　逐行比较两个文本文件 file1.txt 和 file2.txt，如不相等，则输出在哪行的第几个字符处发生不等。

11.5　按表 11-2 中的数据建立文件 gz.dat（字段长度自定），其中划“×”的值需先计算出来。

表 11-2　习题 11.5 用表

职工号	姓名	基本工资	附加工资	房租费	水电费	实发工资
1011	王强	235.00	120.00	21.10	17.6	×
1023	赵建明	180.00	120.00	16.00	9.50	×
…	…	…	…	…	…	×

11.6　文件 gz.dat 是习题 11.5 建立的，现从键盘输入一职工号，如文件中有该职工的数据，则显示

这些数据，否则显示提示信息。

11.7　文件 gz.dat 是习题 11.5 建立的，现从键盘输入一职工号，用 gz.dat 中除该职工外的其他职工数据建立一个新的文件 gz1.dat。

11.8　文件 gz.dat 是习题 11.5 建立的，现从键盘输入一个数值，用 gz.dat 中实发工资大于该数值的职工数据建立一个新的文件 gz2.dat。

11.9　把习题 11.5 建立的文件 gz.dat 中的数据，按实发工资的值从小到大排序后输出到文件 gz3.dat，然后显示输出 gz3.dat 中的数据。设文件中的职工人数不会超过 50。

11.10　文件 gz3.dat 是习题 11.9 建立的，已按实发工资从小到大排好序，现从键盘输入任一职工的数据，如文件 gz3.dat 中没有该职工的数据，则把它加到文件 gz3.dat 中，并使新文件仍按实发工资从小到大排序。

11.11　习题 11.10 是一个很实用的小程序。如果能够把用户输入的数据存盘，下次运行时读出，就更有用了，编程尝试增加此项功能。

11.12　有两个磁盘文件“A”和“B”，各存放一行字母，现要求把这两个文件中的信息合并（按字母顺序排列），输出到一个新文件“C”中去。

11.13　从键盘输入若干行字符（每行长度不等），输入后把它们存储到一磁盘文件中。再从该文件中读入这些数据，将其中小写字母转换成大写字母后在显示屏上输出。

11.14　在磁盘文件上存有 10 个学生的数据。要求将第 1、3、5、7、9 个学生数据输入计算机，并在屏幕上显示出来。

11.15　两个班的成绩分别存放在两个文件当中，每个文件有多行，每行都是由空格分隔的学号、姓名和成绩。现在要将两个班的成绩合并到一起进行排序（按照成绩从高到低），如果成绩相同则按学号由小到大排序，将结果输出到一个文件中。使用命令行参数指定两个输入文件名与输出文件名。编写程序完成上述功能。

第 12 章　综合实训

在前面的章节中，特意安排了许多程序示例，这些基本型实训的功能比较单一，主题非常明确，针对性也非常强，对读者理解 C 语言相关概念、熟悉 C 语言语法非常有帮助。但是要想进一步提高，读者必须将课本上的理论知识和实践有机地结合起来，通过较大规模的实训锻炼自己分析、解决实际问题的能力和实践编程的能力。为此，本章设计了 3 个综合实训，以演示采用 C 语言解决实际问题的方法和步骤。

12.1　综合实训 1：俄罗斯方块游戏

12.1.1　问题描述

1985 年 6 月，莫斯科科学计算机中心的阿列克谢 • 帕基特诺夫在玩过一个拼图游戏之后受到启发，制作了一个以 Electronica 60（一种计算机）为平台的游戏，这就是俄罗斯方块游戏。后来经瓦丁 • 格拉西莫夫将这款游戏移植到了 PC 上。俄罗斯方块原名是俄语 Тетрис（英语是 Tetris），这个名字来源于希腊语 tetra，意思是“四”，由于游戏的作者最喜欢网球（tennis）。于是他把两个词 tetra 和 tennis 合而为一，命名为 Tetris。

在本实训中，要求读者完成一个控制台下运行的俄罗斯方块游戏，具体要求包括：

（1）游戏界面要求。设计两个游戏界面：一个用于主游戏区的游戏画布，用来显示游戏时运动和落下去的当前方块形状；另一个用于显示下一个方块形状以及游戏运行时间、得分和游戏者的名字等信息。

（2）游戏控制要求。方块下落时，可通过键盘方向键（向左键←、向右键→、向下键↓）和空格键，对该方块进行加速（向下键↓），向左、向右移动（向左键←和向右键→）以及变形操作等（空格键）。

（3）图形显示要求。简单的俄罗斯方块游戏中主要有 7 种方块形状：长条形、Z 字形、反 Z 字形、田字形、7 字形、反 7 字形、T 字形。游戏要求能随机给出不同的方块形状，方块在下落过程中可以人为控制左右移动、形状形态变换等，遇到边界或其他已落定方块，则落定填充给定的区域。若填满一条（整个行中无空格）或多条，则消掉填充好的条，维持未填充好的行的状态不变，并按规则记分。当达到一定的分数时，过关。游戏一共设置 10 关，每关方块下落的速度不同。游戏中如果方块顶到了游戏边界的上边框，则游戏结束。

（4）扩展功能（选做）：记录排行榜，游戏难易模式选择，困难模式下可以有更多更复杂的方块形状等。

12.1.2　问题分析

俄罗斯方块游戏需要解决的问题如下：

（1）整个游戏界面的图形显示。由于到目前为止，学习和练习的都是 Dev C++ 的 Console 类应用，还没有学习通过 MFC 或其他途径开发图形界面类应用，因此需要在字符界面下模拟出一个图形界面。

（2）各种方块形状的表示。即在字符界面下怎样显示游戏中需要用到的7种方块的不同形状和不同状态。

（3）如何控制方块的移动、旋转和下落速度。

（4）如何判断方块是否到底，包括方块已经触到底部或已经落到了一个已经落定的方块上。

（5）如何判断一行是否填满以及如何消去填满的行，还要重点解决满行消掉后的重绘，即消掉满行后，其他留下行的状态不变地被重新绘制。

（6）如何判断游戏的结束及如何终止游戏，即方块是否已经顶到了游戏框的上边界。

（7）游戏难度的设计和得分规则。

12.1.3　数据结构分析

首先定义一组游戏中需要用的常数：

（1）游戏界面包括两个：左边为游戏界面，右边为信息窗口界面。程序通过符号常量定义游戏界面的宽度和高度分别为12和25，定义信息窗口界面的宽度和高度分别为8和25。

```
#define GAME_FRAME_WIDTH 12                 //左边框宽度
#define GAME_FRAME_HEIGHT 25                //左边框高度
#define GAME_INFO_FRAME_WIDTH 8             //右边框宽度
#define GAME_INFO_FRAME_HEIGHT 25           //右边框高度
```

（2）定义本俄罗斯方块游戏中支持的方块形状的个数为7，如果是复杂的高阶俄罗斯方块游戏，则可以支持更多的方块种类数。

```
#define TYPE_COUNT 7    //方块种类数量
```

（3）定义游戏中的消行积分规则。本程序中定义为：一次消1行得10分，一次消2行得30分，一次消3行得60分，一次消4行得100分，读者也可以根据关卡等因素制定更加合理的消分规则。

```
#define ONE_SCORE   10                      //一次消1行得10分
#define TWO_SCORE   30                      //一次消2行得30分
#define THREE_SCORE  60                     //一次消3行得60分
#define FOUR_SCORE 100                      //一次消4行得100分
```

（4）定义游戏过关升级需要的积分数，本实验中定义1000分升一级，游戏难度增加一级，方块下落速度增加一档。

```
#define CHANGE_SPEED_PER_SCORE 1000        //每得1000分加速1档
```

然后程序需要定义一些数据结构，包括用结构体定义的方块和棋盘等数据类型。

（5）定义游戏中需要用到的方块形状和变形。本实验中通过定义一个四维数组来储存7种方块类型和任一方块4种形态的数据，每个方块存储在一个4×4正方形容器里（即C语言的二维数组）。特别需要注意的是，有些形状可能只有一种或两种不同形态，比如长条形只有两种形态，田字形只有一种形态。但是，在本程序中为了方便统一操作，认定每种形状都有4种形态，只是有些重复形态进行了重复存储。

```
int bricks[TYPE_COUNT] [4][4][4]=
    {
```

```
    {
        {{1,0,0,0},{1,0,0,0},{1,0,0,0},{1,0,0,0}},  //形态 1
        {{0,0,0,0},{0,0,0,0},{0,0,0,0},{1,1,1,1}},  //形态 2
        {{1,0,0,0},{1,0,0,0},{1,0,0,0},{1,0,0,0}},  //形态 3
        {{0,0,0,0},{0,0,0,0},{0,0,0,0},{1,1,1,1}}   //形态 4
    },
    {
        {{0,0,0,0},{0,0,0,0},{1,1,0,0},{1,1,0,0}},  //形态 1
        {{0,0,0,0},{0,0,0,0},{1,1,0,0},{1,1,0,0}},  //形态 2
        {{0,0,0,0},{0,0,0,0},{1,1,0,0},{1,1,0,0}},  //形态 3
        {{0,0,0,0},{0,0,0,0},{1,1,0,0},{1,1,0,0}}   //形态 4
    },
    {
        {{0,0,0,0},{0,0,0,0},{1,1,0,0},{0,1,1,0}},  //形态 1
        {{0,0,0,0},{0,1,0,0},{1,1,0,0},{1,0,0,0}},  //形态 2
        {{0,0,0,0},{0,0,0,0},{1,1,0,0},{0,1,1,0}},  //形态 3
        {{0,0,0,0},{0,1,0,0},{1,1,0,0},{1,0,0,0}}   //形态 4
    },
    {
        {{0,0,0,0},{0,0,0,0},{0,1,1,0},{1,1,0,0}},  //形态 1
        {{0,0,0,0},{1,0,0,0},{1,1,0,0},{0,1,0,0}},  //形态 2
        {{0,0,0,0},{0,0,0,0},{0,1,1,0},{1,1,0,0}},  //形态 3
        {{0,0,0,0},{1,0,0,0},{1,1,0,0},{0,1,0,0}}   //形态 4
    },
    {
        {{0,0,0,0},{0,0,0,0},{1,0,0,0},{1,1,1,0}},  //形态 1
        {{0,0,0,0},{1,1,0,0},{1,0,0,0},{1,0,0,0}},  //形态 2
        {{0,0,0,0},{0,0,0,0},{1,1,1,0},{0,0,1,0}},  //形态 3
        {{0,0,0,0},{0,1,0,0},{0,1,0,0},{1,1,0,0}}   //形态 4
    },
    {
        {{0,0,0,0},{0,0,0,0},{0,0,1,0},{1,1,1,0}},  //形态 1
        {{0,0,0,0},{1,0,0,0},{1,0,0,0},{1,1,0,0}},  //形态 2
        {{0,0,0,0},{0,0,0,0},{1,1,1,0},{1,0,0,0}},  //形态 3
        {{0,0,0,0},{1,1,0,0},{0,1,0,0},{0,1,0,0}}   //形态 4
    },
    {
        {0,0,0,0},{0,0,0,0},{1,1,1,0},{0,1,0,0}},   //形态 1
        {{0,0,0,0},{0,1,0,0},{1,1,0,0},{0,1,0,0}},  //形态 2
        {{0,0,0,0},{0,0,0,0},{0,1,0,0},{1,1,1,0}},  //形态 3
        {{0,0,0,0},{1,0,0,0},{1,1,0,0},{1,0,0,0}}   //形态 4
    }
};
```

bricks 数组中的第一维 TYPE_COUNT 表示 TYPE_COUNT 种形状，第二维表示每个形状有 4 种形态，最后的两维 4×4 表示用一个 4×4 的二维数组来存储一个具体形状的具体形态数据。在数组中，对应的元素为“1”，表示在输出形状时输出字符 '■'，对应的元素为 0，表示在输出形状的时候输出字符 ' '（空格）。

（6）定义结构体 NextBrick 表示即将到来的形状。

```
typedef struct tagNextBrick
{
    int type;
    int shape;
    int x;
```

```
    int y;
    int (*p)[TYPE_COUNT][4][4][4];
}NextBrick;
```

其中 type 表示形状类型，shape 表示形状的形态，x 和 y 表示形状的左上角坐标，数组指针 p 用来指向某一个具体形状的具体形态。

（7）定义结构体 Chess 表示游戏的当前状态。

```
typedef struct tagChess
{
    //定义一个 12*24 的游戏盘
    int Chessboard[GAME_FRAME_HEIGHT][GAME_FRAME_WIDTH];
    int (*p)[TYPE_COUNT][4][4][4];        //指向当前显示方块
    int type;
    int shape;
    int x;                                //现行方块左上角横坐标
    int y;                                //现行方块左上角纵坐标
    int left;                             //左边距离
    int right;                            //右边距离
    int top;                              //上边距离
    int bottom;                           //下边距离
}Chess;
```

（8）定义程序需要的全局变量。

```
HANDLE g_hOut;
HANDLE g_hIn;
int Score;//总分数
BOOL gameover=FALSE;
Chess chess;
NextBrick next;
```

12.1.4　程序执行流程和设计分析

为了模块化设计，程序将比较独立的操作封装成了函数。程序中设计的函数树如图 12-1 所示。

下面将主要讲解程序的执行流程和关键设计。

（1）程序的主要执行流程。程序执行流程主要在 main 函数中落实，涉及的主要函数有 main 和 InitGame。程序执行流程如图 12-2 所示。程序如下：

```
int main()
{
    system("color 3f");
    g_hOut = GetStdHandle(STD_OUTPUT_HANDLE);    // 控制台输出句柄
    g_hIn =  GetStdHandle(STD_INPUT_HANDLE);     // 控制台输入句柄
    HideCursor();
    CutArea(GAME_FRAME_WIDTH + GAME_INFO_FRAME_WIDTH + 4,
        GAME_FRAME_HEIGHT );
    DrawFrame(0,0,GAME_FRAME_WIDTH ,GAME_FRAME_HEIGHT);
    DrawFrame(GAME_FRAME_WIDTH*2+4,0,GAME_INFO_FRAME_WIDTH,GAME_INFO_FRAME_HEIGHT);
    GameInfo();
    SetConsoleTitle(" 俄罗斯方块 ");
    InitGame();
```

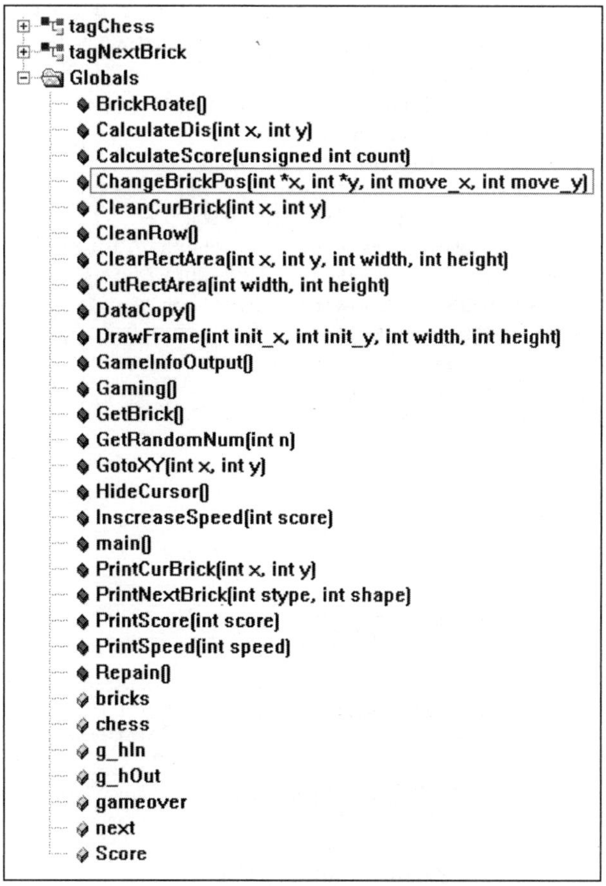

```
⊞ tagChess
⊞ tagNextBrick
⊟ Globals
    BrickRoate()
    CalculateDis(int x, int y)
    CalculateScore(unsigned int count)
    ChangeBrickPos(int *x, int *y, int move_x, int move_y)
    CleanCurBrick(int x, int y)
    CleanRow()
    ClearRectArea(int x, int y, int width, int height)
    CutRectArea(int width, int height)
    DataCopy()
    DrawFrame(int init_x, int init_y, int width, int height)
    GameInfoOutput()
    Gaming()
    GetBrick()
    GetRandomNum(int n)
    GotoXY(int x, int y)
    HideCursor()
    InscreaseSpeed(int score)
    main()
    PrintCurBrick(int x, int y)
    PrintNextBrick(int stype, int shape)
    PrintScore(int score)
    PrintSpeed(int speed)
    Repain()
    bricks
    chess
    g_hIn
    g_hOut
    gameover
    next
    Score
```

图 12-1 程序中设计的函数树

```
    Sleep(5000);
    getchar();
    CloseHandle(g_hIn);            // 关闭输入句柄
    CloseHandle(g_hOut);           // 关闭输出句柄
    return 0;
}
/* 处理游戏开始的准备工作和程序进行中的工作 */
void Gaming()
{
    int timestar,i,j;
    gameover=FALSE;
    for(i=0;i<20;i++)
        for(j=0;j<10;j++)
            chess.Chessboard[i][j]=0;
    /* 重画游戏界面 */
    DrawFrame(0,0,GAME_FRAME_WIDTH ,GAME_FRAME_HEIGHT);
    DrawFrame(GAME_FRAME_WIDTH*2+4,0,GAME_INFO_FRAME_WIDTH,
        GAME_INFO_FRAME_HEIGHT);                    //重画游戏信息窗口界面
    PrintScore(0);
    PrintSpeed(1);
    next.type=Getrand(TYPE_COUNT);
    next.shape=Getrand(4);
    while (!gameover){
        GetBrick();
```

```
        PrintCurBrick(chess.x,chess.y);          //显示当前方块
        PrintNextBrick(next.type,next.shape);    //显示下一个方块
        timestar=GetTickCount();
        while(ChangeBrickPos(&chess.x,&chess.y,0,1)==1&& !gameover){
            if(GetTickCount()-timestar>15)
                if(GetAsyncKeyState(VK_LEFT))
                    ChangeBrickPos(&chess.x,&chess.y,-1,0);
                else if(GetAsyncKeyState(VK_RIGHT))
                    ChangeBrickPos(&chess.x,&chess.y,1,0);
                else if(GetAsyncKeyState(VK_DOWN))
                    ChangeBrickPos(&chess.x,&chess.y,0,2);
                else if(GetAsyncKeyState(VK_SPACE))
                    BrickRoate();
            timestar=GetTickCount();
            Sleep(450-Score/10);
        }
        DataCopy();
        CleanRow();
    }
}
```

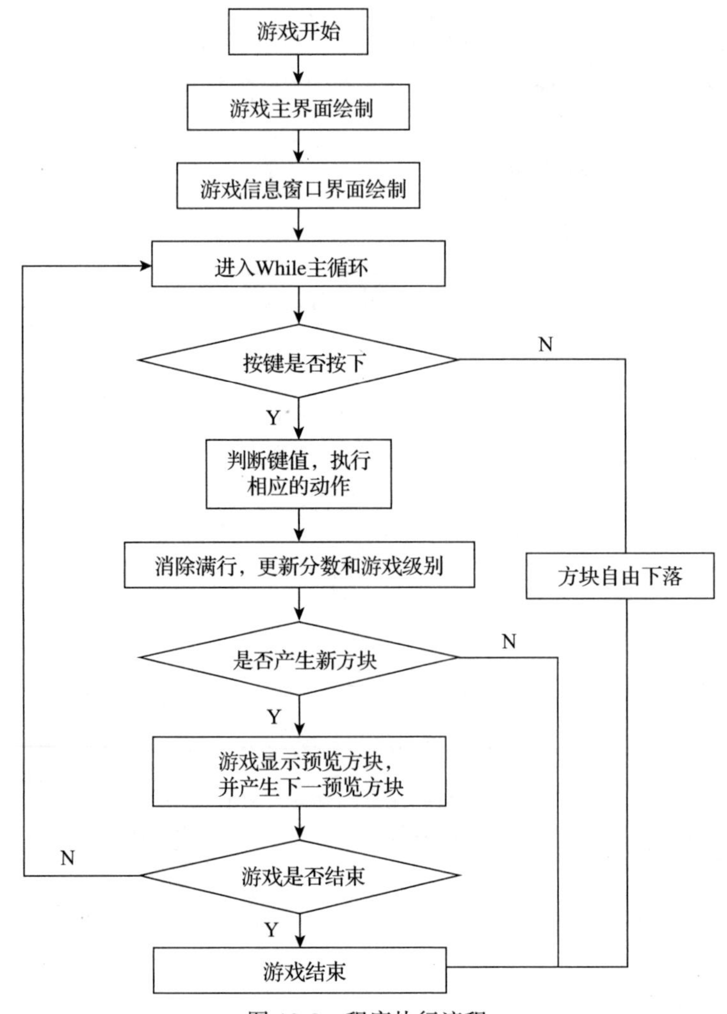

图 12-2　程序执行流程

（2）整个游戏界面的图形显示。前面提过，到目前为止，学习和练习的都是 Dev C++ 的 Console 类应用，还没有学习通过 MFC 或其他途径开发图形界面类应用，因此本实训通过字符界面来模拟游行运行的图形界面。图形界面的绘制主要涉及 CutRectArea、DrawFrame 和 GameInfoOutput 这 3 个函数。程序如下：

```
/* 缓冲区裁剪函数，去除滚动条，参数：宽度 width，高度 height，无返回值 */
void CutRectArea(int width ,int height)
{
    COORD size = {width*2+1,height+1};
    SMALL_RECT winPon={0,0,width*2,height};
    SetConsoleWindowInfo(g_hOut,1,&winPon);
    SetConsoleScreenBufferSize(g_hOut,size);
    return ;
}
/* 绘制游戏界面和信息窗口界面，参数：宽度 width，高度 height，无返回值 */
void DrawFrame(int init_x, int init_y, int width, int height)
{
    int i;
    GotoXY(init_x,init_y);
    printf(" ┏");  //特殊字符都无法显示
    for(i=0;i<width;i++)
        printf("━");
    printf("┓ ");
    for(i=init_y ;i<(init_y+height);i++)
    {
        GotoXY(init_x,i+1);
        printf(" ┃ ");
        GotoXY(init_x+(width+1)*2,i+1);
        printf(" ┃ ");
    }
    GotoXY(init_x,init_y+height);
    printf(" ┗");
    for(i=0;i<width;i++)
        printf("━");
    printf("┛ ");
    return ;
}

/* 信息窗口界面中相关信息的输出，无参数，无返回值 */
void GameInfoOutput()
{
    int i;
    GotoXY(GameFrameHeight+6,2);
    printf("Next:");
    GotoXY(GameFrameHeight+6,10);
    for(i=0;i<GameInfoFrameWidth;i++)
        printf("━");
    GotoXY(GameFrameHeight+6,13);
    printf("Speed:");
    GotoXY(GameFrameHeight+6,16);
    printf("Score:");
    GotoXY(GameFrameHeight+6,22);
    printf("Gamer:");
    GotoXY(GameFrameHeight+12,22);
    printf("Bernie");
```

```
        PrintSpeed(1);
        PrintScore(0);
    }
```

（3）各种方块形状的表示和绘制。程序主要是通过数组 bricks 来存储 7 种形状和每种形状的 4 种形态，方块的绘制主要涉及 PrintNextBrick 和 PrintCurBrick 两个函数。PrintNextBrick 和 PrintCurBrick 思路相似，PrintNextBrick 程序如下：

```
/* 在游戏信息窗口界面中，显示下一个方块 */
void PrintNextBrick(int stype,int shape )
{
    int i,j,row;
    row=1;
    GotoXY(GameFrameHeight+11,3);
    for(i=0;i<4;i++)
    {
        for(j=0;j<4;j++)
            if(bricks[stype][shape][i][j]==1)
                printf("■");
            else printf("  ");
            GotoXY(GameFrameHeight+11,3+(row++));
    }
}
```

所有方块绘制函数都利用了数组 bricks 中存储的方块的具体形态数据，不同的函数根据具体情况，在由（x,y）指定的位置根据 bricks 中具体元素的值来绘制。绘制的基本原理是：如果 bricks 中对应的元素为 1，则在由（x,y）指定的位置输出字符“■”；如果 bricks 中对应的元素为 0，则在由（x,y）指定的位置输出字符“ ”(空格)。

（4）控制方块的移动、旋转和下落速度。控制方块的旋转由函数 BrickRoate 实现，控制方块的移动和加速则都由函数 ChangeBrickPos 实现。而控制是进行旋转、左移、右移还是加速，则有 Gaming 函数中的 while 循环根据所侦测到的按键来决定。如果得到的按键值是 VK_LEFT（向左键←），则方块左移一位；如果得到的按键值是 VK_RIGHT（向右键→），则方块右移一位；如果得到的按键值是 VK_DOWN（向下键↓），则方块加速下落；如果得到的按键值是 VK_SPACE（空格键），则方块按照规则旋转。注意：旋转只是变换形状的形态，不会变更方块的形状。程序如下：

```
/* 方块旋转 */
void BrickRoate()
{
    int i,j;
    CleanCurBrick(chess.x,chess.y);
    if(chess.shape==3)
        chess.shape=0;
    else chess.shape++;
    CalculateDis(chess.x,chess.y);
    for(i=0;i<4;i++)
        for(j=0;j<4;j++)
    if(chess.Chessboard[chess.y+i][chess.x/2+j-1]+bricks[chess.type][chess.shape]
        [i][j]==2  ||  chess.left<=0  ||  chess.right  >GAME_FRAME_WIDTH  ||  chess.
        bottom>=GAME_FRAME_HEIGHT){
           if(chess.shape==0)
                chess.shape=3;
           else chess.shape--;
```

```
            break;
        }
    PrintCurBrick(chess.x,chess.y);
    CalculateDis(chess.x,chess.y);
}
/* 方块左右移动和方块是否碰到边界的检测 */
int ChangeBrickPos(int *x,int *y,int move_x,int move_y)
{
    int i,j;
    if(chess.left+move_x<=0  ||  chess.right+move_x>GAME_FRAME_WIDTH  ||chess.
        bottom+move_y>=GAME_FRAME_HEIGHT)
        return 0;
    for(i=0;i<4;i++)
        for(j=0;j<4;j++)
            if(move_y){
            if(chess.Chessboard[chess.y+i+move_y][chess.x/2+j-1+move_
                x]+bricks[chess.type][chess.shape][i][j]==2)
                return 0;
            }
            else if(move_x)
    if(chess.Chessboard[chess.y+i+move_y][chess.x/2+j-1+move_x]+bricks[chess.
        type][chess.shape][i][j]==2)
        return 1;
    CleanCurBrick(chess.x,chess.y);
    chess.x+=move_x*2;
    chess.y+=move_y;
    PrintCurBrick(chess.x,chess.y);
    CalculateDis(chess.x,chess.y);
    return 1;
}
```

（5）判断方块是否触底。判断方块是否触底，包括方块已经触到底部或已经落到了一个已经落定的方块上。该功能主要由函数 ChangeBrickPos 实现，主要是在方块的移动过程中，判断是否触碰到了游戏界面的边界。

（6）消行、重绘和游戏结束判断。判断一行是否填满以及如何消去填满的行，并重绘所有剩下的行；判断游戏的结束及如何终止游戏。这两个功能的主要流程由函数 CleanRow 实现，具体还涉及 CalculateScore 和 Repain 函数。程序如下：

```
/*********************************************************/
/* 判断行是否可消，如果有行可消，记录可以消的行数          */
/* 消除填满的行，并通过调用界面重绘函数重新绘制剩余的行    */
/* 根据能消的函数计算得分，更新游戏等级，增加方块下落速度  */
/*********************************************************/
void CleanRow()
{
    int i,j,count=0,map=-1,temp;
    for(i=0;i<GAME_FRAME_WIDTH;i++)
        if(chess.Chessboard[2][i]==1){
            ClearRectArea(2,1,10,19);
            GotoXY(3,10);
            printf("Game is over!\n");
            gameover=TRUE;
            return;
        }
    for(i=GAME_FRAME_HEIGHT-1;i>=0;i--){
        temp=0;
        for(j=0;j<GAME_FRAME_WIDTH;j++)
```

```
            if(chess.Chessboard[i][j]==1)
                temp++;
            else break;
            if(temp==GAME_FRAME_WIDTH)      //该行是否可消
            {
                count++;                    //记录消几行
                if(map == -1)
                    map=i;                  //记录从哪行开始消行
            }
        }
        if(map != -1)                       //逻辑数据清除
        {
            for(i=map;i>=0;i--)
                for(j=0;j<10;j++)
                    if(i-count<=0)
                        chess.Chessboard[i][j]=0;
                else chess.Chessboard[i][j]=chess.Chessboard[i-count][j];
            Repain();                       //刷新界面
            CalculateScore(count);
            PrintScore(Score);
            PrintSpeed(InscreaseSpeed(Score));
        }
    }
```

（7）游戏难度的设计和得分规则。计分功能主要由 CalculateScore 函数根据已定的得分规则（本实训中用的是常量定义）完成，更新游戏等级和难度主要是通过 InscreaseSpeed 函数，根据游戏玩家的得分来提高方块下落的速度来完成。这两个函数的实现比较容易，请读者自己尝试实现，也可以参考本书的教辅资料。

12.1.5　程序运行和测试

运行程序，游戏初始界面如图 12-3 所示，这时候速度为初始速度 1，得分为 0，游戏主界面中显示的第一个方块为 T 形，游戏信息窗口界面中显示的下一个即将出现的方块还是 T 型方块。

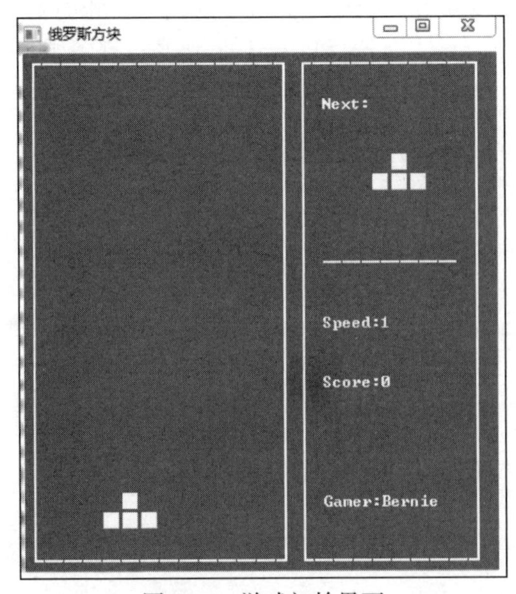

图 12-3　游戏初始界面

图 12-4 显示了游戏进行中的一个状态，玩家已经得了 60 分，游戏速度还没有升级，还是初始的 1 级。游戏主界面中显示的当前方块为 Z 形，游戏信息窗口界面中显示的下一个即将到来的方块为 7 字形。

图 12-5 表示游戏已经结束。游戏主界面中显示出“Game is over!”的字样，游戏结束。

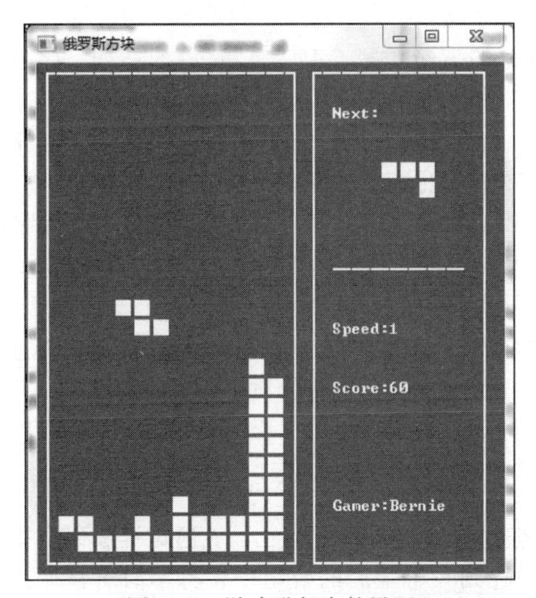

图 12-4 游戏进行中的界面

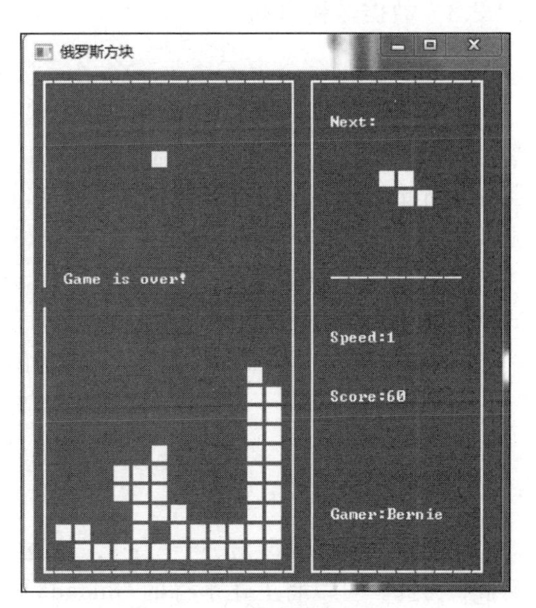

图 12-5 游戏结束界面

12.2 综合实训 2：五子棋游戏

12.2.1 问题描述

请用所学的 C 语言知识实现一个命令行下的五子棋游戏。要求有棋盘界面，并实现人与人、人与计算机、计算机与人 3 种对弈模式。另外，游戏还必须具有游戏用户注册、排名和胜率统计功能。

12.2.2 问题分析

五子棋游戏是一个比较流行的小游戏。为了实现游戏，需要注意以下问题：

（1）游戏界面。如果借用 Windows 的可视化界面，问题可能比较简单，但是读者以目前所学的知识还不足以开发一个有界面的 Windows 程序，因此需要用字符模拟出一个命令行下的界面。为此，可以借助 unicode 码字符集的一些特殊符号来实现。

（2）由于要实现人与人、人与计算机、计算机与人这 3 种对弈模式，所以对弈程序的实现必须分 3 种情况：

①人与人对弈，即程序只需要根据人的指令落子，并根据五子棋的游戏规则判断输赢。

②人与计算机对弈，表示人先落子，计算机后落子。这种情况程序必须具有一定的智能性，需要根据人的落子情况自动选择对自己最有利的落子位置，最后根据局势判断输赢。

③计算机与人对弈，表示计算机先落子，人后落子。这种情况的处理过程与情况 2 类似。

（3）由于要实现游戏用户注册、排名和胜率统计功能，因此需要进行多次文件操作。可以引入专门存储游戏用户数据的文件 user.dat 文件，以便存储用户名、密码、完成的总游戏次数以及获胜的游戏次数。

12.2.3　数据结构分析

首先解释在命令行下显示一个由字符组合的五子棋棋盘所需要的数据结构。字符（char）在内存中是以ASCII码的形式保存，其数值范围是 -128～127，其中也包括像“$”“%”“&”等符号。但由于ASCII码一个字节表示一个字符，最多能表示 256 个字符，因此无法显示中文等符号。为此引入了Unicode码，它用两个字节保存一个字符，最多能表示 65535 个字符，能涵盖中文等全世界的大多数符号，自然也涵盖了关注的“┏”“┓”“┗”“┛”等表格符号。表 12-1 给出了这些符号对应的Unicode值，读者可以尝试写一个简单的C语言程序来验证其正确性。

前面提及，“putchar();”可以打印字符，比如“putchar(48);”（等价于“putchar('0');”）可以显示一个字符 "0" 到屏幕上的。同理，执行如下代码：

```
putchar ( 0xA9 );
putchar ( 0xB3 );
```

就能在屏幕上打印出一个“┏”，其他字符也可用相同的方法显示。但这样编码会很复杂。为此，可以将上述字符的Unicode码保存到一个全局的数组中，打印时直接调用即可。

表 12-1　程序用到的Unicode码表

符号	Unicode值（十六进制）	符号	Unicode值（十六进制）
┏	0xA9B3	┓	0xA9B7
┗	0xA9BB	┛	0xA9BF
┯	0xA9D3	┷	0xA9DB
┠	0xA9C4	┨	0xA9CC
┼	0xA9E0	○	0xA1F0
●	0xA1F1		

比如在程序中有如下的实现：

```
const char element[][3] = {
    {0xA9, 0xB3}, // top left
    {0xA9, 0xD3}, // top center
    {0xA9, 0xB7}, // top right
    {0xA9, 0xC4}, // middle left
    {0xA9, 0xE0}, // middle center
    {0xA9, 0xCC}, // middle right
    {0xA9, 0xBB}, // bottom left
    {0xA9, 0xDB}, // bottom center
    {0xA9, 0xBF}, // bottom right
    {0xA1, 0xF1}, // black
    {0xA1, 0xF0}  // white
};
```

在定义字符串时，切记结尾的 '\0' 也需要占用一个字节的空间，因此 element 每个元素的长度为 3。为了提高调用代码的可读性，程序还定义了一些常量，它们分别对应上述符号所在的下标。

```
#define TAB_TOP_LEFT 0x0
#define TAB_TOP_CENTER 0x1
#define TAB_TOP_RIGHT 0x2
#define TAB_MIDDLE_LEFT 0x3
#define TAB_MIDDLE_CENTER 0x4
#define TAB_MIDDLE_RIGHT 0x5
#define TAB_BOTTOM_LEFT 0x6
#define TAB_BOTTOM_CENTER 0x7
#define TAB_BOTTOM_RIGHT 0x8
#define CHESSMAN_BLACK 0x9
#define CHESSMAN_WHITE 0xA
```

另外，程序定义了一个整型二维数组来记录棋盘的状态。现在标准的五子棋棋盘规格是 15×15，因此程序中做如下定义。

```
#define BOARD_SIZE 15
int chessboard[BOARD_SIZE+2][BOARD_SIZE+2];
```

不要忘记棋盘的边缘部分，所以 chessboard 的真实大小是 17×17。

为了标记五子棋的位置，程序定义了一个“坐标”数据类型，它是一个由横坐标 x 和纵坐标 y 组成的结构体，用来指定五子棋的位置。坐标的结构体定义如下：

```
typedef struct {
    int x, y;
} POINT;
```

最后，程序定义了一个数组，用于遍历棋子的 8 个方向：

```
const int dir[4][2] = {
    {0, -1},        // 横
    {-1, -1},       // 撇
    {-1, 0},        // 竖
    {-1, 1}         // 捺
};
```

另外，程序定义了 4 个全局变量：

```
int gTotalGame=0;
int gWinGame=0;
char gname[20]={0};
char gpassword[20]={0};
```

这些全局变量分别用来存储当前游戏玩家的用户名、密码、已经玩过的总游戏次数和获胜的游戏次数。

12.2.4　程序执行流程和设计分析

为了模块化设计，程序将比较独立的操作封装成了函数。程序中设计的函数树如图 12-6 所示。

对于图 12-6 中的数据结构，上一节已经进行了说明，下面主要是对其函数功能进行说明。cal_value 函数主要用于计算落子于该点的价值，choice1 和 choice2 用于显示游戏的登录界面和选择对弈方式的界面，from_computer 和 from_user 主要用于获取机器和人的落子位置，has_end 函数用于判断是否已经有玩家胜出（游戏结束），init_chessboard 用于初始化棋盘，register_user 用于新用户注册，login 用于用户登录。游戏的主要流程体现在 main 函数中。

（1）程序主要流程。程序执行流程主要在 main 函数中落实，如图 12-7 所示。

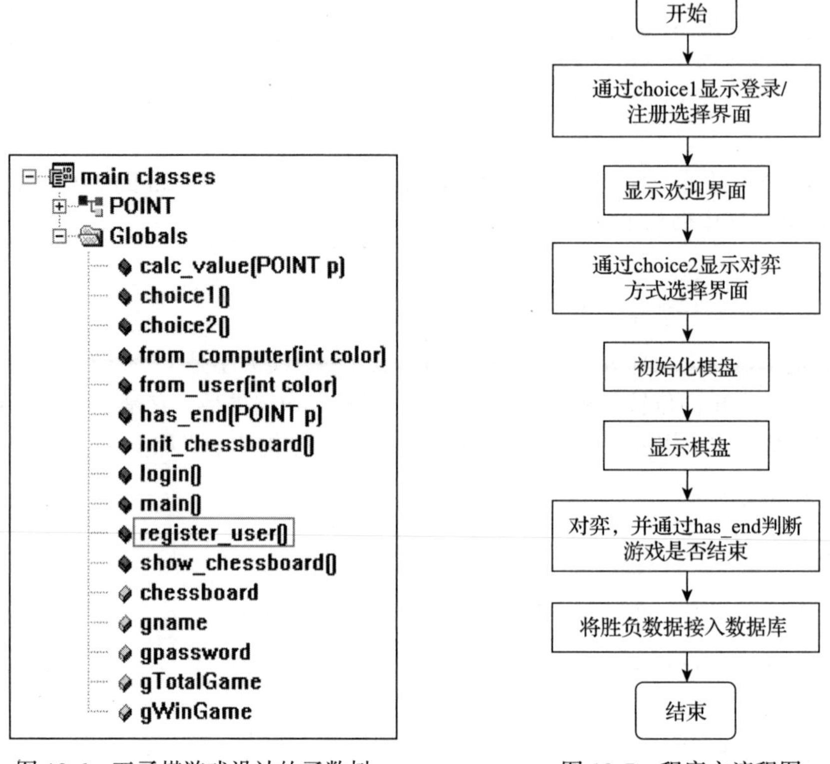

图 12-6　五子棋游戏设计的函数树　　　　图 12-7　程序主流程图

（2）新用户注册和用户登录。新用户注册和用户登录主要涉及文件操作，为此程序引入了用户数据库文件 user.dat 文件。程序主要是通过函数 register_user 完成新用户注册，如果是游戏新玩家，则在 choice1 显示注册和登录界面时，先进行注册；如果是已有游戏玩家，则直接进行登录。为了防止用户进行暴力猜测密码，在 login 函数中，限定用户允许输入错误用户名或密码的次数为 5 次，如果超过 5 次，则直接退出程序。login 函数的实现如下：

```
int login()
{
    char tempName[20]={0};
    char tempPassword[20]={0};
    int iTryCount=5;
    int iFlag = 0;
    FILE* fp;
    printf("Please input your user name:\n");
```

```
    scanf("%s", gname);
    printf("Please input your password:\n");
    scanf("%s", gpassword);
    if ((fp=fopen("user.dat","rb")) == NULL)
    {
        printf("Can not open the file\n");
        exit(1);
    }
    while (--iTryCount > 0)
    {
        while(!feof(fp))
        {
            fscanf(fp, "%s%s%d%d", tempName, tempPassword, &gTotalGame, &gWinGame);
            if (strcmp(tempName, gname)== 0 && strcmp(tempPassword, gpassword)==0)
            {
                system("cls");
                printf("Welcome %s, your total game count is %d,
                    the win game count is %d\n", gname,
                    gTotalGame, gWinGame);
                iFlag = 1;
                break;
            }
        }
        if (iFlag == 1)
        {
            break;
        }
        else
        {
            printf("You can try %d times again\n", iTryCount);
            printf("Please input your user name, again:\n");
            scanf("%s", gname);
            printf("Please input your password, again:\n");
            scanf("%s", gpassword);
            rewind(fp);
        }
    }
    fclose(fp);
    if (iTryCount <= 0)
    {
        printf("You are an illegal user, please register
            firstly\n");
        exit(-1);
    }
}
```

在 login 函数中，为了在游戏结束时记录玩家的游戏记录，对玩家的信息采用了全局变量进行记录。

（3）显示棋盘。基于上述数据结构定义，要打印左上角的表格符只需执行“printf("%s", element[TAB_TOP_LEFT]);”即可。而通过对这些符号输出的合理组织就可以构建一个期望的字符棋盘界面。

程序刚刚启动时，通过 init_chessboard 函数来对棋盘状态数组 chessboard 进行初始化，生成一张空的棋盘。每次显示棋盘时，都需要清空屏幕，这或许要牵涉到 API

调用等乱七八糟的事情，这里提供一种简便的方法：用 system 函数（stdlib.h）调用系统清屏命令。比如在 Windows 下清屏命令是“cls”，在 Linux 下是“clear”。为了方便程序调用，定义以下宏：

```
#undef CLS
#ifdef WIN32
#define CLS "cls"
#else
#define CLS "clear"
#endif
```

在程序编译时，根据不同的系统自动选择不同的清屏命令。以后的代码中就可以使用“system (CLS);”来清屏了。

另外一个需要注意的地方是：Windows 下命令提示符默认是黑底白字，也就是平常实训中所看到的输出程序结果的黑框。使得原本的黑子变成了白色，而白子反而成了黑色，因此需要通过“system ("color F0");”将屏幕设置成白底黑字。

（4）对弈。根据题目要求，落子操作可以由人或计算机完成，因此在程序启动时需要打印菜单提供用户选择模式。但无论落子的位置由谁提供，整个操作的过程是一样的，都只需提供当前棋子的颜色（黑色或白色），然后函数返回落子的坐标。

人落子操作通过 from_user 函数完成，计算机落子操作通过 from_computer 函数完成。这两个函数的返回值、参数类型相同，操作原理也基本相同。在执行人机对弈时需要在这两个函数之间来回切换。为了方便编码，可以考虑使用一个长度为 2 的函数指针数组来动态决定选择哪个落子函数，在实际调用时，只要通过类似于 "POINT p = (*get_point[who]) (color); " 来获得落子的位置，其中 who 取值为 0 或 1，通过一个整数的最后一位变化来模拟对弈者的轮换落子，color 为当前棋子的颜色。

落完子后，通过 has_end 函数判断比赛是否已经结束。判断时无须大费周章地扫描整个棋盘，只需检查最后一颗落子的位置是否构成五子连珠。除去棋盘边缘部分，与棋子相连的都有 8 个方向，但这 8 个方向都是两两对称的（比如上方向和下方向），因此真正检查的只有 4 个方向。基于 dir 数组，从落子的位置出发，检查每个方向同色棋子相连的个数是否不小于 5 个。

（5）落子。对弈中已经涉及落子的两个函数 from_computer 和 from_user。这里将详细介绍这两个函数的实现方法。

计算机落子函数 from_computer 相对难一些。但是，这里是 C 语言的一个综合实训，虽然问题描述中提到要求实现人机对弈的功能，但并没有要求这个计算机具备五子棋大师的水平，因为计算机下棋属于人工智能领域的内容，与 C 语言本身并不相关，所以读者可以放心大胆地去尝试，只要能让计算机“乖乖”地按照五子棋规则下棋即可，输赢并不重要。

最简单的方法莫过于在棋盘上随机返回一个未落子的点，但这几乎可以说是必输的方法。虽然题目并没说不能用这种方法，但应该尝试稍微像模像样点的方法，至少让计算机看起来像一个五子棋初学者。

在“最简单的方法”的基础上进行一些改良：扫描整个棋盘，对每个未落子的位置进行分析，获得“将棋子放到该处”的价值，最后把棋子摆放在价值最高的位置。计算五子棋摆放位置的价值由函数 calc_value 完成，calc_value 函数的实现如下：

```
int calc_value ( POINT p )
{
    static const int values[] = {
        0, 100, 600, 6000, 40000
    };
    static const int center = BOARD_SIZE / 2 + BOARD_SIZE % 2;
    int i, j, d;
    int sum = 0;

    for ( i = 0; i < sizeof(dir)/sizeof(dir[0]); i++ ) {
        int count = 0;
        for ( d = 0; d < 4; d++ ) {
            for ( j = 1; j < 5; j++ ) {
                POINT m = p;
                m.y += dir[i][0] * j * ((d&1)?-1:1);
                m.x += dir[i][1] * j * ((d&1)?-1:1);
                if (!IN_BOARD(m)) {
                    break;
                } else if ( !(d&2) && IS_BLACK(m) ) {
                    count++;
                } else if ( (d&2) && IS_WHITE(m) ) {
                    count++;
                } else if ( IS_AVAILABLE(m) ) {
                    continue;
                } else {
                    break;
                }
            }
        }
        if ( count >= 4 ) {
            count = 4;
        }
        sum += values[count];
    }
    return sum + (center-abs(center-p.x)) *
        (center-abs(center-p.y));
}
```

下面简单地介绍一些五子棋的规则：在棋盘某处放一颗棋子，如果它能和周围其他棋子连成二子连珠、三子连珠，则称其为“活二”“活三”；如果能阻挡对方的棋子形成二子连珠、三子连珠，则将其称为“冲二”“冲三”，以此类推。那么就可以给“活二”“冲三”等设定一个价值，将这些所有值累加起来，就是在该位置落子的价值了。

除了这些，还可以添加位置的价值，比如越靠近中心的位置价值越高，而边缘部分则价值相对较低。方法有很多，源码给出了一种实现方法，读者可以尝试改进这一估值策略。

对于人的落子函数 from_user 的方法就很简单了，用户从键盘输入坐标即可，只是要确保输入的位置是可用的。

（6）胜负记录文档化。当通过 has_end 判断出游戏胜负已分时，需要将当前玩家的游戏记录更新到数据库 user.dat 中，因此又涉及文件的操作。本程序中的文件操作有字符串操作又有整数操作，所以将数据库文件当作二进制文件进行操作。另外，在更新数据库时，要特别注意 C 语言中的文件操作特点。

12.2.5 程序运行和测试

程序运行后，首先显示了如图 12-8 所示的注册 / 登录选择界面，如果是已有玩家，则直接登录即可。图 12-9 显示的是 zhangjun 登录后的欢迎界面，显示该游戏用户的用户名以及以往的游戏记录：游戏总次数和胜出次数，并显示了当次游戏的对弈模式。如果选择 2）人 - 计对弈，则进入图 12-10 所示的初始界面，并显示执黑棋的人先行，落子方法为输入落子的坐标位置，比如输入 5 5 表示在横坐标和纵坐标为 5 的交叉点落子，人落子后，计算机根据既定策略进行落子，图 12-11 显示了多步对弈后，执黑棋的人获胜后的界面。

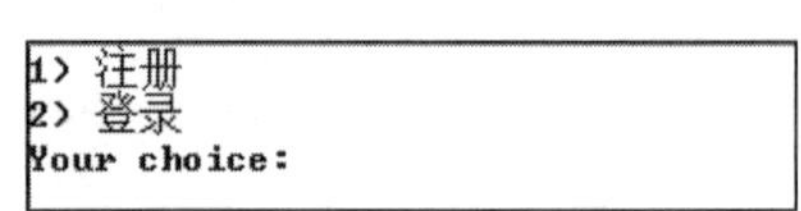

图 12-8　注册 / 登录界面

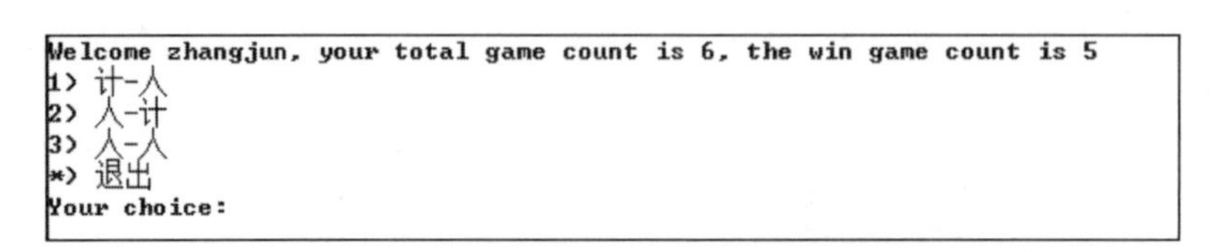

图 12-9　五子棋游戏欢迎和功能选择界面

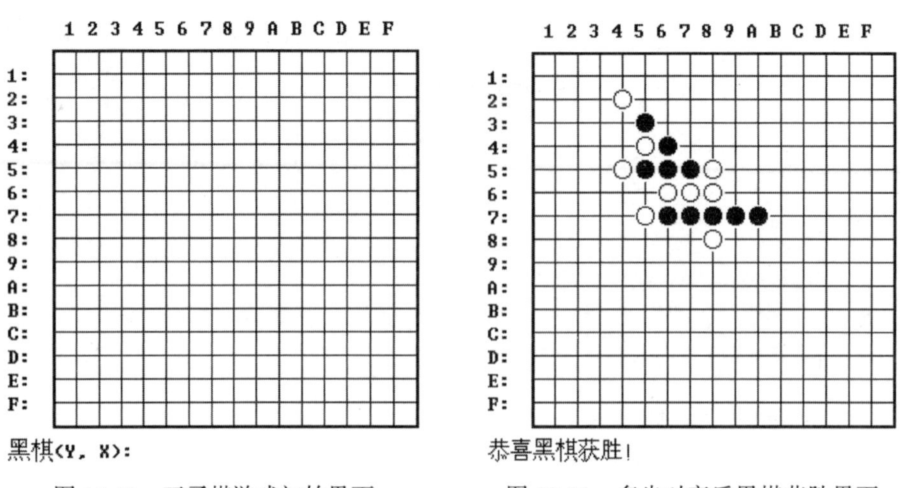

图 12-10　五子棋游戏初始界面　　图 12-11　多步对弈后黑棋获胜界面

12.3　综合实训 3：员工管理系统

12.3.1　问题描述

用 C 语言完成一个简单的员工管理系统，辅助初创型公司的 HR 管理者进行公司的日常员工管理，实现员工的插入、删除、查找、排序等功能。具体要求：员工信息包括姓名、性别、出生年月、工作年月、学历、职务、住址、电话等。基本功能如下：

（1）新增一名员工：将新增员工对象按姓名以字典方式存至员工管理文件中。

（2）删除一名员工：从员工管理文件中删除一名员工对象。

（3）查询：从员工管理文件中查询符合某些条件的员工。

（4）修改：检索某个员工对象，对其某些属性进行修改。

（5）排序：按某种需要对员工对象文件进行排序。

为了培养一定的工程意识，请在实现系统时注意以下问题：

（1）考虑权限因素，比如有些功能只能输入密码，认证通过后才能操作等。

（2）将员工对象按散列法存储，并设计解决冲突的方法。在此基础上实现增、删、查询、修改、排序等操作。

12.3.2　问题分析

员工管理系统中涉及的数据操作如下：

（1）文件操作。文件主要是当作员工数据库使用，以便永久存储员工数据。员工信息由键盘输入，以文件方式保存，程序执行时先将文件读入内存。文件的另外一个作用就是用于存储权限相关的信息，比如用户名和密码。

（2）员工数据的存储。本程序中主要采用散列表来存储员工数据。对于散列有冲突的情况，采用链表数据结构解决冲突，所以添加和删除只需要对链表进行操作，删除时修改指针指向即可。一般将所添加的员工数据放在表头。

（3）通常的员工查询或浏览。可以看到所有员工的资料信息，如姓名、职位、性别、工作时间和个人学历，这些操作通过散列查找或链表的遍历即可完成。如果要查看员工的出生年月、身份证号和居住地址、手机号码等敏感信息时，则需要通过输入密码来获得更高的权限。需要特别注意的是，为了安全起见，员工的各种数据在后台存储是用 DES 加密过的。

（4）系统支持的员工人数有一定的上限，主要考虑便于一次读入内存，所有操作不经过内外存交换。

12.3.3　数据结构分析

根据上述算法分析，首先定义一个员工（employee）结构体和一个员工链表（employeelist）结构体。员工结构体包含了员工的编号、出生年月、入职时间、学历等属性，员工链表结构体包含了人数以及管理员权限等属性。程序如下：

```
typedef struct tagEmployee
{
    int tag;                        //用于标记该地址是否被占用了
    int key;                        //相当于员工编号，同时用于散列函数
    char name[32];
    char sex[10];                   //只有 man woman
    char birth[32];                 //格式为 1997.03.05
    char worktime[32];              //格式为 2015.09.01
    char degree[32];                //高中、本科、硕士和博士 4 种
    char job[64];                   //具体职务
    char address[64];               //家庭住址
    char phone[12];                 //电话号码
    struct tagEmployee *next;       //下一个的指针
}employee;

typedef struct tagEmployeelist
{
    employee workers[MAXVERTEXNUM];
    int number;                     //实际人数
    int root;                       //表示权限
}employeelist;
```

为了进行 DES 的加密操作，还需要定义多个辅助数据结构，比如初始置换表 IP_Table[64]、逆初始置换表 IP_1_Table[64]、扩充置换表 E_Table[48]、置换表

P_Table[32]、S 盒 S[8][4][16]、置换选择 1 PC_1[56]、置换选择 2 PC_2[48] 以及规定左移次数的数组 MOVE_TIMES[16]。由于篇幅的限制，这里没有给出具体定义，读者可以通过网络查找相关资料、理解并实现，也可以参考本书的教辅资料。

12.3.4　程序执行流程和设计分析

为了模块化设计，程序将比较独立的操作封装成了函数。程序中设计的函数树如图 12-12 所示，其中 DES 开头的函数基本都是与 DES 加解密有关的函数。

图 12-12　程序中设计的函数树

（1）程序执行流程。程序的主要执行流程如下：

1）程序启动时，执行 main 函数，首先通过 DES 加密函数对名单、新名单以及密码进行加密。

2）程序进入一个永真循环，调用 menu 函数打印操作菜单到屏幕，直到用户选择退出。

程序提供的功能有“添加员工”“删除员工”“快速查询”“模糊查询”“数据修改”“姓名排序”“提升权限”以及“保存退出”。

3）若选择“添加员工”菜单，则执行 Insert 函数，向现有数据中添加一行新的记录，执行过程，提示用户一步一步地输入每个字段的信息。

4）若选择“删除员工”菜单，则执行 Delete 函数。函数先通过键盘选择按照编号的散列值查找记录，然后根据选定关键字查找到所有符合条件的记录，并将它们逐项删除。

5）若选择“快速查询”菜单，则执行 quickfind 函数，这一函数要求输入员工编号进行查询，仅仅执行查找操作，找出符合条件的记录并显示在屏幕上。

6）若选择“模糊查询”菜单，则执行 slowfind 函数，这一函数可以输入某个模糊的信息如职务、学历、姓名等，根据输入信息找出所有符合条件的记录。

7）若选择“数据修改”菜单，则执行 Change 函数，这个操作比较简单，可以采用先删除指定的记录再重新添加修改好的记录。

8）若选择“姓名排序”菜单，则执行 Order 函数。函数可以按照指定的字段排序，而且根据配置文件里指定的字段类型（字符串或者数字）进行不同方式的排序。

9）若选择“提升权限”菜单，则直接在 main 函数中执行 strcmp 来判断输入的密码是否错误，以此来判断能否为该用户提升权限。

10）若选择“退出”菜单，则执行 exit 函数，将操作后的数据重新保存到配置文件中。

（2）程序设计说明。

1）录入数据时，考虑了简单的容错性，比如对输入日期、电话号码等进行有效性检查。例如输入日期 2016.6.61，系统能自动提示输入错误，请重新输入，输入的电话号码有非法字符时候能自动提示出错。判读日期合法性的函数是 Judgetime，该函数实现比较简单，请读者尝试自行完成，也可以参考本书的教辅资料。

2）该系统是以散列表的形式存储员工数据，对于有散列冲突的情况，则将具有同样散列值的员工存储在一个链表中。在添加新员工或删除旧员工以及修改员工数据时，只需对该员工号进行散列，获得对应链表的首地址，并对该链表进行操作即可。在添加新员工时特别需要考虑员工号是否已经存在，而在删除时需要考虑被删除的员工在员工列表中是否真的存在。修改数据需要高权限，即需要先通过“提升权限”处输入密码，验证通过后，提升自己的权限。在要修改某个员工时需要知道他的编号，编号在后台是以散列值存储的，所以输入的编号首先会被散列，然后用该散列值到后台数据库进行匹配。增加、删除、修改操作都需要首先通过查找函数来判断对应的员工是否存在，这主要通过调用 quickfind 函数来实现，该函数采用了散列查找的方法，其具体实现如下：

```
/* 输入员工编号，查找员工 */
employee *quickfind(employeelist *a,int x)
{
    employee *p;
    int i;
    int y=Hash(x);
    p=&a->workers[y];
    while(p!=NULL)
    {
        if(p==&a->workers[y]&&p->tag==ISCANT&&p->key==x)
```

```
            return p;
        else if(p->key==x)
            return p;
        p=p->next;
    }
    return NULL;
}
```

3）考虑到数据以明文存储不安全，程序采用通过 DES 加密，以存储密文的方式来保证数据的安全。DES 全称为 Data Encryption Standard，即数据加密标准，是一种使用密钥加密的块算法，1977 年被美国国家标准局（ANSI）确定为联邦资料处理标准（FIPS），并授权在非密级政府通信中使用，随后该算法在国际上广泛流传开来。需要注意的是，在某些文献中，作为算法的 DES 称为数据加密算法（Data Encryption Algorithm，DEA），以与作为标准的 DES 区分开来。DES 算法的入口参数有 3 个：Key、Data、Mode。其中 Key 为 7 个字节共 56 位，是 DES 算法的工作密钥；Data 为 8 个字节 64 位，是要被加密或被解密的数据，Mode 为 DES 的工作方式，有两种：加密或解密。DES 设计中使用了分组密码设计的两个原则：混淆（confusion）和扩散（diffusion），其目的是抗击敌手对密码系统的统计分析。混淆是使密文的统计特性与密钥的取值之间的关系尽可能复杂化，以使密钥和明文以及密文之间的依赖性对密码分析者来说是无法利用的。扩散的作用就是将每一位明文的影响尽可能迅速地作用到较多的输出密文位中，以便在大量的密文中消除明文的统计结构，并且使每一位密钥的影响尽可能迅速地扩展到较多的密文位中，以防对密钥进行逐段破译。本程序中借鉴了网络上 C 程序员社区关于 DES 的实现，有兴趣的读者可以自己通过网络查找相关知识，彻底理解 DES 的原理和实现方法。读者也可以通过课本提供的配套资料获取 DES 算法的全部实现源码，并自行进行调试。

12.3.5　程序运行和测试

运行程序，首先显示程序主界面，如图 12-13 所示。

如果输入 1，会提示你要输入这个员工的编号以及其他一些关于这个员工的数据，运行界面如图 12-14 所示。

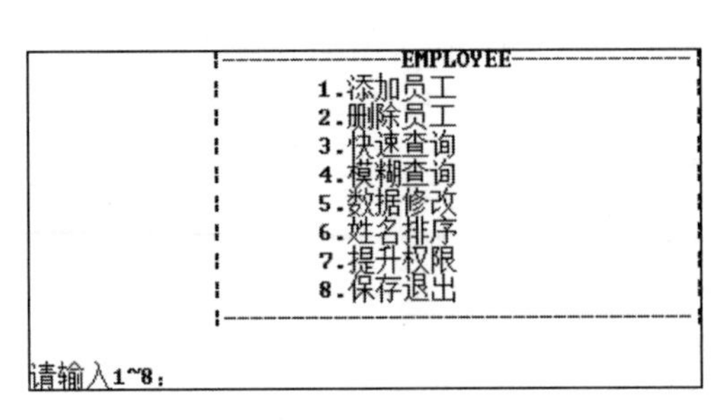

图 12-13　程序主界面

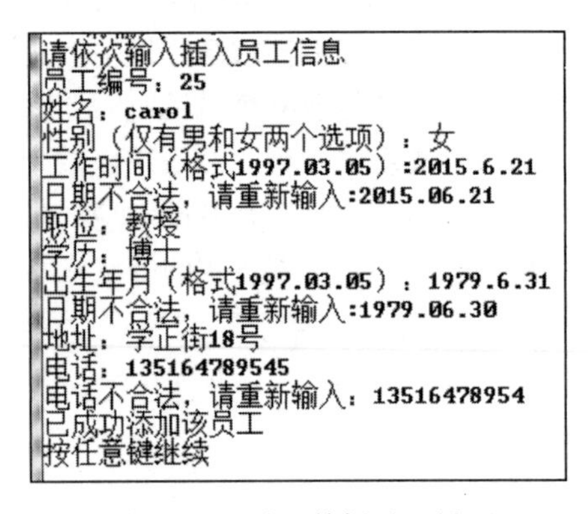

图 12-14　员工数据录入界面

当输入 6 时，员工数据库中的所有员工信息将被显示出来，运行界面如图 12-15 所示。

特别注意到图 12-15 中只显示了员工的部分信息，涉及员工隐私的信息都没有显示出来。

如果需要显示出员工的所有信息，需要先选择 7，进行权限提升。运行结果如图 12-16 所示。

```
  请输入1~8：6
25   carol 女 2015.06.21 教授 博士
 1    丁一 男 2015.09.01 职工 高中
19  杜十九 男 2016.09.01 顾问 本科
 7    顾七 男 2015.09.01 顾问 硕士
 2    华二 男 2015.09.01 职工 高中
 8    金八 男 2015.09.01 经理 本科
 4    李四 男 2015.09.01 职工 高中
17  潘十七 男 2015.09.01 职工 本科
18  沈十八 男 2015.09.01 董事 硕士
 5    王五 男 2015.09.01 职工 本科
 9    吴九 男 2015.09.01 董事 博士
 3    张三 男 2015.09.01 经理 本科
 6    赵六 男 2015.09.01 经理 本科
```

图 12-15　员工信息显示结果

```
    请输入1~8：7
请输入8位密码：12345678
权限提升，可查询更多
```

图 12-16　输入密码提升权限界面

权限提升后，若再输入一次 6，则员工的所有信息将全部显示，如图 12-17 所示。

```
25   carol 女 2015.06.21 教授 博士 1979.06.30 学正街18号 13516478954
 1    丁一 男 2015.09.01 职工 高中 1991.03.05   滨江公寓 1360XXXX333
19  杜十九 男 2016.09.01 顾问 本科 2000.03.05   钱塘公园 1360XXXX233
 7    顾七 男 2015.09.01 顾问 硕士 1997.03.05   萧山公寓 1366XXXX333
 2    华二 男 2015.09.01 职工 高中 1992.03.05   江干公寓 1361XXXX333
 8    金八 男 2015.09.01 经理 本科 1998.03.05   余杭公寓 1367XXXX333
 4    李四 男 2015.09.01 职工 高中 1994.03.05   下城公寓 1363XXXX333
17  潘十七 男 2015.09.01 职工 本科 1998.06.01   七号大街 1509XXXX333
18  沈十八 男 2015.09.01 董事 硕士 1999.03.05   福延公寓 1370XXXX333
 5    王五 男 2015.09.01 职工 本科 1995.03.05   西湖公寓 1364XXXX333
 9    吴九 男 2015.09.01 董事 博士 1999.03.05   六号大街 1368XXXX333
 3    张三 男 2015.09.01 经理 本科 1993.03.05   上城公寓 1362XXXX333
 6    赵六 男 2015.09.01 经理 本科 1996.03.05   拱墅公寓 1365XXXX333
```

图 12-17　提升权限后的员工信息显示结果

由于经过 DES 加密，如果直接打开存储员工的数据库文件，将看不到任何有用的信息，如图 12-18 所示。

图 12-18　加密后的员工数据库

由于篇幅有限，此处不再赘述程序的一些其他功能测试。

12.4　综合实训设计中的分析与讨论

1. 大型程序的组织

前面见到的一些程序规模都不大，所以通常将所有代码都放在一个文件中。但是如果具备了一定的规模后，还是将所有代码放在一个文件中，将导致该源文件过大而不易于理解，难于修改和维护。为了有效地组织大型程序，使程序易于理解、层次分明，通常通过多文件、多文件夹的方式来组织程序。在 C 语言中，扩展名为 .c 或 .cpp 的文件表示源文件。

所有可执行 C 语言语句都应该存放在扩展名为 .c 或 .cpp 的源文件中，为了程序组织结构的合理性，通常将实现同一个逻辑功能的代码放入同一个源文件。每个源文件可以单独编译形成目标文件（扩展名为 .o），在经过链接程序将多个目标文件链接成可执行程序（扩展名为 .exe）。多个源文件，通过扩展名为 *.h 的文件进行交互。扩展名为 *.h 的文件称为头文件，通常在 *.h 文件里声明外部其他模块或源文件可能用到的数据类型、全局类型定义、宏定义和常量定义。需要使用这些对象的其他文件或模块时，只需要包含该头文件，使用上与自己定义的没有区别。基于头文件主要起开放接口的作用，为了使软件在修改时，一个模块的修改不会影响到其他模块，所以修改头文件需要非常注意，修改某个头文件不能导致使用这个头文件的其他模块需要重新编写。

2. 项目文件组织和划分原则

项目文件组织和划分的合理性对于一个大型项目的成功实施至关重要，而且对于后期程序的维护和升级也有着较大的影响。Linux 是一个源码开放的操作系统，其源代码的组织结构非常优秀，值得读者借鉴。根据 C 语言的特点，并借鉴一些成熟软件项目代码，给出了以下 C 项目中代码文件组织的基本建议：

1）将整个项目按“top-down”的方式，进行模块的层次划分，最终形成树形模块层次结构。进行模块划分时，应该力求模块内有较紧的耦合性，模块间有较松的耦合性。

2）每个模块的文件最好保存在一个独立的文件夹中。通常情况下，实现一个模块的文件不止一个，这些相关的文件应该保存在一个文件夹中，文件夹命名时能体现该模块的功能或特点。

3）模块调用关系应该尽量局部化。使用层次化和模块化的软件开发模型。每个模块只能使用所在层和下一层模块提供的接口，从而保证了调用关系的局部化。

4）条件编译的组织。很多情况下可能需要条件编译，比如为了提供功能可定制服务、为了项目具有较好的平台移植性等。一般用于模块裁减的条件编译宏保存在一个独立的文件里，便于软件裁减。

5）硬件相关代码和操作系统相关代码与纯 C 代码相对独立保存，以便于软件移植。

6）声明和定义分开，使用头文件开放模块需要提供给外部的函数、宏、类型、常量、全局变量，尽量做到模块对外部透明，用户在使用模块功能时不需要了解具体的实现就能直接使用。头文件一旦发布，修改一定要很慎重，不能影响其他使用了该头文件的模块。文件夹和文件命名要能够反映出模块的功能。

7）在 C 语言中，每个 C 文件就是一个模块，头文件为使用这个模块的用户提供接口，用户只要包含相应的头文件就可以使用在这个头文件开放的接口。

3. 头文件书写基本规则

头文件的扩展名通常为 .h，是源文件的一种，所有头文件都建议参考以下规则。

1）头文件中不能有可执行代码，也不能有数据的定义，只能有宏、类型（typedef、struct、union、menu），数据和函数的声明。例如以下的代码可以包含在头文件里：

```
#define PI   3.1415926
typedefchar*  string;
enum{
    red=1,
```

```
    green=2,
    blue=3
};
typedefstruct{
    int   uid;
    char   name[10];
    char   sex;
    int    score
} student;
extern   add(int x, int y);
extern   int   name;
```

2）全局变量和函数的定义不能出现在头文件里。例如下面的代码不能包含在头文件中：

```
char   name[10];
int   add(int x, int y)
{
    return x + y;
}
```

3）只在模块内使用的函数及变量，不要用 extern 在头文件里声明；只有模块自己使用的宏、常量及类型，也不要在头文件里声明，应该只在相应的源文件里声明。事实上，为了避免名字“污染”，对于只在模块内使用的函数、变量，应该在其定义前加上关键字 static，以限定其作用域。

4）防止头文件被重复包含。使用下面的宏可以防止一个头文件被重复包含。

```
#ifndef   MY_INCLUDE_H
#define   MY_INCLUDE_H
<头文件内容>
#endif
```

因此，所有头文件都应该采用上述写法，读者也可以参照 VC 自己生成的头文件的写法：

```
#if !defined(AFX_MAINFRM_H__171DE35B_CAD6_40A5_8A48_1B5BB35BD1E2__INCLUDED_)
#define AFX_MAINFRM_H__171DE35B_CAD6_40A5_8A48_1B5BB35BD1E2 __INCLUDED_
<头文件内容>
#endif
```

其中，AFX_MAINFRM_H__171DE35B_CAD6_40A5_8A48_1B5BB35BD1E2__INCLUDED_ 是 VC 通过 GUIDGEN.EXE 工具产生的全球唯一的标识符，其目的是避免头文件重复包含，因此在书写头文件时，也可以借助 GUIDGEN.EXE 产生一个全球唯一的标识符。

5）保证在使用这个头文件时，用户不用再包含使用此头文件的其他前提头文件（当然如果头文件书写时采用了避免重复包含的技术，这也不会出错），即要使用的头文件已经包含在此头文件里。例如，area.h 头文件包含了面积相关的操作，要使用这个头文件，不需要同时包含关于点操作的头文件 point.h。用户在使用 area.h 时不需要手动包含 point.h，因为已经在 area.h 中用“#include "point.h"”语句包含了这个头文件。

第 13 章　初涉 ACM/ICPC

13.1　ACM/ICPC 概述

ACM/ICPC（ACM International Collegiate Programming Contest）是由美国计算机协会（Association for Computing Machinery，ACM）组织的国际大学生程序设计竞赛的简称，该项竞赛从 1970 年开始举办，是世界上公认的规模最大、水平最高的国际大学生程序设计竞赛，旨在使大学生运用计算机来充分展示自己分析问题和解决问题的能力。在过去十几年中，世界著名信息企业 APPLE、AT&T、Microsoft 和 IBM 都曾担任过竞赛的赞助商。ACM 国际大学生程序设计竞赛是参赛选手展示计算机才华的广阔舞台，是大学计算机教育成果的直接体现，是信息企业与世界顶尖计算机人才对话的最好机会。

ACM 程序设计竞赛规定，每支队伍最多由 3 名参赛队员组成，每支队伍中至少有两名参赛队员必须是未取得学士学位或同等学历的学生，取得学士学位超过两年或进行研究生学习超过两年的学生不符合参赛队员的资格，任何参加过两次决赛的学生不得参加地区预赛或者世界决赛。

竞赛中命题 12 道左右，比赛时间为 5 个小时，参赛队员可以携带诸如书、手册、程序清单等参考资料，试题解答后提交系统运行，每一次运行会被判为正确或者错误，判决结果会及时通知参赛队伍，正确解答中等数量及中等数量以上试题的队伍会根据解题数目进行排名，解题数在中等数量以下的队伍会得到确认但不会进行排名，在决定获奖和参加世界决赛的队伍时，如果多支队伍解题数量相同，则根据总用时加上惩罚时间进行排名，总用时和惩罚时间由每道解答正确的试题的用时加上惩罚时间而成。每道试题用时将从竞赛开始到试题解答被判定为正确为止，期间每一次错误的运行将被加罚 20 分钟时间，未正确解答的试题不计时，比赛可以使用的编程语言包括 C/C++ 和 Java，每支队伍使用一台计算机，所有队伍使用计算机的规格配置完全相同。

与其他编程竞赛相比，ACM/ICPC 题目难度更大，更强调算法的高效性，也就是说，不仅要解决一个指定的命题，而且必须以最佳的方式解决指定的命题。它涉及知识面广，与大学计算机系本科以及研究生课程，如程序设计、离散数学、数据结构、人工智能、算法分析与设计等相关课程直接关联，对数学要求更高，由于采用英文命题，对英语要求高，ACM/ICPC 采用 3 人合作的模式（共用一台计算机），所以它更强调团队协作精神；由于许多题目并无现成的算法，需要具备创新的精神，ACM/ICPC 不仅强调学科的基础，更强调全面素质和能力的培养。ACM/ICPC 是一种全封闭式的竞赛，能对学生能力进行实时的、全面的考察，其成绩的真实性更强，所以目前已成为内地高校的一个热点，是培养全面发展优秀人才的一项重要活动。概括来说就是：强调算法的高效性、知识面要广、对数学和英语要求较高、团队协作和创新精神。

程序设计竞赛中常见的算法包括：

（1）搜索。深度优先搜索（DFS）和广度优先搜索（BFS）是用得较多的、做题时优先考虑的算法。BFS 把前面的信息存储，把所有信息计算并保存，这样不用重复计算前面的信息。BFS 是一层一层搜索，搜索完一层再搜索下一层（常用来从前向后推）；DFS 是一直向下搜索，直到到底才返回（常用递归来实现）。

（2）递推公式。组合数学上讲得比较多。关系递推、欧拉公式、母函数等都会有所涉及，尤其是从现有的已知条件中如何获取递推公式，找到层与层之间的关系是解题的关键。这需要对这种题的原型有较多的研究，对这部分的概念有较深的理解。

（3）排列组合、数论及数字游戏等。对数学的知识要求比较高，不过纯粹数学的题近年来出现得不多。

（4）动态规划。算法设计的关键是推导出问题的最优值满足的递推关系式，并遵循自底向上的计算方式来求解。

（5）图论。数据结构和离散数学上都有涉及，竞赛中涉及的有最短路径问题，最小生成树、Euler 图、二分图（实际模型很多，比较难看出来，用得较多）。

（6）模拟题。考的是基本功。要求学生编程速度快、基本功扎实、读题时要认真仔细、肯花时间。

下面通过具体实例的分析和解决来介绍上述相关算法，使读者对其有初步的了解。

13.2　n 皇后问题

13.2.1　问题描述

以 n=6 为例，6 皇后问题是指给定一个如图 13-1 所示的 6×6 的跳棋棋盘，有 6 个皇后被放置在棋盘上，使得每行、每列有且只有一个，每条对角线（包括两条主对角线的所有平行线）上也至多有一个皇后。

0	1	2	3	4	5	6
1		●				
2				●		
3						●
4	●					
5			●			
6					●	

图 13-1　6 皇后问题的一个可行解

图 13-1 的布局可以用序列 2　4　6　1　3　5 来描述，第 ii 个数字表示在第 ii 行的相应位置有一个棋子，如下：

```
行号 1 2 3 4 5 6
列号 2 4 6 1 3 5
```

这只是皇后放置的一个解，要求编写程序找出皇后放置的所有可行解，并把它们以上面的序列形式输出，解按字典顺序排列。请输出前 3 个解，最后一行输出解的总个数。

样例输入：

```
6
```

样例输出：

```
2 4 6 1 3 5
3 6 2 5 1 4
4 1 5 2 6 3
4
```

13.2.2　问题分析与求解

由题可知，每行只能放置一个皇后。假定编号为 i 的皇后只能放在第 i 行，这样就能将问题简化为：一共有 n 个皇后，第 i 个皇后可以放在第 i 行的 n 个位置上，只要找到符合剩下 3 个摆放条件的布局即可。

在这里就要用到核心算法——深度优先搜索，在正式解题前，先介绍一下图的深度优先遍历算法，它的基本思想可概括为如下四步：

（1）从图中任选一个顶点 v 作为遍历的开始顶点，访问顶点 v。

（2）找到顶点 v 的第一个未被访问过的邻接顶点，设其为顶点 w，从 w 出发继续进行深度优先遍历。

（3）在遍历过程中，若遇到一个其所有邻接顶点都已被访问过的顶点，则返回到已访问过的顶点序列中最后一个仍有邻接顶点未被访问的顶点，从它的未被访问的邻接顶点出发继续进行深度优先遍历。直至图中所有与初始顶点 v 有路径相通的顶点都被访问过为止。

（4）若此时图中仍有顶点未被访问，则另选一个图中未被访问的顶点作起始点，重复上述过程，直至图中所有顶点都被访问到。

例如，从图 13-2 所示顶点 1 出发的一个深度优先遍历序列为 1　2　4　8　5　3　6　7。

再回到本题，之前我们分析每位皇后一共有 n 个位置可选，便可建立一对 n 的关系，如图 13-3 所示。

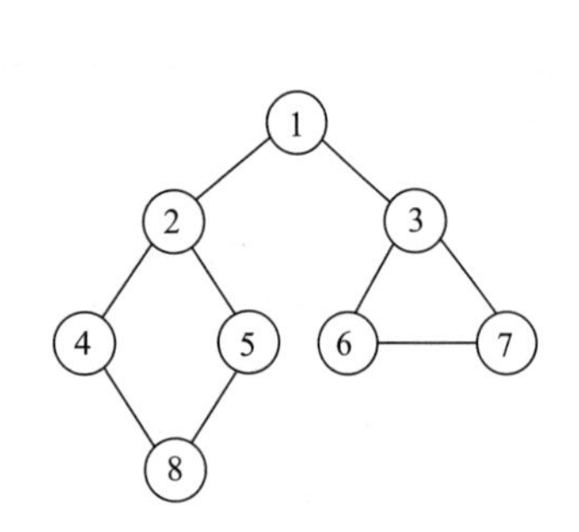

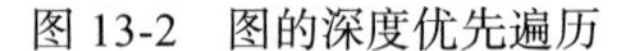
图 13-2　图的深度优先遍历

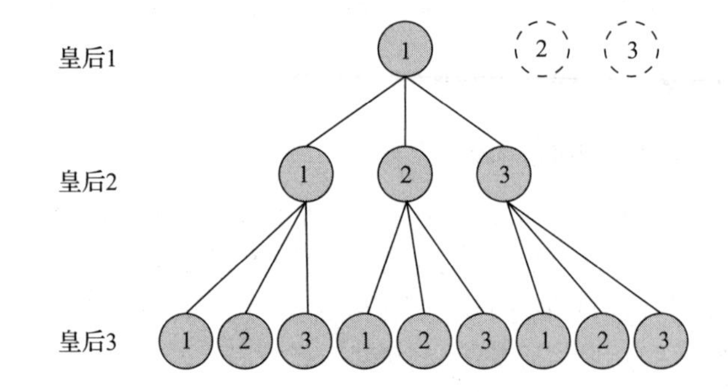

图 13-3　建立各个皇后之间 1 对 n 的关系

每个节点内的数字代表着皇后所在的列，经过深度遍历便能得到（在仅限制了一行一个皇后的前提下）所有的摆放情况。

因为深度遍历的“层层递进”和“回溯”的特点和递归函数中“进”“出”递归的特性相似，所以一般使用递归函数实现深度遍历的算法。建立函数 dfs()：

```
void dfs(int i)
{
    if(i<=n){
        选择 i 皇后的位置;
        dfs(i+1);
    }
}
```

dfs(i) 表示在为 i 号皇后选择位置，当第 i 号皇后的位置选择完毕就进行下一层递归 dfs(i+1)，选择 i+1 号皇后的位置，直到递归到最后 n 号皇后，再一层层的出递归“回溯”。

因为递归会占用的时间比较长，所以一般情况下，并不会递归完所有的可能性，而是添加判断条件，提前结束一些不合题意的排列要求。比如上图，当皇后 1 选择了位置 1，当皇后 2 也选择位置 1 时已经不符合题目要求，这时会添加条件直接跳出递归，即不再进入第三层递归为皇后 3 选择位置，从而大大减少了递归的时间。

该题的判断条件就是当前列、当前主对角线平行线和当前次对角线平行线是否放置了其他皇后。于是利用一些矩阵行列的特性和数组来进行“标记”(因为全局数组初始化为 0，为了方便设定 0 为当前列、主对角线平行线、次对角线平行线可以摆放，1 为当前列、主对角线平行线、次对角线平行线上已有其他皇后，不可摆放)：

- b[m] 记录列号为 m 的列。
- c[m] 记录行号加列号为 m 的主对角线平行线。
- d[m] 记录行号减列号加矩阵大小（皇后个数）为 m 的次对角线。

特别注意，在出递归的时候相当于“回溯”的操作，相当于把 i 号皇后从当前位置移出，所以需要清除当前位置上的所有标记。下面为具体的程序代码和样例的输出结果：

```
#include<stdio.h>
int a[100],b[100],c[100],d[100];
//a[i] 表示第 i 个皇后所在的列数
int total; // 记录所有符合摆放要求的摆放个数
int n;     // 记录皇后的个数
void dfs(int i)
{
    if(i>n)
    {   // 判断一次摆放是否结束（即是否生成了一个符合要求的答案）
        total++;
        if(total<=3)
        {    // 判断是否为前三个摆放，前三个摆放需要输出
            for(int k=1;k<=n;k++){
            printf("%d ",a[k]);
        }
        printf("\n");
    }
}
else{
    for(int j=1;j<=n;j++){
    if((b[j]!=1)&&(c[i+j]!=1)&&(d[i-j+n]!=1)){// 判断当前位置 j 能否摆放皇后
                a[i]=j;             // 如果能，则记录位置（列号）
                b[j]=1;             // 标记当前列不能再放其他皇后
                c[i+j]=1;           // 标记当前主对角线平行线不能再放其他皇后
                d[i-j+n]=1;         // 标记当前次对角线不能再放其他皇后
                dfs(i+1);           // 进行下一个皇后位置的搜索
                b[j]=0;
                c[i+j]=0;
                d[i-j+n]=0;         // 清除标记
            }
        }
    }
}
int main()
{
    scanf("%d",&n);
    dfs(1);
    printf("%d",total);
    return 0;
}
```

运行结果如图 13-4 所示。

```
6
2 4 6 1 3 5
3 6 2 5 1 4
4 1 5 2 6 3
4
--------------------------------
Process exited after 2.99 seconds with return value 0
请按任意键继续. . .
```

图 13-4 6 皇后问题的运行结果

13.2.3 问题小结

深度优先搜索也称为 DFS（Depth-First-Search），做深度优先搜索相关的题目一般有两个关键点，一是找出父节点和子节点的关系，建立树；二是合理利用类似标记的操作减少递归的次数，提高“回溯”的效率。

13.3 方块与收纳盒

13.3.1 问题描述

现在有一个大小 n×1 的收纳盒，手里有无数个大小为 1×1 和 2×1 的小方块，任务是用这些方块填满收纳盒，请问有多少种不同的方法填满这个收纳盒。

输入描述：

第 1 行是样例数 T。

第 2 到 2+T-1 行每行有一个整数 n（n≤80），描述每个样例中的 n。

输出描述：

对于每个样例输出对应的方法数。

样例输入：

```
3
1
2
4
```

样例输出：

```
1
2
5
```

13.3.2 问题分析与求解

假设木块在盒子里从左向右放置，那么可以总结出：n 格的盒子塞满之前有两种情况，一是塞满 n-1 格的盒子再塞一个 1×1 的木块，二是塞满 n-2 格盒子再塞一个 1×2 的木块，所以塞满 n 格盒子的方法数就是塞满 n-1 和 n-2 格子的方法数和。

如果定义一个数组 dp[n] 表示 n 格塞满的方法数，则能根据分析得到 dp[n]=dp[n-1]+dp[n-2]，这便是递推题的核心：递推公式，由此可以写出如下求解程序。

```
#include<stdio.h>
long long int dp[85];
int main()
{
    int t,i;
    dp[1]=1;
    dp[2]=2;
    for(i=3;i<=85;i++){
        dp[i]=dp[i-1]+dp[i-2];
    }
    scanf("%d",&t);
    while(t--){
        int n;
        scanf("%d",&n);
        printf("%lld\n",dp[n]);
    }
}
```

运行结果如图 13-5 所示。

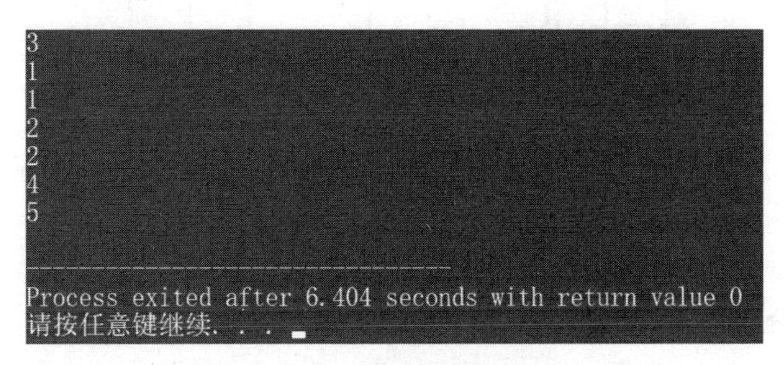

图 13-5　方块与收纳盒问题的运行结果

13.3.3　问题小结

递推的关键就是需要找到 n 和 n-1 的关系，总结出递推关系式。然后初始化几个初始值（比如该题中的 dp[1] 和 dp[2]，即无法通过递推公式求出的值），再进行循环递推即可。

与上面类似的题同样可以使用函数递归完成，但函数递归的运行速度慢于递推，在有时间限制的情况下应使用递推方式。但递推方式也有弊端，当空间有限时，数组能够开放的大小无法满足递推公式推到 n 的大小，这个时候就需要使用函数递归的方式解决问题。所以一般情况下会使用一个折中的方式：当 n 小于一定值的时候使用递推方式，当 n 大于一定值后跳出循环使用函数递归方式。

13.4　离散化

13.4.1　问题描述

在平面直角坐标系中，有两个矩形（保证不相交），然后给出第三个矩形，求这两个矩形没有被第三个矩形遮住部分的面积。

题目给出六个坐标，分别表示三个矩形的左下、右上坐标，请输出面积。数据范围为 [-1000,1000]。

样例输入：

```
1 2 3 5
6 0 10 4
2 1 8 3
```

样例输出：

```
17
```

样例数据对应的图示，如图 13-6 所示。

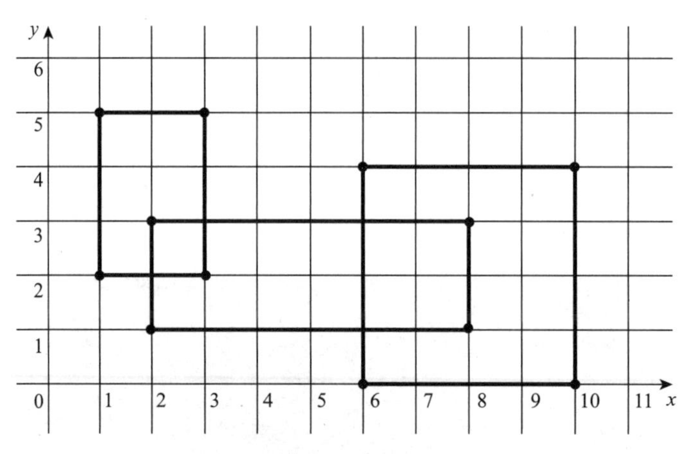

图 13-6　样例数据对应的图示

13.4.2　问题分析与求解

求两个矩形与另外一个矩形的未重叠面积大小，很容易想到用模拟来解决。先按照给定矩形坐标进行“染色”，枚举单位正方形判断是否被覆盖。本题确实可以通过暴力枚举模拟，但是真的需要这样模拟吗？最多只有 12 个点会被用到，真的需要去枚举单位区域吗？

显然答案是否定的。可以这样考虑，反正至多只有 12 个坐标被用到，为什么不能只用这些坐标包含的 X、Y 值组成不同区域呢？这就是离散化思想。下面举一个离散化的例子。假设有一个数组，元素都非常大（见下图），而且元素的绝对值之差也很大，期望通过一些操作将它们的值作为一个新数组的下标。但是我们只关心元素的次序关系，不关心具体大小。

1e9+7	1e8+7	1e9+7	1e7+7	1e9+7	1e9+7	1e9+1	1e9+2

这时候就可以使用离散化，因为不关心具体数值，只关心大小次序。为此，可以将大数据映射为方便处理的小数据，并且不改变次序，如下所示。

5	2	5	1	5	5	3	4

本题中，先把坐标排序，然后按大小映射成 1、2、3、4 等单位坐标，再进行“染色”，就可以节省大量不必要的开销。

完整程序如下：

```
#include<stdio.h>
```

```
void swap(int *x,int *y)  //用于交换 int 型数组中的两个元素
{
    int tmp=*x;
    *x=*y;
    *y=tmp;
}
void sort(int a[])         //手写冒泡排序，若了解 C++ 推荐使用 std::sort
{
    for(int i=1;i<=6;i++)
        for(int j=1;j<=6-i;j++)
            if(a[j]>a[j+1]) swap(a+j,a+j+1);
}
int X[7],Y[7];                    //映射数组
struct point
{
    int x,y;
}s[7];                            //存储点
int map[7][7];                    //模拟网格图
int main()
{
    for(int i=1;i<=6;i++)
        scanf("%d%d",&s[i].x,&s[i].y);
    for(int i=1;i<=6;i++)
        X[i]=s[i].x,Y[i]=s[i].y;
    sort(X);
    sort(Y);
    for(int i=1;i<=6;i++)         //将点的坐标离散化
    {
        for(int j=1;j<=6;j++)
            if(s[i].x==X[j]) {s[i].x=j;break;}
        for(int j=1;j<=6;j++)
            if(s[i].y==Y[j]) {s[i].y=j;break;}
    }
    for(int i=1;i<=3;i++)         //进行“染色”
    {
        for(int j=s[i*2-1].x;j<s[i*2].x;j++)
           for(int k=s[i*2-1].y;k<s[i*2].y;k++)
           map[j][k]+=i==3?-1:1; //使得未被覆盖的前两个矩阵区域值为 1
    }
    int ans=0;
    for(int i=1;i<=5;i++)
        for(int j=1;j<=5;j++)
        {
            if(map[i][j]==1) ans+=(X[i+1]-X[i])*(Y[j+1]-Y[j]);
            //统计答案
        }
    printf("%d",ans);
    return 0;
}
```

13.4.3　问题小结

本题主要运用了离散化思想解决问题，离散化是一种十分巧妙的思想，可以解决不同的问题。它通过类似于哈希的方法，将难以处理的数据转化为容易处理的数据。在竞赛中，离散化使用非常广泛。离散化一般在问题求解中起到辅助作用，但有时也需要一定技巧来正确

离散化。

13.5　快速幂

13.5.1　问题描述

给定三个整数 a、b 和 p，求 a^b mod p，其中 0≤a，b<2^{31}，a+b>0，2≤p<2^{31}。

13.5.2　问题分析与求解

问题在于如何让计算机更快地算出 a^b。如进行暴力相乘，计算机要计算 b 次。用快速幂，计算次数在 $\log_2 b$ 级别。

先来思考一个问题：怎样计算 9^{10} 会比较快？最朴素的想法是，9×9=81，81×9=729……一步一步计算，共进行了 9 次乘法。这样算无疑太慢了，尤其对计算机的 CPU 而言，每次运算只乘上一个个位数。为此，想到也许可以拆分问题。还是计算 9^{10}，但把 10 写成二进制的形式，也就是 1010。于是这个问题就变成了求 9 的二进制（1010）次幂。计算 $9^{(1010)}$ 就可以把它拆分成 $9^{(1000)}$ 和 $9^{(10)}$。实际上对于 9 的任意幂次，首先都可以将幂转换成二进制，再把它拆成若干个 $9^{(100\cdots)}$ 的形式相乘，而这进一步可以转换成 9^1，9^2，9^4 等，所以只需要把底数不断平方即可算出 a^b。按照这种思路，写下快速幂的 C 语言函数。

```
int quickPow( int a, int b)
{
    int ans = 1;
    while(b>0){
        if(b&1>0)
            ans *= a;
        a *= a;
        b >>= 1;
    }
    return ans;
}
```

对于取余运算有一些好用的性质，包括：

```
b(A+B) mod b=(A mod b+B mod b) mod b
b(A×B) mod b=((A mod b)×(B mod b)) mod b
```

运用第二个性质，在循环乘积的每一步都提前进行取余运算，而不是等到最后才对结果取余。所以快速幂过程可以改成如下形式：

```
while(b > 0)
{
    if(b & 1)
    {
        ans *= a;
        ans %= p;
    }
    a *= a;
    a %= p;
    b >>= 1;
}
```

问题的完整 C 程序如下：

```
#include<stdio.h>
#include<stdlib.h>
#define LL long long int
LL quickPow(LL a,LL b,LL p)
{
    LL ans = 1;
    while(b > 0)
    {
        if(b & 1)
        {
            ans *= a;
            ans %= p;
    }
        a *= a;
        a %= p;
        b >>= 1;
    }
    return ans;
}
int main()
{
    LL a,b,p;
    scanf("%lld%lld%lld",&a,&b,&p);
    printf("%lld^%lld mod %lld=%lld",a,b,p,quickPow(a,b,p));
    return 0;
}
```

程序运行结果如图 13-7 所示。

```
31 87 53
31^87 mod 53=34
--------------------------------
Process exited after 8.056 seconds with return value 0
请按任意键继续. . .
```

图 13-7　运行结果展示

13.5.3　问题小结

快速幂的应用非常广泛，比如求乘法逆元时运用费马小定理（如果 p 是质数，并且 a 不是 p 的倍数，那么就有 $a^{p-1}=1 \pmod{p}$，即（$a^{(p-1)}$）% p = 1），或者求组合数时都可以用到快速幂。

13.6　最大子段和与分治法

13.6.1　问题描述

给定由 n 个整数组成的序列 $a_1, a_2, ..., a_n$，其中，$a_i, a_{i+1}, ..., a_{j-1}, a_j$ $(1 \leq i \leq j \leq n)$ 称为序列 $a_1, a_2, ..., a_n$ 的一个子段，显然子段中的元素是连续的，该子段中所有整数的和称为该子段的和。对于序列 $a_1, a_2, ..., a_n$ 来说，它有很多不同的子段，每个子段都有一个和，现在要求出该序列的各个子段的和的最大值，当序列中所有整数均为负整数时定义其最大子段和为 0，这就是所谓的最大子段和问题。

例如，对于序列（a_1，a_2，a_3，a_4，a_5）=（-2，11，-4，13，-5），a_1是它的一个子段，该子段的和为-2；a_2也是它的一个子段，该子段的和为11；a_3也是它的一个子段，该子段的和为13；a_1，a_2是它的一个子段，该子段的和为9；a_2，a_3，a_4，a_5是它的一个子段，该子段的和为15。在它的所有子段中，和最大的子段为a_2，a_3，a_4，其最大子段和为20。

13.6.2　问题分析与求解

对于最大子段和问题，最容易想到的是穷举法求解，但效率较低，这里用分治法来求解。所谓分治法是指可以将一个难以直接求解的复杂问题分解为若干个规模较小，相互独立，且与原问题类型相同的子问题，注意一定要与原问题类型相同且各个子问题间是相互独立的，先分别求解各个子问题的解，最后再找到一种方法将各个子问题的解合并成原问题的解，在原问题分解为子问题的过程中，如果子问题的规模还是比较大不能直接求解，可以再将子问题继续分解为更小的子问题，直至子问题的规模足够小可以直接求解为止。这种问题求解方法称为分治法。

分治法在求解问题时可分为三个步骤：

1）分：即当问题的规模较大时将问题进行分解，通常采取的是二分等分的原则。

2）治：即递归地求解各个子问题的解。

3）合：即将各个子问题的解合并为原问题的解。

下面给出用分治法求解最大子段和问题的基本思想。给定一个含有n个元素的整型数组a[low:high]，现在要求数组a的最大子段和。分治法的基本思想如下。

（1）若n=1，即low=high。

这时认为问题的规模已经足够小了，可以直接求解。当n=1时，表示数组中只有一个元素，可以表示为a[low]或a[high]，那么这时数组的最大子段和是多少呢？显然只需要判断一下数组元素a[low]的数值特性即可，若a[low]>0，则数组的最大子段和就是a[low]这个元素，反之，若a[low]<=0，则数组的最大子段和即为0。

（2）若n>1，即low<high。

此时问题比较复杂，不能直接求解，可以用分治法求解。

用分治法求解问题的第一步就是“分”，分治法的分割原则是二分等分，即将原问题分解为左右两个规模大致相同的子问题，针对本问题就是将数组a分解为左右两个规模大致相同的子数组，因此，分割点可以选择数组的中值元素所在的下标位置，令分割点mid=(low+high)/2，则数组a就被分成了左右两个长度约为n/2的子数组，左子数组为a[low:mid]，右子数组为a[mid+1:high]。

用分治法求解问题的第二步就是“治”，所谓“治”就是指要递归地求解子问题的解，针对本题就是，递归地求解左右两个子数组的最大子段和，实际上，递归地求解左右两个子数组的最大子段和时，又是将子数组再次分解的过程，即如果子数组中的元素个数仍然大于1，要将子数组继续分解，直到分解到子数组中的元素个数为1时为止。

用分治法求解问题的第三步就是“合”，所谓“合”就是指要想办法将子问题的解合并为原问题的解。对于最大子段和问题来说，当求出了左右两个子数组的最大子段和后，能否通过左右两个子数组的最大子段和来得到整个数组的最大子段和呢？是不是左右两个子数组的最大子段和中的较大者就是整个数组的最大子段和呢？对于本问题来说，这种想法有些片面。通过下面给出的三个实例来说明。

给定一个含有 9 个元素的数组 a[1:9] 如下，下标为 0 的空间空闲不用。

	0	1	2	3	4	5	6	7	8	9
a		30	-12	5	8	0	-9	10	-7	6

这个数组的最大子段和显然是 31，子段和最大的子段为 a[1:4]，当用分治法来求解时，分割点为 5，左子数组为 a[1:5]，右子数组为 a[6:9]，左子数组的最大子段和是多少呢？也是 31，显然，在这个例子中，整个数组的最大子段和就与左子数组的最大子段和相同。

下面将这组数修改一下，来看下一个例子。

	0	1	2	3	4	5	6	7	8	9
a		10	-12	5	8	-14	9	10	-7	7

这个数组的最大子段和显然是 19，子段和最大的子段为 a[6:7]，当用分治法来求解时，分割点仍为 5，左子数组为 a[1:5]，右子数组为 a[6:9]，左子数组的最大子段和是 -3，右子数组的最大子段和是 19，显然，在这个例子中，整个数组的最大子段和就与右子数组的最大子段和相同。

再将这组数修改一下，来看下一个例子。

	0	1	2	3	4	5	6	7	8	9
a		5	-12	3	8	-2	15	10	-7	6

当用分治法来求解时，分割点仍为 5，左子数组为 a[1:5]，右子数组为 a[6:9]，左子数组的最大子段和是 2，右子数组的最大子段和是 24，而整个数组的最大子段和是多少呢？显然是 34，子段和最大的子段为 a[3:7]，显然，在这个例子中，整个数组的最大子段和既不是左子数组的最大子段和，也不是右子数组的最大子段和。该数组的子段和最大的子段的首元素在左子数组中，尾元素在右子数组中。

因此，整个数组的最大子段和可能会出现三种情况，一是整个数组的最大子段和与左子数组的最大子段和是相同的，二是整个数组的最大子段和与右子数组的最大子段和是相同的，三是整个数组的子段和最大的子段的首元素在左子数组中，而尾元素在右子数组中。此时，求解整个数组的最大子段和的思路就是先把左右两个子数组的最大子段和求出来，再把第三种情况求出来，那么整个数组的最大子段和就应是这三个和中的最大者。左右两个子数组的最大子段和可以递归求得，现在的关键问题是如何来求第三种情况。注意到，首元素在左子数组中，而尾元素在右子数组中的每一个子段都包含了两个特定的元素，就是 a[mid] 和 a[mid+1]，因此可以先在左子数组中求以 a[mid] 为尾元素的最大子段和，再在右子数组中求以 a[mid+1] 为首元素的最大子段和，这两个和相加的结果就是首元素在左子数组中，而尾元素在右子数组中的最大子段和。

下面是根据上述思想写出的最大子段和问题的分治算法。

```
#include <stdio.h>
int maxsum_dac(int a[ ], int left,int right)
{
    int sum=0,mid, leftsum=0,rightsum=0,s1=0,s2=0,lefts=0,rights=0,i;
```

```
    if(left==right)
        sum=a[left]>0?a[left]:0;
    else
    {       mid=(left+right)/2;
        leftsum=maxsum_dac(a,left,mid);
        rightsum=maxsum_dac(a,mid+1,right);
        for(i=mid;i>=left;i--)
        {
            lefts+=a[i];
            if(lefts>s1)
                s1=lefts;
        }
        for(i=mid+1;i<=right;i++)
        {
            rights+=a[i];
            if(rights>s2)
                s2=rights;
        }
        sum=s1+s2;
        if(sum<leftsum)
            sum=leftsum;
        if(sum<rightsum)
            sum=rightsum;
        }
        return  sum;
}
int main()
{
    int i,n,sum;
    int a[31000];
    scanf("%d",&n);
    for(i=1;i<=n;i++)
        scanf("%d",&a[i]);
    sum=maxsum_dac(a,1,n);
    printf(" 给定序列的最大子段和为 %d\n",sum);
    return 0;
}
```

13.6.3 问题小结

上述算法在求第三种情况对应的和时，是先在左子数组中求以 a[mid] 为尾元素的最大子段和，采用的是从后向前枚举的方式，因为尾元素的位置是固定的，这样便于利用之前计算出的结果。由于当前考察的子段只比前一个子段多了一个当前子段的首元素，所以当前这个子段的和就等于上一个子段的和再加上当前子段的首元素。然后再来求以 a[mid+1] 为首元素的最大子段和，由于首元素的位置是固定的，所以只需要从前向后枚举以 a[mid+1] 为首元素的每一个子段的尾元素的下标位置即可，这样便于利用之前计算出的结果，当前考察的这个子段的和就等于前一个子段的和再加上当前子段的尾元素。

用穷举法求解该问题的时间复杂度为 $O(n^2)$，而用分治法求解的时间复杂度可降为 $O(n\log_2 n)$，可见分治法的效率要高于穷举法。

13.7 矩阵连乘问题与动态规划算法

13.7.1 问题描述

给定 n 个矩阵 $A_1, A_2, \cdots, A_n$，其中矩阵 A_i (1≤i≤n) 的维数为 $p_i \times p_{i+1}$，即矩阵 A_1 的维数为 $p_1 \times p_2$，矩阵 A_2 的维数为 $p_2 \times p_3$，依此类推，矩阵 A_n 的维数为 $p_n \times p_{n+1}$，显然相邻的两个矩阵是可以相乘的。考虑这 n 个矩阵的连乘积 $A_1A_2\cdots A_n$，由于矩阵乘法满足结合律，所以求解这个矩阵连乘积时可以有许多不同的计算次序，每种计算次序都有一个计算量，这里所说的计算量是指按照某种计算次序来计算一个矩阵连乘积时所需的乘法次数。那么矩阵连乘问题就是要确定一个矩阵连乘积的一种最优计算次序，使得按照这种最优计算次序来计算一个矩阵连乘积时，所需要的乘法次数最少。

例如，给定 4 个矩阵，A:50×10，B:10×40，C:40×30，D:30×5，考虑这 4 个矩阵的连乘积 ABCD，计算这个矩阵连乘积时一共可以列举出 5 种不同的计算次序，每种计算次序及其计算量如下。

```
(((AB)C)D)      50×10×40+50×40×30+50×30×5=87500
((A(BC))D)      10×40×30+50×10×30+50×30×5=34500
(A((BC)D))      10×40×30+10×30×5+50×10×5=16000
(A(B(CD)))      40×30×5+10×40×5+50×10×5=10500
((AB)(CD))      50×10×40+40×30×5+50×40×5=36000
```

显然，第 4 种计算次序所需的乘法次数最少仅为 10500 次，而第一种计算次序所需的乘法次数最多为 87500 次，整整比第 4 种计算次序多了 77000 次。由此可见，矩阵连乘积的计算次序的不同对整个计算量的影响很大。因此，在求解一个矩阵连乘积时，很有必要确定它的一种最优计算次序，这样能使得计算这个矩阵连乘积所需的乘法次数最少。

13.7.2 问题分析与求解

首先给出一个重要的记号，设用记号 A[i:j] 来表示矩阵连乘积 $A_iA_{i+1}\cdots A_{j-1}A_j$。下面再给出一个重要的假设，假设求解矩阵连乘积 A[i:j] 的最优计算次序对应的断开位置是在矩阵 A_k 和 A_{k+1} 之间，也就是说，要想使矩阵连乘积 A[i:j] 的乘法次数最少，必须得在矩阵 A_k 和 A_{k+1} 之间断开才行，显然 k 满足：i≤k<j。这样，矩阵链 A[i:j] 就被分解为左右两个子矩阵链，左子矩阵链为 A[i:k]，右子矩阵链为 A[k+1:j]，那么计算矩阵连乘积 A[i:j] 就可通过三步来完成，首先求左子矩阵链的乘积 A[i:k]，再求右子矩阵链的乘积 A[k+1:j]，然后再将这两个乘积相乘，即可以表示为 A[i:j]=((A[i:k])(A[k+1:j]))。这样求解矩阵连乘积 A[i:j] 所需的乘法次数就是三部分的和，即为左子矩阵链的乘积 A[i:k] 所需的乘法次数加上右子矩阵链的乘积 A[k+1:j] 所需的乘法次数再加上将这两个乘积相乘所需的乘法次数。

假设求左子矩阵链的乘积 A[i:k] 的计算次序为 s_1，按照 s_1 这种次序来计算左子矩阵链的乘积时所需的乘法次数为 sum_1，求右子矩阵链的乘积 A[k+1:j] 的计算次序为 s_2，按照 s_2 这种次序来计算右子矩阵链的乘积时所需的乘法次数为 sum_2，将这两个乘积再相乘所需的乘法次数为 count。则求解矩阵连乘积 A[i:j] 所需的乘法次数就等于 sum_1+sum_2+count。下面给出一个重要的结论，如果求解整个矩阵连乘积 A[i:j] 的计算次序为在 A_k 和 A_{k+1} 之间断开是最优的，那么必有求解左右两个子矩阵链乘积的计算次序肯定也是最优的，即求左子矩阵链的乘积 A[i:k] 的计算次序 s_1 肯定是最优的，即按照 s_1

这种次序来计算左子矩阵链的乘积时所需的乘法次数肯定是最少的。求右子矩阵链的乘积 A[k+1:j] 的计算次序 s_2 肯定也是最优的，即按照 s_2 这种次序来计算右子矩阵链的乘积时所需的乘法次数肯定也是最少的。具体证明过程在此省略，这个结论称为该问题的最优子结构性质。

最优子结构性质是一个问题能够用动态规划方法求解的基本特征，当问题的最优解中包含了子问题的最优解时，该问题就具有了最优子结构性质。利用问题所具有的最优子结构性质可以建立最优值满足的递推关系。

定义一个二维数组 m 来保存问题的最优值，即保存最少乘法次数，数组元素 m[i][j] 保存的是求解矩阵连乘积 A[i:j] 时所需的最少乘法次数。

（1）i=j。

若 i=j 则说明矩阵链中只有一个矩阵，显然该矩阵链的乘积就是它本身，计算这个矩阵连乘积时不需要任何的乘法操作，此时所需的乘法次数即为 0，因此当 i=j 时，m[i][j]=0。

（2）i<j。

假设求解矩阵连乘积 A[i:j] 的最优计算次序对应的断开位置是在矩阵 A_k 和 A_{k+1} 之间，这里 k 的范围是 i≤k<j。那么计算矩阵连乘积 A[i:j] 就可通过三步来完成，首先求左子矩阵链的乘积 A[i:k]，再求右子矩阵链的乘积 A[k+1:j]，然后再将这两个乘积相乘，即可以表示为 A[i:j]=((A[i:k])(A[k+1:j]))。这样求解矩阵连乘积 A[i:j] 所需的乘法次数就是三部分的和，即为左子矩阵链的乘积 A[i:k] 所需的乘法次数加上右子矩阵链的乘积 A[k+1:j] 所需的乘法次数再加上将这两个乘积再相乘所需的乘法次数。由于问题具有最优子结构性质，所以求左子矩阵链的乘积 A[i:k] 所需的乘法次数是最少的，这个最少乘法次数可以表示为 m[i][k]，求右子矩阵链的乘积 A[k+1:j] 所需的乘法次数也是最少的，这个最少乘法次数可以表示为 m[k+1][j]。那么将这两个矩阵连乘积再相乘需要多少次乘法操作呢？显然，左子矩阵链的乘积 A[i:k] 乘完后是一个矩阵，设其为 M，显然 M 是 p_i 行 p_{k+1} 列的；右子矩阵链的乘积 A[k+1:j] 乘完后也是一个矩阵，设其为 M′，显然 M′ 是 p_{k+1} 行 p_{j+1} 列的。则这两个矩阵相乘共计需要进行 $p_i \times p_{k+1} \times p_{j+1}$ 次乘法操作。因此此时 $m[i][j]=m[i][k]+m[k+1][j]+p_i \times p_{k+1} \times p_{j+1}$。

这是在假设整个矩阵连乘积 A[i:j] 的计算次序是在 A_k 和 A_{k+1} 之间断开是最优的情况下得到了 m[i][j] 所满足的递推关系式。可见要求出 m[i][j]，关键是确定 k，而 k 满足 i≤k<j，即 k 只有 j-i 种可能。显然，k 一定是 j-i 种可能中使这三项的和达到最小的那一个。也就是说，要求出 m[i][j]，只需要去枚举 k 的每一个取值，针对 k 的每一个取值求一下这三项的和，由于 k 有 j-i 种可能，所以能求出 j-i 个和，那么 m[i][j] 就应是这 j-i 个和中最小的那一个。因此 m[i][j] 满足下式。

$$m[i][j]=\min_{i \leqslant k<j}\{m[i][k]+m[k+1][j]+p_i p_{k+1} p_{j+1}\}$$

结合 i=j 和 i<j 这两种情况，就得到了问题的最优值 m[i][j] 所满足的递推关系式。下面就可以用自底向上的方式计算出问题的最优值了。所谓自底向上的方式是指总是从最小的子问题开始求解，由最小子问题的解构造较小子问题的解，由较小子问题的解构造较大子问题的解，由较大子问题的解构造整个问题的解。

那么矩阵连乘问题最优值的自底向上计算方式是怎样的呢？通过一个例子来说明。给定 4 个矩阵 A_1: $p_1 \times p_2$，A_2: $p_2 \times p_3$，A_3: $p_3 \times p_4$，A_4: $p_4 \times p_5$，现在用动态规划方法来求 $A_1A_2A_3A_4$ 这个矩阵连乘积的最优值，即求这个矩阵连乘积所需的最少乘法次数。显然它的最优值可表示为 m[1][4]，则由递推关系式可知，断开位置 k 是大于等于 1 小于 4 的，即 k 可以取 1、2 和 3，即断开位置 k 有三种可能，对于 k 的每一个取值对应一个三项的和，共有三个和：

当 k=1 时，m[1][4] = m[1][1] + m[2][4] + $p_1 p_2 p_5$

当 k=2 时，m[1][4] = m[1][2] + m[3][4] + $p_1 p_3 p_5$

当 k=3 时，m[1][4] = m[1][3] + m[4][4] + $p_1 p_4 p_5$

那么，m[1][4] 就是这三个和中最小的。而要求出这三个和，就要先求出 m[1][1]、m[2][4]、m[1][2]、m[3][4]、m[1][3] 和 m[4][4]，这显然是 6 个子问题的最优值，可以进行分别求解。

m[1][1]=0;

m[2][4] 的求法和 m[1][4] 的求法类似，断开位置 k 是大于等于 2 小于 4 的，即 k 可以取 2 和 3，即断开位置 k 有两种可能，对于 k 的每一个取值对应一个三项的和，共有两个和：

当 k=2 时，m[2][4] = m[2][2] + m[3][4] + $p_2 p_3 p_5$

当 k=3 时，m[2][4] = m[2][3] + m[4][4] + $p_2 p_4 p_5$

那么，m[2][4] 就是这两个和中最小的。而要求出这两个和，就要先求出 m[2][2]、m[3][4]、m[2][3] 和 m[4][4]，这显然是 4 个子问题的最优值。

m[1][2] 的求法也类似，断开位置 k 是大于等于 1 小于 2 的，即 k 只有一个取值，就是 1，即断开位置 k 只有一种可能：

当 k=1 时，m[1][2] = m[1][1] + m[2][2] + $p_1 p_2 p_3$

而要求出这个和，就要先求出 m[1][1] 和 m[2][2]，这是两个子问题的最优值。

m[3][4] 的求法也类似，断开位置 k 是大于等于 3 小于 4 的，即 k 只有一个取值，就是 3，即断开位置 k 只有一种可能：

当 k=3 时，m[3][4] = m[3][3] + m[4][4] + $p_3 p_4 p_5$

而要求出这个和，就要先求出 m[3][3] 和 m[4][4]，这是两个子问题的最优值。

m[1][3] 的求法也类似，断开位置 k 是大于等于 1 小于 3 的，即 k 可以取 1 和 2，即断开位置 k 有两种可能，对于 k 的每一个取值对应一个三项的和，共有两个和：

当 k=1 时，m[1][3] = m[1][1] + m[2][3] + $p_1 p_2 p_4$

当 k=2 时，m[1][3] = m[1][2] + m[3][3] + $p_1 p_3 p_4$

那么，m[1][3] 就是这两个和中最小的。而要求出这两个和，就要先求出 m[1][1]、m[2][3]、m[1][2] 和 m[3][3]，这显然是 4 个子问题的最优值。

m[4][4]=0;

接下来再依次求解相关子问题的值。

[1][1] 没有子问题。

m[2][4] 有 4 个子问题，即 m[2][2]、m[3][4]、m[2][3] 和 m[4][4]。m[2][2] 和 m[4][4] 为 0，m[3][4] 又归结为求 m[3][3]、m[4][4]，m[2][3] 又归结为求 m[2][2]、m[3][3]，它们的值也都是 0。

m[1][2] 有两个子问题，分别是 m[1][1] 和 m[2][2]，都为 0。

m[3][4] 有两个子问题，分别是 m[3][3] 和 m[4][4]，都为 0。

m[1][3] 有 4 个子问题，即 m[1][1]、m[2][3]、m[1][2] 和 m[3][3]。m[1][1] 和 m[3][3] 为 0，m[2][3] 又归结为求 m[2][2] 和 m[3][3]，m[1][2] 又归结为求 m[1][1] 和 m[2][2]，它们的值也都是 0。

m[4][4] 没有子问题。

整个自顶向下求解 m[1][4] 的过程如图 13-8 所示。

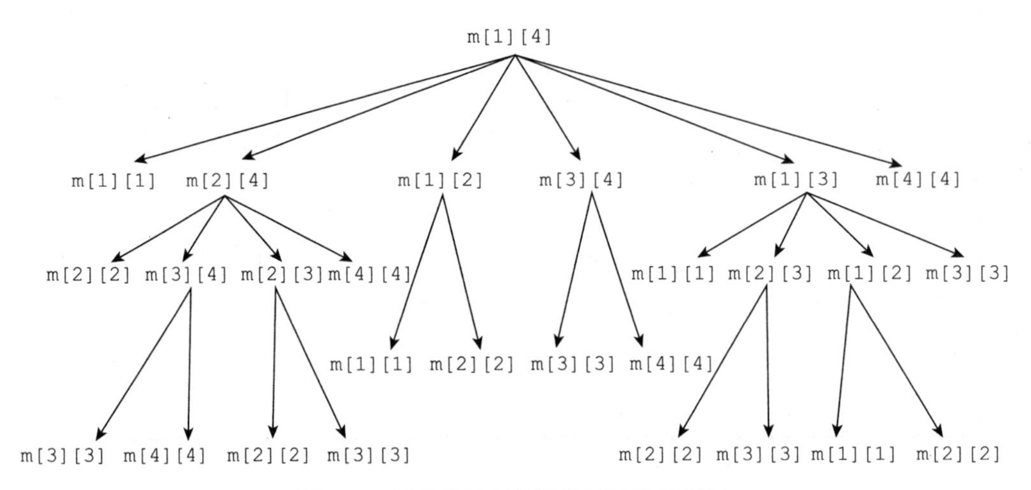

图 13-8 矩阵连乘问题分解所得的子问题

显然，在以自顶向下方式求解 m[1][4] 的过程中出现了很多重叠子问题，对于这些重叠子问题造成了重复计算。例如 m[1][1] 这个子问题重复计算了 4 次，m[2][2] 这个子问题重复计算了 5 次，m[3][3] 这个子问题重复计算了 5 次，m[4][4] 这个子问题重复计算了 5 次，m[1][2] 这个子问题重复计算了 2 次，m[3][4] 这个子问题重复计算了 2 次，m[2][3] 这个子问题重复计算了 2 次。

为了避免子问题的重复计算，动态规划采取了自底向上的计算方式，从最小的子问题开始向上求解，对每个子问题只求解一次，并将子问题的解保存在二维数组中，以后用到时，直接调用即可。矩阵连乘问题的自底向上计算方式是先求所有长度为 1 的子矩阵连乘积所需的最少乘法次数，即先求 m[1][1]、m[2][2]、m[3][3] 和 m[4][4]，然后再求所有长度为 2 的子矩阵连乘积所需的最少乘法次数，即求 m[1][2]、m[2][3] 和 m[3][4]，在求它们时，可能用到 m[1][1]、m[2][2]、m[3][3] 和 m[4][4] 的值，它们已经求完了，直接用即可。然后再求所有长度为 3 的子矩阵连乘积所需的最少乘法次数，即求 m[1][3] 和 m[2][4]，在求它们时，可能用到 m[1][2]、m[2][3] 和 m[3][4]，显然它们也求完了。最后求长度为 4 的矩阵连乘积所需的最少乘法次数，即求 m[1][4]，求它时，所有子问题的值都已经求完。

根据矩阵连乘问题最优值的自底向上计算方式以及最优值所满足的递推关系式，可以给出求解矩阵连乘问题最优值的 C 程序。

```
#include<stdio.h>
int p[100],m[100][100];   //数组 p 存储 n 个矩阵的 n+1 个不同维数
void matrix(int n)
{
```

```
    int r,i,j,k,min;
    for(i=1;i<=n;i++)
        m[i][i]=0;
    for(r=2;r<=n;r++)
        for(i=1;i<=n-r+1;i++)
        {
            j=i+r-1;
            m[i][j]=m[i+1][j]+ p[i]*p[i+1]*p[j+1];
            for(k=i+1;k<j;k++)
            {
                min=m[i][k]+m[k+1][j]+p[i]*p[k+1]*p[j+1];
                if(min<m[i][j])
                    m[i][j]=min;
            }
        }
}
int main()
{
    int i,n;
    scanf("%d",&n);
    for(i=1;i<=n+1;i++)
        scanf("%d",&p[i]);
    matrix(n);
    printf("最少乘法次数为 %d 次 \n",m[1][n]);
    return 0;
}
```

4 个矩阵相乘的运行结果如图 13-9 所示。

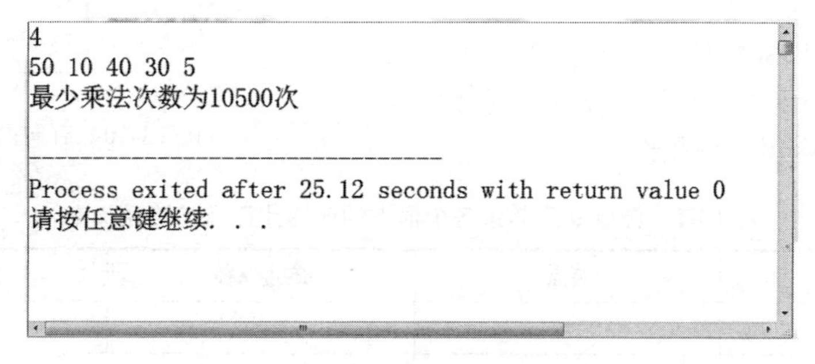

图 13-9　4 个矩阵相乘的运行结果

13.7.3　问题小结

如果问题的最优解所包含的子问题的解也是最优的，就称该问题具有最优子结构性质（即满足最优化原理）。最优子结构性质为动态规划算法解决问题提供了重要线索。

子问题重叠性质是指在用递归算法自顶向下对问题进行求解时，每次产生的子问题并不总是新问题，有些子问题会被重复计算多次。动态规划算法正是利用了这种子问题的重叠性质，对每一个子问题只计算一次，然后保存其计算结果，当再次需要计算已经计算过的子问题时，只须直接调用结果，从而获得较高的效率。

动态规划（dynamic programming）是运筹学的一个分支，是求解决策过程（decision process）最优化的数学方法。20 世纪 50 年代初美国数学家 R.E.Bellman 等人在研究多阶段决策过程的优化问题时，提出了著名的最优化原理（principle of optimality），把多阶段过程转化为一系列单阶段问题，利用各阶段之间的关系，逐个求解，创立了解决这类过程优化问题的新方法——动态规划。

动态规划程序设计是解决多阶段决策最优化问题的一种方法，而不是一种特殊算法。不像前面所述的那些搜索或数值计算那样，具有一个标准的数学表达式和明确清晰的解题方法。动态规划程序设计往往是针对一种最优化问题，由于各种问题的性质不同，确定最优解的条件也互不相同，因而动态规划的设计方法对不同的问题，有各具特色的解题方法，而不存在一种可以解决各类最优化问题的万能的动态规划算法。因此读者在学习时，除了要正确理解基本概念和方法外，必须做到具体问题具体分析，以丰富的想象力去建立模型，用创造性的技巧去求解。也可以通过对若干有代表性的问题的动态规划算法进行分析、讨论，逐渐学会并掌握这一设计方法。

最后，在上述矩阵连乘问题中，如果想输出最小乘法次数对应的最优计算次序，应如何实现？请读者独自思考编程解决该问题。

13.8 最短路径和 Dijkstra 算法

13.8.1 问题描述

设有向网 `G=(V,E)` 中含有 n 个顶点，分别为 0，1，…，n-1，且各条边上的权值均非负，给定 G 的一个顶点 s，现在要求从 s 到其余各个顶点的最短路径长度，s 称为源点。这就是经典的单源最短路径问题。

例如，在图 13-10 所示的有向网 G 中，源点为顶点 0，表 13-1 给出了从源点 0 到其余各个顶点的最短路径及其路径长度。

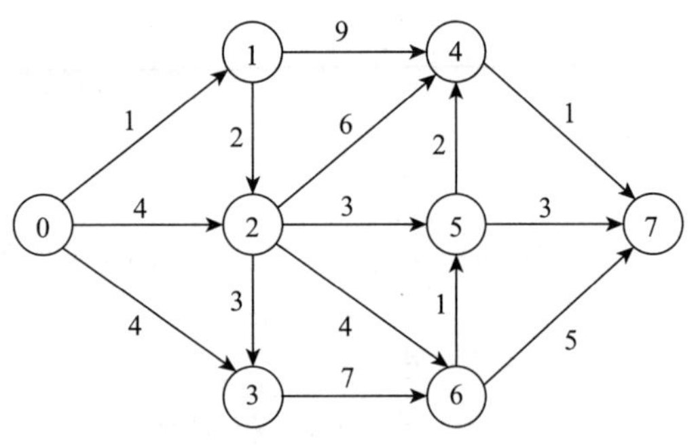

图 13-10 有向网 G

表 13-1 源点 0 到其余各个顶点的最短路径及其路径长度

源点	终点	最短路径	路径长度
0	1	0，1	1
	2	0，1，2	3
	3	0，3	4
	4	0，1，2，5，4	8
	5	0，1，2，5	6
	6	0，1，2，6	7
	7	0，1，2，5，4，7	9

求解权值非负的单源最短路径问题有一个非常著名的算法，即迪杰斯特拉算法（Dijkstra），该算法是由荷兰著名的计算机科学家 Dijkstra 在 1959 年提出的，到今天为止，人们一直在用 Dijkstra 算法求解单源最短路径问题。

13.8.2 问题分析与求解

1. Dijkstra 算法的基本思想

Dijkstra 算法是按照从源点到其余各个顶点的最短路径长度递增的次序来逐一求解从源点到其余各个顶点的最短路径的，即先求源点出发的第一条最短路径，再求源点出发的第二条最短路径，依次求下去，而并不是按照顶点的编号顺序来求的。

将有向网 G 的顶点集合 V 划分成两个子集 S 和 V-S，设 S={1，2，…，k} 是已经求得的最短路径的终点集合，一个顶点 i ∈ S 当且仅当从源点 s 到顶点 i 的最短路径已经求出。而 V-S 就是尚未求得的最短路径的终点集合。

下面对于 V-S 中的任意一个顶点 t，定义 s 到 t 的当前最短路径。对任意一个顶点 t ∈ V-S，从 s 到 t 的当前最短路径就是 s 到 t 的一条路径，且在这条路径上除了顶点 t 之外，其余顶点均属于集合 S。

Dijkstra 算法的基本求解思想是在集合 V-S 中的各个顶点对应的当前最短路径中选择一个最短的来产生下一条最短路径，同时将它的终点加入到集合 S 中。具体来说，初始时令集合 S 为空，然后将源点 s 加入到集合 S 中，对 V-S 中的每一个顶点 t，求 s 到 t 的当前最短路径，然后从各个当前最短路径中选择一个最短的产生第一条最短路径，并将它的终点加入到集合 S 中；接下来再对当前集合 V-S 中的每一个顶点 t，求 s 到 t 的当前最短路径，然后再从各个当前最短路径中选择一个最短的产生下一条最短路径，并将它的终点加入到集合 S 中。不断重复这个过程，直至 S=V 时为止。

2. Dijkstra 算法的求解过程

设有向网 G=(V,E) 采用邻接矩阵存储结构，为了便于说明求解过程，定义两个辅助数组，即一维数组 d 和 path，用数组 d 来保存源点到其余各个顶点的当前最短路径长度，数组元素 d[i] 的值为源点 s 到顶点 i 的当前最短路径长度；用数组 path 来保存源点到其余各个顶点的当前最短路径上该顶点的前方顶点编号，数组元素 path[i] 的值为源点 s 到顶点 i 的当前最短路径上顶点 i 的前方顶点编号。最后可根据 path 数组的信息来反向追溯构造出源点到其余顶点的最短路径。求解过程可用下面四步完成。

（1）求第一条最短路径。

将源点 s 加入到集合 S 中，对 V-S 中的每一个顶点 t，求 s 到 t 的当前最短路径。由于现在集合 S 中只有一个顶点 s，由当前最短路径的定义可知，此时的当前最短路径就是从源点 s 出发的一条边，而当前最短路径长度即为从源点 s 出发的边的权值。因此可得如下两式：

$$d[t]=\begin{cases} w(s,t) & \langle s,t\rangle \in E\text{且其弧上的权值为}w(s,t) \\ \infty & \langle s,t\rangle \notin E \end{cases}$$

$$path[t]=\begin{cases} s & \langle s,t\rangle \in E \\ -1 & \langle s,t\rangle \notin E\text{设其值为}-1 \end{cases}$$

下面从各个当前最短路径中选择最短的，产生第一条最短路径，显然第一条最短路径的长度应为各个 d[t] 中的最小者，它应为从源点 s 出发的一条弧。设第一条最短路径为弧 <s, k>，则第一条最短路径的长度 d[k] 满足下式：

$$d[k]=\min\{\ d[t]\mid t\in V-S\ \}$$

求出第一条最短路径后，将它的终点 k 加入到集合 S 中。

这里求出了第一条最短路径以及它的长度，这也相当于求出了从源点 s 到顶点 k 的最短路径。

例如，在有向网 G 中，源点为顶点 0。初始时 S={ 0 }，则当前最短路径有三条，即为 <0，1>、<0，2> 和 <0，3>，则第一条最短路径就是这三条当前最短路径中最短的一个，即第一条最短路径为 <0，1>，其长度为 1，求出第一条最短路径后，要将它的终点加入到集合 S 中，即 S={0，1}，这也就相当于求出了从 0 到 1 的最短路径。

（2）更新 d 和 path。

将上一条最短路径的终点 k 加入到集合 S 中后，再对 V-S 中的每一个顶点 t，求 s 到 t 的当前最短路径长度。实际上没有必要对 V-S 中的每一个顶点 t 都求 s 到 t 的当前最短路径长度，对于 V-S 中那些与顶点 k 不相邻接的顶点 t 来说，k 加入到集合 S 后，不会影响 s 到 t 的当前最短路径长度。只有对 V-S 中那些与顶点 k 相邻接的顶点 t 来说，k 加入到集合 S 后，可能会影响 s 到 t 的当前最短路径长度，它可能仍是 k 加入集合 S 之前的那个当前最短路径，也可能是由 s 到 k 的最短路径与 k 到 t 的弧构成的，要看一下这两个路径哪个更短，最后才能确定。因此将上一条最短路径的终点 k 加入到集合 S 中后，必须对那些 V-S 中与顶点 k 相邻接的顶点 t，更新源点 s 到顶点 t 的当前最短路径长度。

更新方法是若 d[k]+w(k，t)<d[t]，则 d[t]=d[k]+w(k，t)，w(k，t) 为顶点 k 到顶点 t 的弧的权值，否则维持原判。同时要更新 path[t] 的值。

（3）求下一条最短路径。

从当前各条最短路径中再选择一条最短的来产生下一条最短路径，设下一条最短路径的终点为 k，则下一条最短路径的长度 d[k] 满足下式：

$$d[k]=\min\{\ d[t] \mid t \in V-S\ \}$$

求完后，将其终点 k 加入到集合 S 中，转向步骤（2）。

重复步骤（2）和（3），直至 S=V 时为止，这时就求得了源点 s 到其余各个顶点的最短路径长度，将其保存在 d 数组中。

对于前面给出的有向网 G，用 Dijkstra 算法求源点 0 到其余各个顶点的最短路径长度的过程如表 13-2 所示。

表 13-2　顶点 0 到其余各个顶点的最短路径的求解过程

集合 S	当前最短路径长度							最短路径长度	最短路径终点	前方顶点	最短路径
	d[1]	d[2]	d[3]	d[4]	d[5]	d[6]	d[7]	d[k]	k	path[k]	
0	1	4	4	∞	∞	∞	∞	1	1	0	0，1
0，1		3	4	10	∞	∞	∞	3	2	1	0，1，2
0，1，2			4	9	6	7	∞	4	3	0	0，3
0，1，2，3				9	6	7	∞	6	5	2	0，1，2，5
0，1，2，3，5				8		7	11	7	6	2	0，1，2，6
0，1，2，3，5，6				8			10	8	4	5	0，1，2，5，4
0，1，2，3，5，6，4							9	9	7	4	0，1，2，5，4，7
0，1，2，3，5，6，4，7	S=V，求解完毕										

3. Dijkstra 算法设计

从 Dijkstra 算法的求解过程来看，当求出一条最短路径后需要将它的终点加入到集合 S 中，那么应如何来表示一个顶点已经加入到集合 S 中了呢？或者说应如何来表示集合 S 中的顶点呢？对于一个顶点来说，它只有两种可能，要么属于集合 S，要么属于集合 V-S，为此可以定义一个整型 0-1 数组 final 来表示集合 S 中的顶点，数组 final 中各元素值或者为 0，或者为 1。若 final[i]=1 则表明顶点 i 已经加入到集合 S 中；若 final[i]=0，则表明顶点 i 尚未加入到集合 S 中，即从源点到它的最短路径还没有求出。

下面将给出两个算法，其一是 Dijkstra 算法，求源点到其余各个顶点的最短路径长度；其二是输出算法，用以输出各条最短路径长度和最短路径。

```
int d[100],path[100],final[100],g[100][100];      // 数组 g 表示图的邻接矩阵
void dijkstra(int s, int n){
    // 以顶点 s 为源点，求源点 s 到其余各顶点的最短路径长度
    int i,j,k,min;
    final[s]=1;                         // 将源点 v 加入到集合 S 中
    for(i=0; i<n; i++)                  // 初始化集合 V-S 中的顶点信息
        if(i!=s){
            d[i]=g[s][i];
            if(g[s][i]<999)             // 用 999 表示无穷大
                path[i]=s;
            else
                path[i]=-1;
            final[i]=0;
        }
    for(j=1; j<n; j++){                 // 进行 n-1 次循环，求源点到其余各顶点的最短路径长度
        min=999;
        for(i=0; i<n; i++)
            if(!final[i]&&d[i]<min){
                min=d[i];
                k=i;
            }
        final[k]=1;                     // 将终点 k 加入到集合 S 中
        for(i=0; i<n; i++)// 对 V-S 中与 k 相邻接的顶点，更新到它的当前最短路径长度
            if(!final[i]&&g[k][i]<999&&g[k][i]+d[k]<d[i]){
                d[i]=g[k][i]+d[k];
                path[i]=k;
            }
    }
}
```

输出算法如下。

```
void out(int s, int n){
    // 输出源点 v 到其余各个顶点的最短路径长度和最短路径
    // 数组 b 存放源点 s 到某个顶点的最短路径上的各个顶点的编号，且是从后向前存储的
    int b[100];
    int i,j,p,m;
    dijkstra(s, n);
    for(i=0; i<n; i++)
        if(i!=s){
            p=path[i];
            if(p==-1)
                printf(" 从源点 %d 到顶点 %d 不存在路径！ ",s,i);
```

```
            else{
                printf(" 从源点 %d 到顶点 %d 的最短路径长度为 :%d",s,i,d[i]);
                m=0;
                b[m]=i;
                m++;
                while(p!=s){
                    b[m]=p;
                    p=path[p];
                    m++;
                }
                b[m]=s;
                for(j=m; j>=0; j--)
                    printf("%3d", b[j]);
                printf("\n");
            }
        }
}
```

实现上述算法的主函数如下。

```
int main()
{   int s,n,i,j;
    scanf("%d%d",&s,&n);
    for(i=0;i<n;i++)
        for(j=0;j<n;j++)
            scanf("%d",&g[i][j]);
    out(s,n);
    return 0;
}
```

以前面给出的有向网为例，运行结果如图 13-11 所示。

```
0 8
999 1 4 4 999 999 999 999
999 999 2 999 9 999 999 999
999 999 999 3 6 3 4 999
999 999 999 999 999 999 7 999
999 999 999 999 999 999 999 1
999 999 999 999 2 999 999 3
999 999 999 999 999 1 999 5
999 999 999 999 999 999 999 999
从源点0到顶点1的最短路径长度为:1  0  1
从源点0到顶点2的最短路径长度为:3  0  1  2
从源点0到顶点3的最短路径长度为:4  0  3
从源点0到顶点4的最短路径长度为:8  0  1  2  5  4
从源点0到顶点5的最短路径长度为:6  0  1  2  5
从源点0到顶点6的最短路径长度为:7  0  1  2  6
从源点0到顶点7的最短路径长度为:9  0  1  2  5  7
请按任意键继续. . .
```

图 13-11　运行结果

13.8.3　问题小结

Dijkstra 算法只能求解权值非负的单源最短路径问题，即有向网中各条边上的权值均非负。有些时候边上的权值还可以为负数，这时 Dijkstra 算法就失效了。图 13-12 给出了一个权值可以为负数的有向网，若用 Dijkstra 算法求源点 0 到其余各顶点的最短路径，则 0 到 1 的最短路径为 <0，1>，其长度为 4，而实际上 0 到 1 的最短路径为 <0，2，1>，其长度为 2，显然 Dijkstra 算法此时不再适用。对于权值可以为负的单源最短路径问题可用另一个经典算法，即 Bellman-Ford 算法来求解。Bellman-Ford 算法允许边上的权值为负，但不允许存在从源点可以到达的权值为负的回路。因为如果从源点 s 到顶点 j 存在一个负值回路，则可以无限次地经过负值回路，每经过一次就会使路径的长度变短，因此此时从源点 s 到顶点 j 不存在最短路径。关于 Bellman-Ford 算法，本书不再详细讨论。

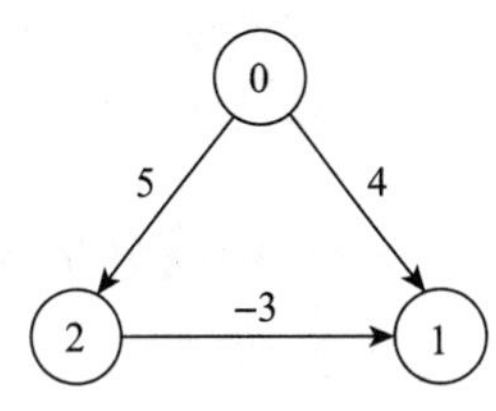

图 13-12 有向网

13.9 模拟

13.9.1 问题描述

两只牛跑到了森林里，约翰开始追捕这两头牛，你的任务是模拟牛和约翰的行为。追击在 10×10 的平面网格内进行，一个格子可以是：一个障碍物，两头牛（它们总在一起），或者约翰。两头牛和约翰可以在同一个格子内（当他们相遇时），但是他们都不能进入有障碍的格子。

格子可以是：

- . 空地；
- * 障碍物；
- C 两头牛；
- F 约翰。

这里有一个地图的例子：

```
*...*.....
......*...
...*...*..
..........
...*.F....
*.....*...
...*......
..C......*
...*.*....
.*.*......
```

牛在地图里以固定的方式游荡，每分钟，它们可以向前移动或是转弯。如果前方无障碍（地图边沿也是障碍），它们会按照原来的方向前进一步。否则它们会用这一分钟顺时针转 90 度，它们不会离开地图。

约翰深知牛的移动方法，他也这么移动。每次（每分钟）约翰和两头牛的移动是同时的。如果他们在移动的时候穿过对方，但是没有在同一格相遇，就不认为他们相遇了。当他们在某分钟末在某格子相遇，那么追捕结束。

输入十行表示地图。每行都只包含 10 个字符，表示的含义和上面所说的相同。保证地图中只有一个 F 和一个 C。F 和 C 一开始不会处于同一个格子中。

计算约翰需要几分钟才能抓住他的牛，假设牛和约翰一开始的行动方向都是正北（即上）。如果约翰和牛永远不会相遇，则输出 0。

13.9.2　问题分析与求解

本题需要在一个 10×10 区域内模拟牛和约翰的移动路径，判断是否会相遇。很容易想到用二维数组模拟地图，同时记录牛和约翰的位置与方向，一步一步推进直到相遇或者确定无解。粗略估计一下，约翰的状态数量是 100 个位置乘 4 种方向，也就是 400 种，那么约翰和牛的总状态数就是 160000 种。实际上很容易发现这个估计大了很多，但是其实并不需要准确计算，这个数量级可以接受。

解题的关键在于准确理解题意和写出代码。模拟时，经常使用模块化思想，将功能用函数和结构体实现。这样便于厘清思路，使代码更易读，调试时也更方便找出错误所在。

此处使用 C 语言编写，但 C++ 在竞赛中更常见也更方便。本题求解程序如下：

```
#include<stdio.h>
struct map_pos
{
    int x,y,dir;  //坐标和方向
};                //定义存储牛和约翰信息的结构体，规定方向 0 表示上、1 表示右、2 表示下、3 表示左
int map[12][12];
map_pos cows,john;
void move(map_pos *a)      //移动函数，模拟牛和约翰的移动
{
    int x,y;
    x=a->x,y=a->y;
    switch (a->dir)        //switch 语句判断方向并移动
    {
        case 0: x--;
            break;
        case 1: y++;
            break;
        case 2: x++;
            break;
        case 3: y--;
            break;
    }
    if(map[x][y])  a->dir=(a->dir+1)%4;  //如果无法移动则改变方向
    else a->x=x,a->y=y;
}
int main()
{
    int cnt=0;              //计数
    int ans=0;              //答案
    for(int i=1;i<=10;i++)
    {
        for(int j=1;j<=10;j++)
        {
            char ch;
            scanf("%c",&ch);
            if(ch=='C') cows.x=i,cows.y=j,cows.dir=0;
            else if(ch=='F') john.x=i,john.y=j,john.dir=0;
```

```
            //分别判断是否为牛和约翰，并记录位置
            if(ch=='*') map[i][j]=1;       //将障碍物标记为 1
            else map[i][j]=0;              //将可通过区域标记为 0
        }
        getchar();  getchar();
/*读取换行符，本题出自洛谷网，由于洛谷本题数据的换行符为 Windows 下的\r\n，所以读取两个字符，
  Windows 环境运行时只需要一个 getchar 函数*/
    }
    for(int i=0;i<=11;i++)
        map[0][i]=map[i][0]=map[11][i]=map[i][11]=1;    //将 10*10 区域围住
    map_pos *cows_ptr=&cows,*john_ptr=&john;
    while(cnt<160000)
    {
        move(cows_ptr);
        move(john_ptr);
        cnt++;
        if(cows.x==john.x&&cows.y==john.y) {ans=cnt;break;}
    }
    printf("%d\n",ans);
    return 0;
}
```

运行结果如图 13-13 所示。

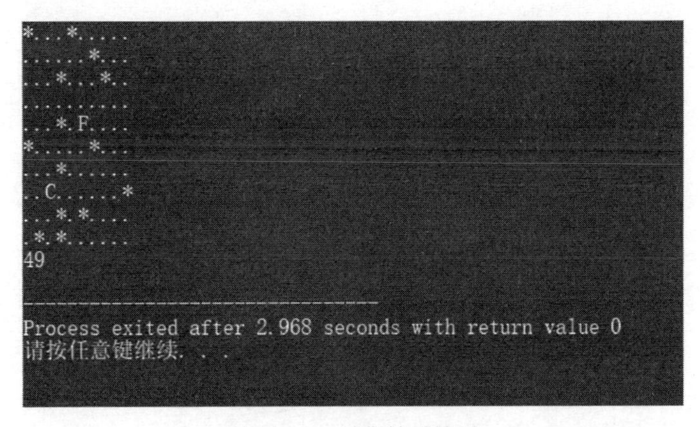

图 13-13　运行结果展示

13.9.3　问题小结

在竞赛中称这种题为模拟题，模拟题通常没有很高的数理逻辑要求和思维难度，但是需要准确地从大量信息中把握题意并给出准确的代码实现。模拟同样可以训练代码组织能力。

13.10　一些提供练习服务的网站

下面列举了国内外常见的一些练习站点，有兴趣的读者可以登录练习。

国内的 online judge:

- ZOJ：http://acm.zju.edu.cn/（浙江大学）
- POJ：http://acm.pku.edu.cn/（北京大学）
- HDJ：http://acm.hdu.edu.cn/（杭州电子科技大学）
- 牛客网：https://ac.nowcoder.com/acm/contest/vip-index

- 洛谷网：www.luogu.com.cn

国外的 online judge:

- https://www.spoj.com/（波兰）
- http://acm.timus.ru/（俄罗斯）
- https://codeforces.com/（俄罗斯）

初学者也可以登录以下站点练习：

- http://www.rqnoj.cn/（中国）

参考文献

[1] KERNIGHAN B W，RITCHIE D M. C 程序设计语言 [M]. 2 版 . 徐宝文，李志，译 . 北京：机械工业出版社，2004.

[2] TONDO C L，GIMPEL S E. C 程序设计语言习题解答 [M]. 2 版 . 杨涛，译 . 北京：机械工业出版社，2004.

[3] PRATA S. C PrimerPlus 中文版 [M]. 5 版 . 云巅工作室，译 . 北京：人民邮电出版社，2005.

[4] 蔡庆华，程一飞，葛华，等 . 案例式 C 语言实验与习题指导 [M]. 北京：高等教育出版社，2012.

[5] 何钦铭，颜晖，杨起帆，等 . C 语言程序设计 [M]，北京：人民邮电出版社，2003.

[6] 何钦铭，颜晖 . C 语言程序设计 [M]. 北京：高等教育出版社，2008.

[7] 谭浩强，张基温 . C 语言程序设计教程 [M]. 3 版 . 北京：高等教育出版社，2006.

[8] 陈刚 . C 语言程序设计 [M]. 北京：清华大学出版社，2010.

[9] 罗晓芳，李慧，孙涛，等 . C 语言程序设计习题解析与上机指导 [M]. 北京：机械工业出版社，2009.

[10] 武雅丽，王永玲，解亚利，等 . C 语言程序设计习题与上机实验指导 [M].2 版 . 北京：清华大学出版社，2009.

[11] 刘振安 . C 语言程序设计 [M]. 北京：机械工业出版社，2009.

[12] 夏宽理 . C 语言与程序设计 [M]. 上海：复旦大学出版社，1994.

[13] 谭浩强 . C 程序设计 [M].4 版 . 北京：清华大学出版社，2010.

[14] 谭浩强 . C 程序设计教程学习辅导 [M].2 版 . 北京：清华大学出版社，2013.

[15] 匡松 . C 语言程序设计百问百例 [M]. 北京：中国铁道出版社，2008.

[16] 柳盛，王国全，沈永林 . C 语言通用范例开发金典 [M]. 北京：电子工业出版社，2008.

[17] HARBISON S P. C 语言参考手册 [M]. 徐波，译 . 北京：机械工业出版社，2008.

[18] KING K N. C 语言程序设计现代方法 [M]. 吕秀锋，译 . 北京：人民邮电出版社，2007.

[19] 谭明金，俞海英 . C 语言程序设计实例精粹 [M]. 北京：电子工业出版社，2007.

[20] WEISS M A. 数据结构与算法分析：C 语言描述 [M]. 冯舜玺，译 . 北京：机械工业出版社，2004.

推荐阅读

算法导论（原书第3版）

作者：Thomas H.Cormen, Charles E.Leiserson, Ronald L.Rivest, Clifford Stein

译者：殷建平 徐 云 王 刚 刘晓光 苏 明 邹恒明 王宏志

ISBN：978-7-111-40701-0 定价：128.00元

全球超过50万人阅读的算法圣经！算法标准教材。

世界范围内包括MIT、CMU、Stanford、UCB等国际名校在内的1000余所大学采用。

“本书是算法领域的一部经典著作，书中系统、全面地介绍了现代算法：从最快算法和数据结构到用于看似难以解决问题的多项式时间算法；从图论中的经典算法到用于字符串匹配、计算几何学和数论的特殊算法。本书第3版尤其增加了两章专门讨论van Emde Boas树（最有用的数据结构之一）和多线程算法（日益重要的一个主题）。”

—— Daniel Spielman，耶鲁大学计算机科学系教授

“作为一个在算法领域有着近30年教育和研究经验的教育者和研究人员，我可以清楚明白地说这本书是我所见到的该领域最好的教材。它对算法给出了清晰透彻、百科全书式的阐述。我们将继续使用这本书的新版作为研究生和本科生的教材及参考书。”

—— Gabriel Robins，弗吉尼亚大学计算机科学系教授